犬猫细胞学诊断手册

Manual of Diagnostic Cytology of the Dog and Cat

[英] **John Dunn**　主编

张　磊　张兆霞　主译

中国农业大学出版社

·北京·

内容简介

本书综述了各类诊断样本的采集技术以及细胞学结果判读的一般原则，以简明清晰的方式介绍了临床实践中常见的病变及相关疾病。本书非常注重高质量的彩色图片的应用。尽量在图题中描述相应病变，以减少正文中不必要的赘述内容。为提高使用效率，本书将参考文献和推荐读物单独列出，读者可在需要时进一步查阅相关信息。

本书主要适用于有志于提升自己犬猫细胞学诊断相关知识的小动物临床医生以及兽医专业在校学生，同时本书对临床病理住院医生也很有帮助。

图书在版编目（CIP）数据

犬猫细胞学诊断手册 /（英）约翰·邓恩（John Dunn）主编；张磊，张兆霞主译. —北京：中国农业大学出版社，2018.8

书名原文：Manual of Diagnostic Cytology of the Dog and Cat

ISBN 978-7-5655-2033-4

Ⅰ. ①犬… Ⅱ. ①约… ②张… ③张… Ⅲ. ①犬病－细胞诊断－手册 ②猫病－细胞诊断－手册 Ⅳ. ① S858.292-62 ② S858.293-62

中国版本图书馆 CIP 数据核字（2018）第 104574 号

书　名　犬猫细胞学诊断手册

作　者　[英] John Dunn 主编　　张　磊　张兆霞　主译

策划编辑　林孝栋　　　　责任编辑　王艳欣

封面设计　魏菲宁

出版发行　中国农业大学出版社

社　址　北京市海淀区圆明园西路 2 号　　邮政编码　100193

电　话　发行部　010-62818525，8625　　读者服务部　010-62732336

　　　　编辑部　010-62732617，2618　　出　版　部　010-62733440

网　址　http://www.caupress.cn　　E-mail　cbsszs@cau.edu.cn

经　销　新华书店

印　刷　廊坊市佳艺印务有限公司

版　次　2018 年 9 月第 1 版　　2018 年 9 月第 1 次印刷

规　格　787×1092　16 开本　18.25 印张　335 千字

定　价　268.00 元

图书如有质量问题本社发行部负责调换

本书简体中文版本翻译自［英］John Dunn 主编的“*Manual of Diagnostic Cytology of the Dog and Cat*”。

著作权合同登记图字：01-2016-7443

译者

主　　译：张　磊　张兆霞

副 主 译：张伟伟　刘　堃

译校人员：

张伟伟　中国农业大学动物医学院

郑　兰　中国农业大学动物医学院

邵明豪　西北农林科技大学动物医学院

刘　堃　博敏达临床检验实验室

范一士　上海爱侣宠物医院（CT&MRI 中心）

张兆霞　中国农业大学动物医院

张　磊　博敏达临床检验实验室

审　　校：范一士　刘　堃　张　磊

编者

Joy Archer, VMD, MS, PhD, FRCPath, Dipl ECVCP, HonFRCVS
Head of Veterinary Clinical Pathology
Department of Veterinary Medicine
Queen’s Veterinary School
University of Cambridge
Cambridge
UK

Natali Bauer, PD（habil）, Dr. Med. Vet, Dipl ECVCP
Faculty of Veterinary Medicine
Department of Clinical Sciences
Clinical Pathophysiology and Clinical Pathology
Justus-Liebig University Giessen
Giessen
Germany

Walter Bertazzolo, Med. Vet, Dipl ECVCP
Consultant Clinical Pathologist of the Ospedale Veterinario Città di Pavia
Pavia
Italy

Laboratorio La Vallonea
Alessano（Le）
Italy

Marta Costa, DVM, MSc, MRCVS
School of Veterinary Science & Langford Veterinary Services（Diagnostic Laboratories）
University of Bristol
Langford
Bristol
UK

Emma Dewhurst, MA, VetMB, FRCPath, Dipl ECVCP, MRCVS
Axiom Veterinary Laboratories Ltd
Newton Abbot
Devon
UK

John Dunn, MA, MVetSci, BVM&S, Dipl ECVIM-CA, Dipl ECVCP, FRCPath, MRCVS
Axiom Veterinary Laboratories Ltd
Newton Abbot
Devon
UK

Gary C.W. England, BVetMed, PhD, DVetMed, DVR, DVRep, Dipl ECAR, Dipl ACT, FHEA, FRCVS
Dean of School
Professor of Comparative Veterinary Reproduction
School of Veterinary Medicine and Science
University of Nottingham
Sutton Bonington
Loughborough
UK

Kate English, BSc, BVetMed, PGCAP, FHEA, FRCPath, MRCVS
Lecturer in Veterinary Clinical Pathology
Department of Pathology and Pathogen Biology
The Royal Veterinary College
North Mymms
Hatfield
Herts
UK

Kristen R. Friedrichs, DVM, Dipl ACVP (Clin Pathol)
Clinical Associate Professor
Department of Pathobiological Sciences
School of Veterinary Medicine
University of Wisconsin–Madison
Madison, WI
USA

David Gould, BSc (Hons), BVM&S, PhD, DVOphthal, Dipl ECVO, MRCVS
RCVS and European Specialist in Veterinary Ophthalmology
Davies Veterinary Specialists
Hitchin
Herts
UK

Reinhard Mischke, Dr. Med. Vet, Dipl ECVIM-CA
Small Animal Clinic
University of Veterinary Medicine Hannover
Hannover
Germany

Kostas Papasouliotis, DVM, PhD, FRCPath, Dipl ECVCP, MRCVS
European Veterinary Specialist in Clinical Pathology and Senior Lecturer
in Veterinary Clinical Pathology
School of Veterinary Science & Langford Veterinary Services (Diagnostic Laboratories)
University of Bristol
Langford
Bristol
UK

Roger Powell, MA VetMB, Dipl ACVP, FRCPath, MCRVS
PTDS Ltd
Hitchin
Herts
UK

Kate Sherry, BVetMed, Dipl ACVP, MRCVS
Axiom Veterinary Laboratories Ltd
Newton Abbot
Devon
UK

Niki Skeldon, MA VetMB, FRCPath, Dipl ECVCP, MRCVS
Axiom Veterinary Laboratories Ltd
Newton Abbot
Devon
UK

Kathleen Tennant, BVetMed, CertSAM, CertVC, FRCPath, MRCVS
Clinical Lead
Diagnostic Laboratories
Langford Veterinary Services
University of Bristol
Langford
Bristol
UK

Erik Teske, DVM, PhD, Dipl ECVIM-CA (Int Med) (Onc)
Honorary Member of ECVCP
Professor of Medical Oncology
Department of Clinical Science Companion Animals
Utrecht University
Utrecht
The Netherlands

Harold Tvedten, DVM, PhD, Dipl ACVP, Dipl ECVCP
Professor of Clinical Chemistry
Department of Clinical Sciences
Faculty of Veterinary Medicine and Animal Sciences
Swedish University of Agricultural Sciences
Uppsala
Sweden

Holger A. Volk, DVM, PhD, Dipl ECVN
Clinical Director, Senior Lecturer in Veterinary Neurology and Neurosurgery
Department of Clinical Science and Services
The Royal Veterinary College
North Mymms
Hatfield
Herts
UK

译者序

细胞学是以观察细胞结构和形态变化来辅助医师诊断和研究临床疾病的一门学科。通过采集病变部位的样本并在镜下进行细胞学分析，是一种在临床现场就能够完成并能提供给临床医师重要信息的检查方法。

随着国内兽医临床诊疗行业的快速发展，实验室诊断的需求大大增加。合理采集并制备细胞学样本，对其整体形态和细微结构等进行观察，能快速获取有效的诊断信息。细胞学检查采样快捷，通常不需要特殊的材料和昂贵的设备，大部分动物医院都具备检查条件，细胞学诊断技术的推广应用必将会大大提高疾病诊断的准确性。

《犬猫细胞学诊断手册》图文并茂，言简意赅，具有很强的可操作性，是一本简明、实用的院内检验参考书，对有志于学习兽医临床细胞学诊断的从业者来说是本良好的入门读物。

严复先生在《天演论》中讲到："译事三难：信、达、雅。求其信已大难矣，顾信矣不达，虽译犹不译也，则达尚焉。"专业翻译是一件苦差事，应中国农业大学出版社之邀翻译本书时，初想本书内容不多，图片丰富，翻译工作会进展很快，但是实际翻译过程实属不易，预计半年的翻译周期将近两年终于完成。感谢整个翻译团队中的每个成员的辛苦付出；感谢中国农业大学动物医学院张伟伟、郑兰，西北农林科技大学动物医学院邵明豪团队在前期翻译中的辛苦付出；感谢博敏达临床检验实验室刘堃医师及上海爱侣宠物医院（CT&MRI 中心）范一士医师团队在后期审校中对译文专业术语的修正及语言文字的反复推敲，精益求精。感谢专职翻译韦铮先生提出的修改意见。限于时间和精力，虽然付出较多努力，但不敢奢望译文"雅"，力求做到"信"与"达"。

在本书即将出版发行之际，翻译团队满怀期待。虽然我们力求精准地表达原著之意，但由于本书内容专业性强，涉及的知识面广，译文中难免会有瑕疵。读者如有发现，恳请反馈给译者或出版社，以便日后改进。

张　磊　张兆霞

2018 年 4 月

前言

最近十年来，细胞学诊断技术在执业兽医诊疗工作中的地位越来越高，已成为兽医临床常用的方法之一。《犬猫细胞学诊断手册》主要适用于有志于提升自己犬猫细胞学诊断相关知识的小动物临床医生以及兽医专业在校学生，同时本书对临床病理住院医生也很有帮助。

编写本书的初衷源于众多临床一线医生在实际工作中的渴求，临床医生急需一本得心应手、易学易用的参考资料。因此本书并不旨在与市场上其他众多已出版的、综合性参考教材相比较。

基于此，本书综述了各类诊断样本的采集技术以及细胞学结果判读的一般原则，以简明清晰的方式介绍了临床实践中常见的病变及相关疾病。本书非常注重高质量的彩色图片的应用。尽量在图题中描述相应病变，以减少正文中不必要的赘述内容。为提高使用效率，本书将参考文献和推荐读物单独列表，读者可在需要时直接通过列表进一步查阅相关信息。

最后，我要感谢为本书做出杰出贡献的所有编者们，他们是各自领域内的优秀专家。同时感谢 Nick Morgan 及 Wiley Blackwell 的编辑团队，尤其是 Jessica Evans 和 Justinia Wood，本书的出版自始至终都得到了他们的帮助。

John Dunn

编者注

因编辑过程中数字照片的裁剪及尺寸调整，导致细胞和其他组织结构的最终尺寸在许多病例中并不相同，所以，本手册并未给出照片的放大倍数。读者可通过将感染性病原和其他细胞与其相邻的红细胞、白细胞的大小进行比较，从而获知目标病原的基本尺寸（见图 15.1）。

除非图例中有其他说明，各章细胞样本所用的染色方法如下：

第 1 章：迈格吉（May-Grünwald-Giemsa，MGG）染色

第 2 章：改良瑞氏染色

第 3 章：迈格吉染色

第 4 章：瑞 - 姬氏染色

第 5 章：瑞 - 姬氏染色

第 6 章：瑞 - 姬氏染色

第 7 章：瑞 - 姬氏染色

第 8 章：瑞 - 姬氏染色

第 9 章：改良瑞氏染色

第 10 章：瑞 - 姬氏染色

第 11 章：改良瑞氏染色

第 12 章：迈格吉染色

第 13 章：瑞 - 姬氏染色

第 14 章：巴氏（Pappenheim）染色

第 15 章：瑞氏染色

目录

1 细胞采集技术和样本制备

Natali Bauer

Department of Clinical Sciences, Faculty of Veterinary Medicine, Clinical Pathophysiology and Clinical Pathology, Justus-Liebig University Giessen, Giessen, Germany

通过细针穿刺（FNA）对获得的待检样本进行细胞学检查，是一种快速、简单且将损伤降到最低的技术，可以在任何实操及临床病例中应用。其优点是在非麻醉或镇静状态下即可进行，最大限度上降低了出血的风险，并且能够对单个细胞形态进行较好的评估。但是，必须说明一点，与组织病理学相比，通过细胞学检查，我们无法对组织结构进行观察及评估。组织病理学活检，可以对病变组织的生长方式及其边缘进行评估，但是活检会增加出血风险且需要局部或全身麻醉。

正确娴熟的样本采集技术及染色技术是细胞学判读必不可少的。此外，还需要在显微镜下对细胞学样本进行正确判读，对常见伪像进行甄别。本章介绍了样本采集的实用方法，常规染色技术，显微镜下系统性地判读细胞的方法以及对常见伪像进行识别的技巧。

样本采集技术

细针穿刺

细针穿刺细胞学是在病变组织（皮肤损伤、淋巴结、胸腔及腹腔肿物）以及体腔液检查中十分常用的检查手段。该方法可操作性强。操作所需基本工具如下：

- 带有磨砂面的载玻片，有助于进行标记。
- 5 mL 注射器（如果需要，也可以使用 2 mL 或者 10 mL 注射器；对于非常坚固的肿物，10 mL 注射器可能会更适用）。
- 20～22 G 针头。
- 用铅笔在载玻片上标记日期、病变部位以及患宠名字。注意：使用圆珠笔或者记号笔进行的标记，很有可能会被含有酒精的染液 [例如：迪夫快速（Diff-Quik）染液、瑞氏染液、迈格吉染液] 冲洗掉。

对于某些器官，例如肝脏或者脾脏，通常需要较长的针头，尤其是大型犬。这里推荐使用带有套管针的骨髓穿刺针来进行操作，避免受到邻近肿物或器官的组织污染(对于一些软组织，可以使用较小的针头和注射器)。

细针穿刺技术可采用“负压穿刺技术”或者“非负压穿刺技术”两种方法。对于血管丰富的肿物或者器官(如脾脏、肝脏)，为了减少血液的污染，可以采用非负压穿刺技术进行样本采集。总而言之，整个样本采集过程不应超过 5~10 s，且需要制备数张涂片。

- 穿刺技术：
  - 用一只手固定肿物或者器官(如外周淋巴结)，另一只手持注射器将针头插入肿物或器官(图 1.1)。对腹部器官或者肿物进行细针穿刺时，如果可能，最好在超声引导下进行。

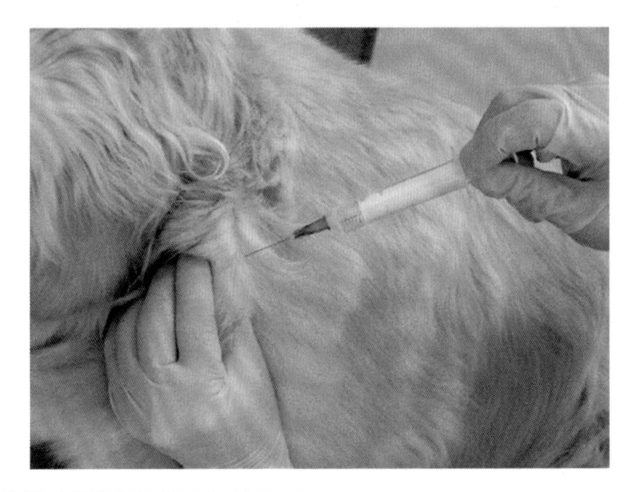

图 1.1　使用带针头的注射器进行细针穿刺。

  - 跟静脉穿刺一样，操作前需要对皮肤进行消毒。
  - 连接注射器的针头必须刺入病变组织内部。
  - 向外抽出活塞，保持负压，针头可以在肿物或者器官中不同部位进行穿刺。
  - 放开活塞后，即可取出连接注射器的针头。
  - 注射器吸入大概 3 ~ 5 mL 空气，并且重新连接针头，将针头内的穿刺液轻轻吹到载玻片上。

○ 注意：对肿物或者器官进行穿刺时，用一只手保持负压比较困难，商品化的穿刺枪就比较有用，可以帮助拔出活塞，并且可以简单地用一只手保持负压（图 1.2）。

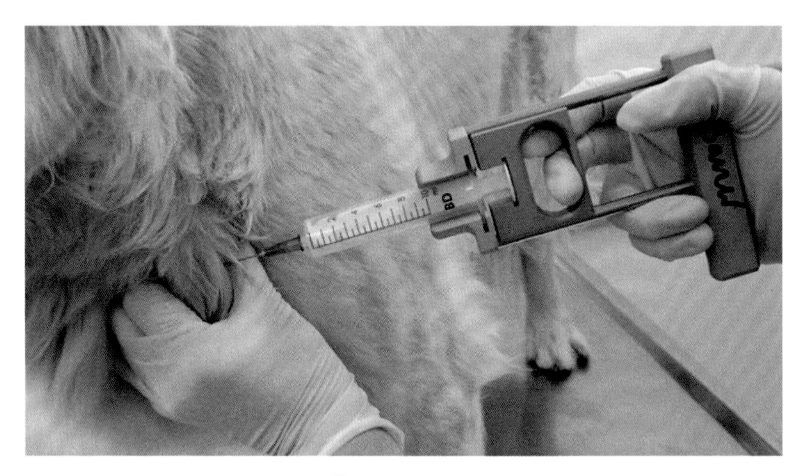

图 1.2 使用穿刺枪（例如“Zyto-Gun®”）进行细针穿刺（德国菲恩海姆 Scil 动物保健公司供图）。

- 非负压穿刺技术：有两种方法可以应用于样本采集。
  ○ 单针技术：未连接注射器的针头插入已消毒的皮肤病变内（图 1.3），在组织中快速来回移动针头大概十次后，撤出。将含有 3～5 mL 空气的注射器连接针头，快速地将针头内的穿刺液吹到载玻片上。

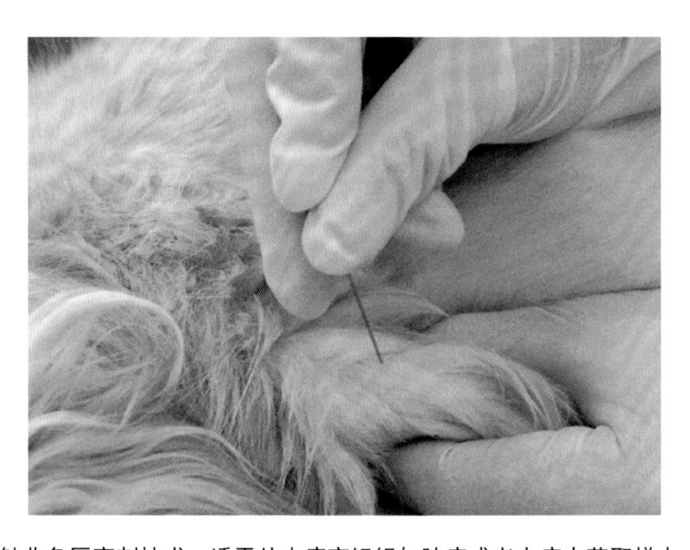

图 1.3 单针非负压穿刺技术，适于从小病变组织如脓疱或者大疱中获取样本。

◯ 第二种非负压方法，是针头进针前已经与含有 2～3 mL 空气的注射器相连（图 1.4）。带有注射器的针头在组织内前后快速移动，然后拔出。将吸出的病料吹到载玻片上，并迅速制作成涂片。

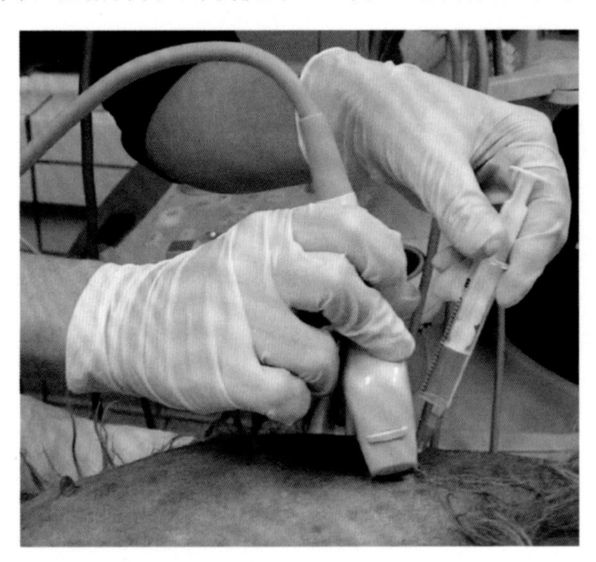

图 1.4　使用连接有注射器的针头实施“非负压细针穿刺技术”，在超声引导下对患有腹水及黄疸的犬进行脾脏样本采集。注意注射器中已经预先吸入空气，并且用拇指及食指持住注射器。

可以用制作血涂片的方法（图 1.5）或使用压片制备技术（squash preparation technique）（图 1.6）制备细胞学涂片。

触片

湿润的组织表面（如活检组织、皮肤溃疡或者渗出性病变）可以用于制作触片（impression smear/imprint），干燥的皮肤病变也可以通过使用透明胶带制作触片（图 1.7 及图 1.8）。在洁净的载玻片上制作触片之前，需要用干拭子或者纸巾将活检组织表面过多的血液或者组织液清理掉。触片法的缺点：该方法只能获取病变组织表面的细胞，并不能获得深层的病理组织，并且细胞量少，易受细菌污染。

刮片

对于坚硬的病变组织，其脱落细胞很难用细针穿刺技术获得。刮片法比较适用。病变部位清洁及干燥后，手持大手术刀片（90° 角持刀），朝向操作者方向，刮取样本材料，重复数次。

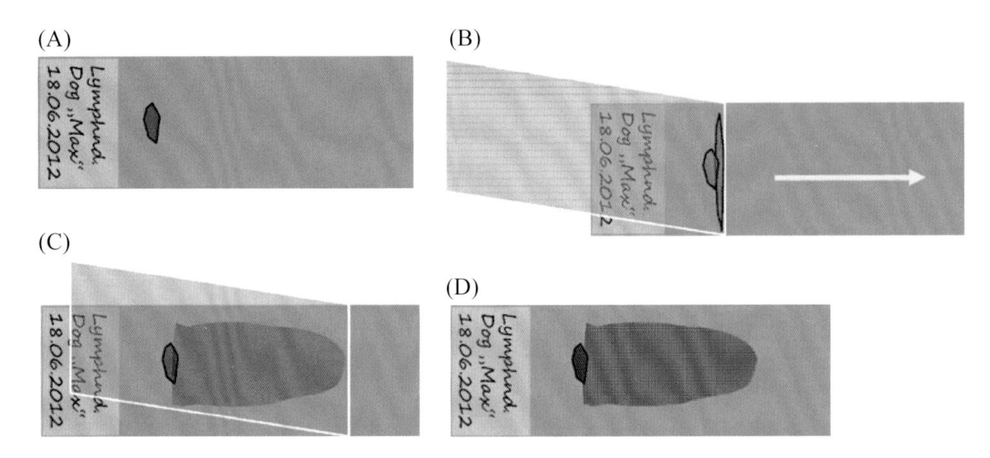

图 1.5 使用血涂片技术制备涂片。(A) 通过注射器和针头推出 3～5 mL 空气，将针头内采集的样本吹到载玻片上。(B) 另一张载玻片呈 45° 角（对高黏性的液体如关节液，建议大约 25° 角）在载玻片上缓慢移动，直至与样本材料接触。(C 和 D) 待所采集的材料沿着载玻片的宽度自动散开后，将载玻片平稳且快速地向前推进。

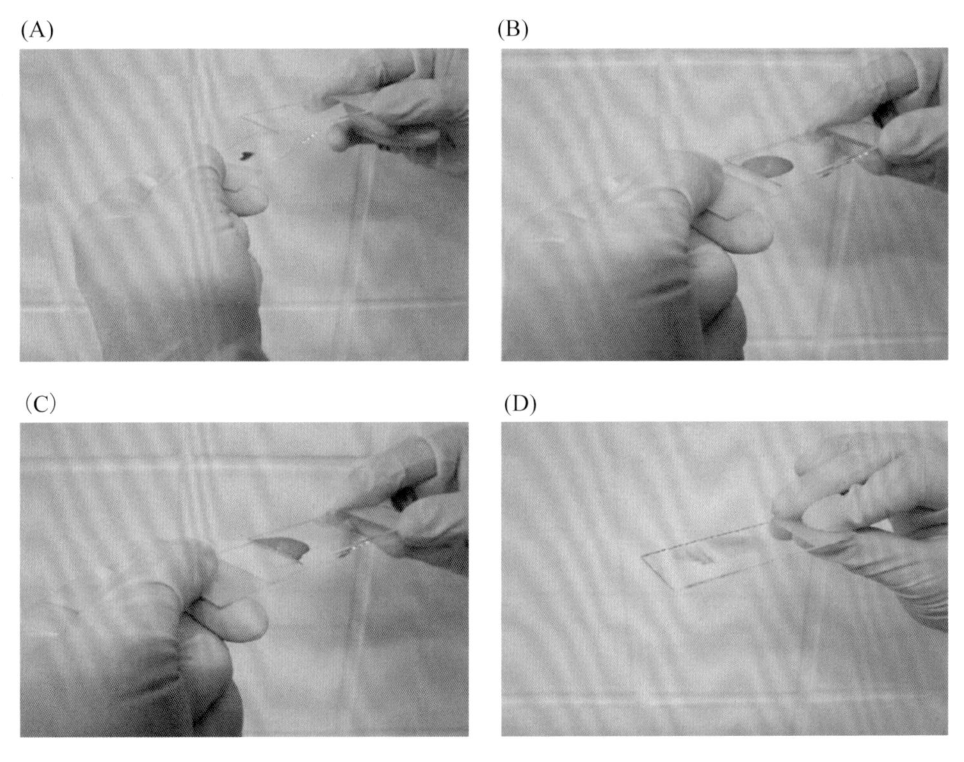

图 1.6 压片制备技术。(A) 通过注射器和针头推出 3～5 mL 空气，将针头内采集的样本吹到载玻片上。(B) 把另一张载玻片轻轻地放在第一张载玻片上，在毛细作用下两张载玻片互相黏附。(C) 上层载玻片沿着含有样本的载玻片慢慢移动。(D) 上层载玻片（推片）移动到下层载玻片的末端，然后可以进行细胞学检查。

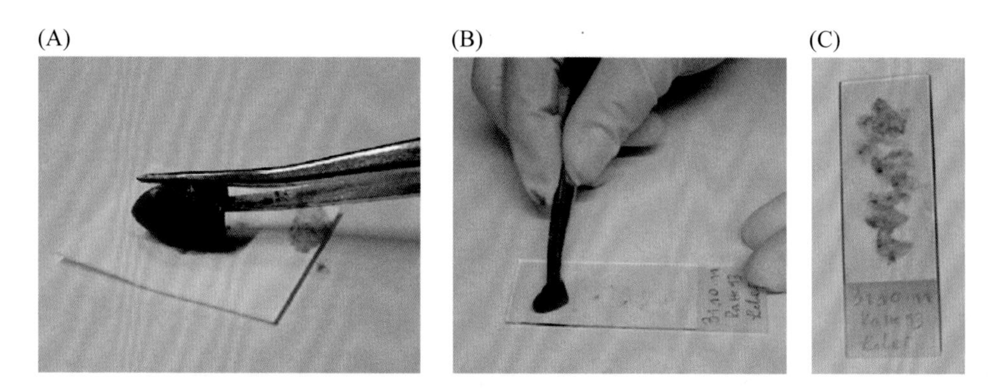

图 1.7　肝脏活检组织的触片制备技术。(A) 在制备触片之前，用滤纸吸去活检组织上多余的血液。(B 和 C) 用活检组织的表层触压载玻片上不同位置，来制备触片。

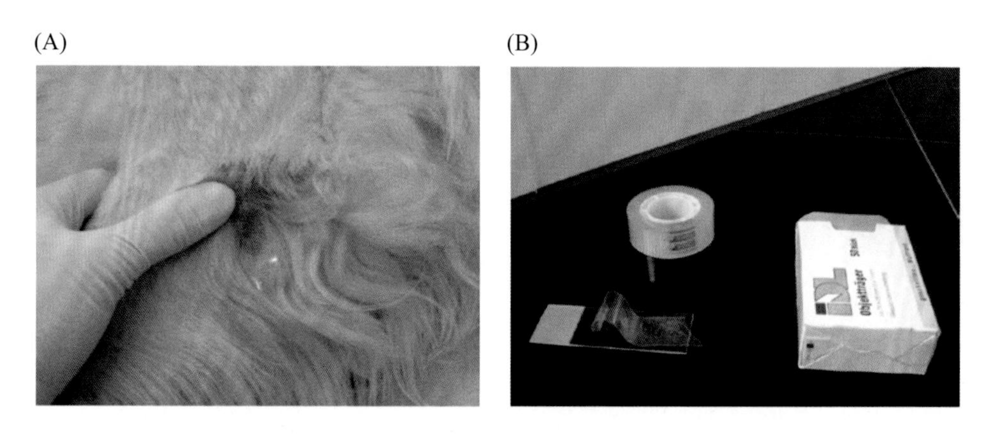

图 1.8　透明胶带法。(A) 把一条透明胶带在皮肤患处按压几次。这种技术是观察皮肤表面微生物(细菌、酵母菌)的理想方法。然而为了评估细胞，其他技术例如制作皮肤刮片的罗曼诺夫斯基染色是比较好的方法。像虱子和姬螯螨这样的寄生虫可被非染色的胶带法检查到。(B) 为了制备罗曼诺夫斯基染色的透明胶带触片，首先将带有所采集材料的胶带像一个倒扣的"U"形(黏性的一面朝下)置于载玻片上，不用固定就可以染色。染色后(另外同时准备一条不染色的透明胶带触片)将胶带平放在载玻片上，可以在显微镜下观察。

把手术刀片上刮取的材料转移到载玻片上，并用手术刀片涂布均匀，或使用另一张载玻片来制备压片，通过前文提到的压片技术进行制片。

拭子涂片法

拭子涂片法主要适用于从瘘道、阴道或耳道采集的样本(图 1.9)。它们对肿瘤的诊断作用不大(缺点类似于触片法)。

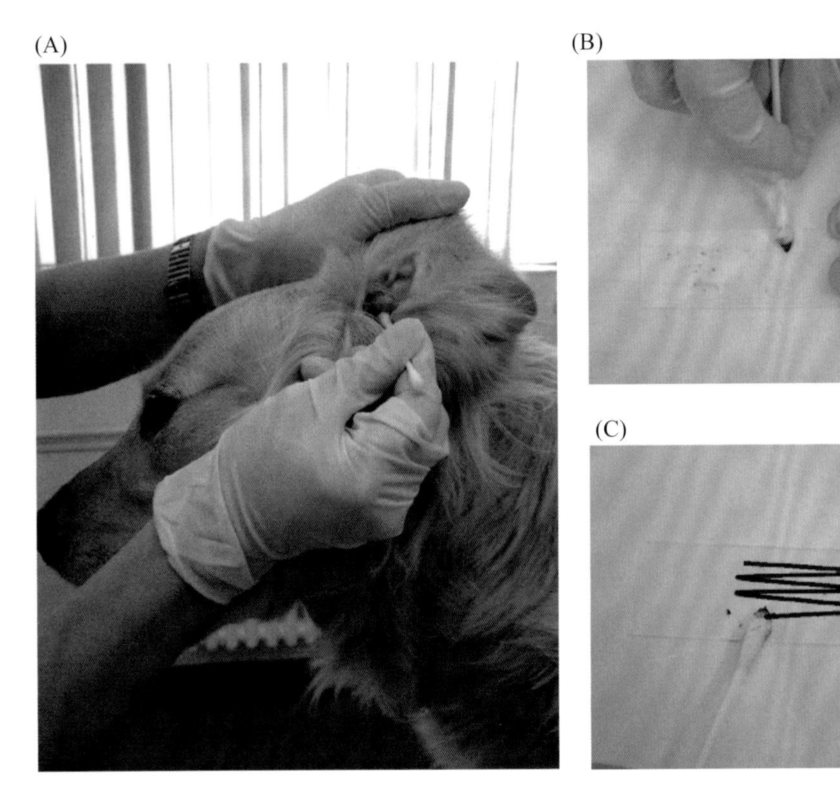

图 1.9 通过棉拭子采集耳道样本进行细胞学检查。(A) 棉拭子收集耳屎或者分泌物。(B) 把棉拭子上的采集样本涂抹到载玻片上。(C) 注意棉拭子是曲折移动的。

刷取法

用细胞刷采集刷取物(图 1.10)与灌洗取样、压印取样或者棉拭子取样相比，采集的样本更能代表深层病变。通常用于结膜、呼吸道或阴道部位的样本采集。

细胞学检查中液体样本的采集及处理

细针穿刺时要把患部周围的毛发剪掉并且对皮肤消毒。如果在没有超声引导的情况下进行腹腔穿刺术，需要在脐后 2 cm 处的腹白线处取样。没有超声引导进行胸腔穿刺时，应该在胸腹侧壁第六和第八肋骨之间进行。针插入肋骨前缘，以避免损伤神经或血管。若大量的液体被吸出，应该把医用三通阀连接到注射器的轮轴处防止气胸的发生。常规情况下液体样本中应该放入 EDTA(乙二胺四乙酸)(如果需要进行细菌培养，也可放入普通无菌空白管中)。取出的样本应该在 30 min 内完成涂片以免因细胞老化而出现伪像。

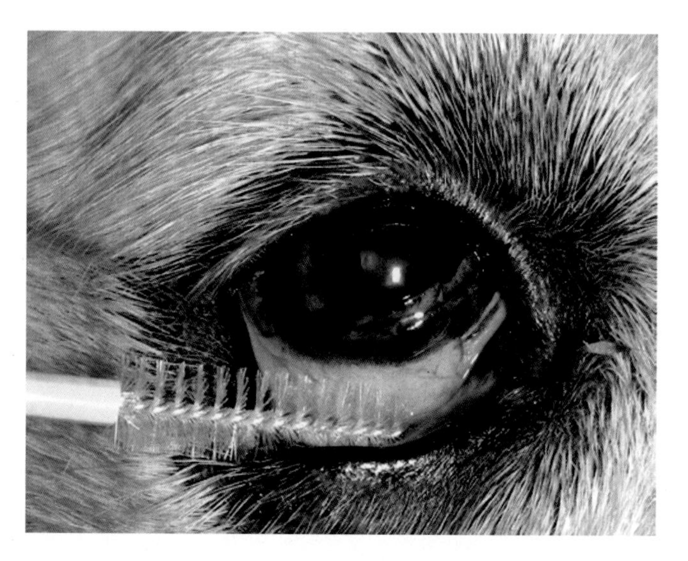

图 1.10　结膜细胞刷取样。把带有样本的细胞刷在载玻片上滚动。注意：犬在取样前需接受眼部麻醉。

对于细胞含量较少的液体（如：支气管肺泡灌洗液、脑脊液），使用细胞离心涂片器可以取得比较好的效果（图 1.11）。对于体腔液（腹腔积液、胸腔积液和关节液）直接涂片就可观察细胞结构。此外，若细胞数偏低（例如 $< 10.0\times10^{9}$/L），建议使用细胞离心涂片器制片，便于观察细胞类型。但在实际工作中，没有细胞离心涂片器时，样本放入样本室，通过“内部”（in-house）沉淀来制片（图 1.12）。

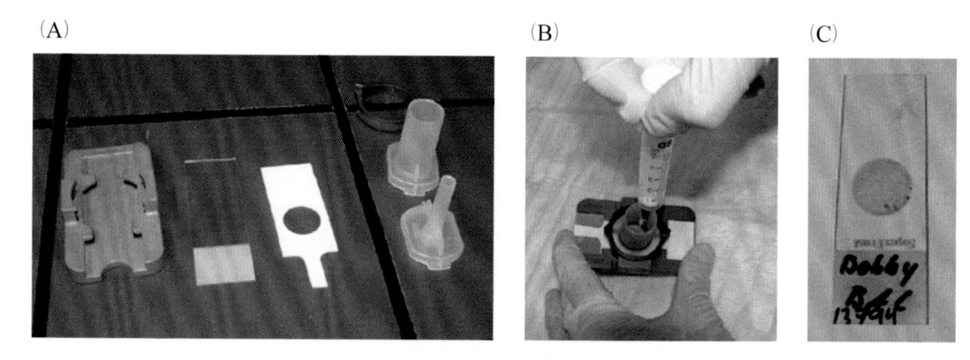

图 1.11　（A）这张照片展示了用于细胞离心法制备细胞离心涂片的玻片夹、载玻片、样本室和过滤卡。（B）使细胞离心涂片器样本室内充满液体，离心力 18 g，离心 3 min。在细胞离心涂片器样本室挪动前用带有针头的注射器吸走上清液，并且把涂片置于干燥离心机上，离心力 90 g，离心 1 min。（C）染色的细胞离心涂片。

虽然制片质量不如内部沉淀法和细胞离心涂片技术，但是也可通过离心沉淀制作涂片，其离心力 1000 g，离心 5 min，离心后去除上清液（倒入

(A)

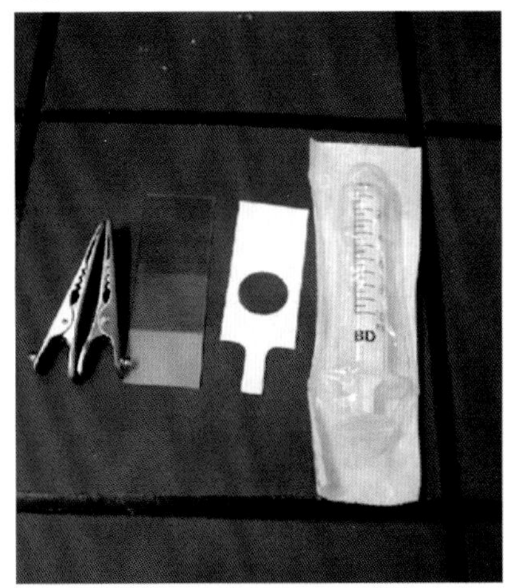

(B)

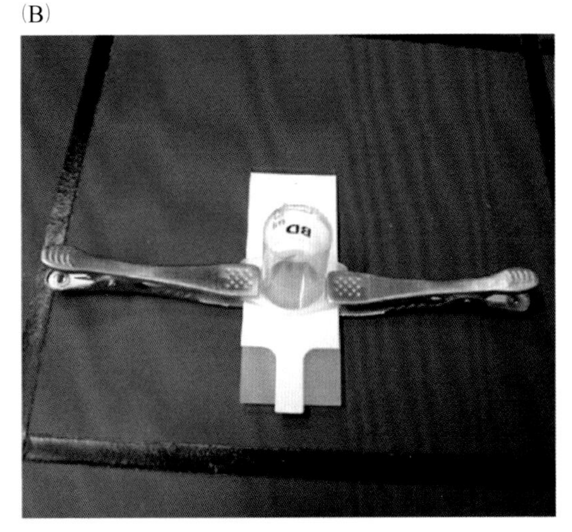

图 1.12 (A) 如果无细胞离心涂片器，可以使用注射器（根据所获得的液体的体积，选择一个 10 mL 或 1 mL 的注射器）、心电图钳和滤纸（如果没有滤纸，可以使用三层的咖啡滤纸，剪一个比注射器的内径稍大的合适的圆孔）制作一个内部沉淀样本室。(B) 截断的注射器筒通过心电图钳与载玻片及滤纸紧密固定，然后加入液体样本（50~200 μL）。等待细胞沉淀 1 h，然后用连接针头的注射器吸掉上清液，并除去涂片器。

水槽或用移液管吸出），管中剩余少量（1~2 滴）液体。混匀沉淀及剩余液体，用血涂片方法或划线浓缩技术（line concentration technique）制备涂片。

染色技术

有多种染色方法可供使用，操作时可单独或者组合进行。染色前，将涂片风干，一般情况下，不必进一步做固定。

常规使用的以酒精为基质的罗曼诺夫斯基染色方法（图 1.13）包括：

- 迈格吉（May–Grünwald–Giemsa）染色
- 瑞氏（Wright's）染色
- 迪夫快速（Diff-Quik）染色（西门子诊断医疗公司）

新亚甲蓝（NMB, new methylene blue）染色（例如：网织红细胞染液，Sigma 公司）用于显示细胞核及核仁结构（例如：染色质）。迪夫快速（Diff-Quik）染色、迈格吉（May–Grünwald–Giemsa）染色和 NMB 染色的典型特征见图 1.14。

(A)

(B)

(C)

图 1.13　染色器具及染色液实例。(A)用于大标本量的实验室及临床染色的大的圆形玻璃器皿[所示为迈格吉(May–Grünwald–Giemsa)染色]。(B)装有迪夫快速(Diff-Quik)染液的玻璃皿。(C)用于迪夫快速(Diff-Quik)染色的小容器。这些装有染液的小容器也是玻片盛放器，适合在样本量较小时使用，避免对昂贵染液的浪费。玻片在每种染料中浸泡 5 次超过 5 s 后，用蒸馏水冲洗去除多余的染料。注意：当涂片所用样本中含有较多细胞以及较高浓度蛋白质时，需要稍微延长染色时间。

除了迪夫快速(Diff-Quik)染色，简单染色(例如：NMB 染色)技术如下：

- 将载玻片置于纸巾上，直接将染液滴加于涂好的片子上，比如使用微量毛细管进行。
- 将盖玻片置于染液液滴的顶部。
- 轻压盖玻片，使用折叠后的纸巾吸出多余的染液。
- 将染色后的涂片置于显微镜下观察分析。

细胞学样本显微镜检查

显微镜下对涂片进行评估应遵循同一顺序：

在宏观(肉眼观察)下，发现可疑点(图 1.15A)后，将涂片置于 10× 或 20× 的低倍镜下观察单层细胞分布的区域(图 1.15B)，也要观察细胞过多

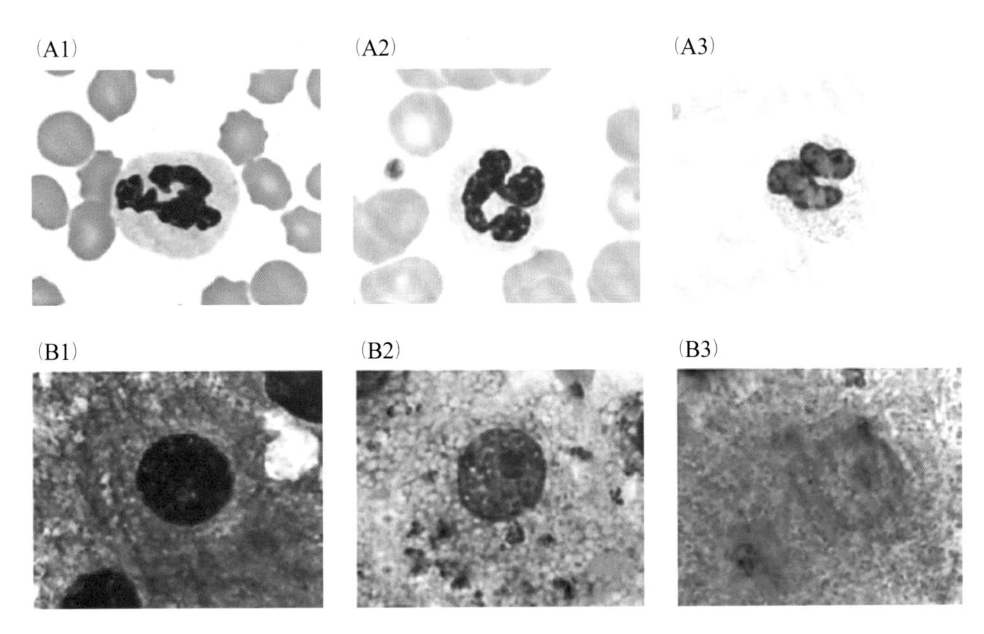

图 1.14 迪夫快速(Diff-Quik)染色(1)、迈格吉(May–Grünwald–Giemsa)染色(2)和 NMB 染色(3)后的中性粒细胞(A)和肝细胞(B)的染色特性。迪夫快速(Diff-Quik)染色和迈格吉(May–Grünwald–Giemsa)染色的效果非常相似，然而，迈格吉(May–Grünwald–Giemsa)染的细胞核中的染色质和核仁结构更清晰。此外，肥大细胞颗粒并不能每次都被迪夫快速(Diff-Quik)染液染上，因此其可能被误认为是巨噬细胞。注意：红细胞在 NMB 染色时可见。

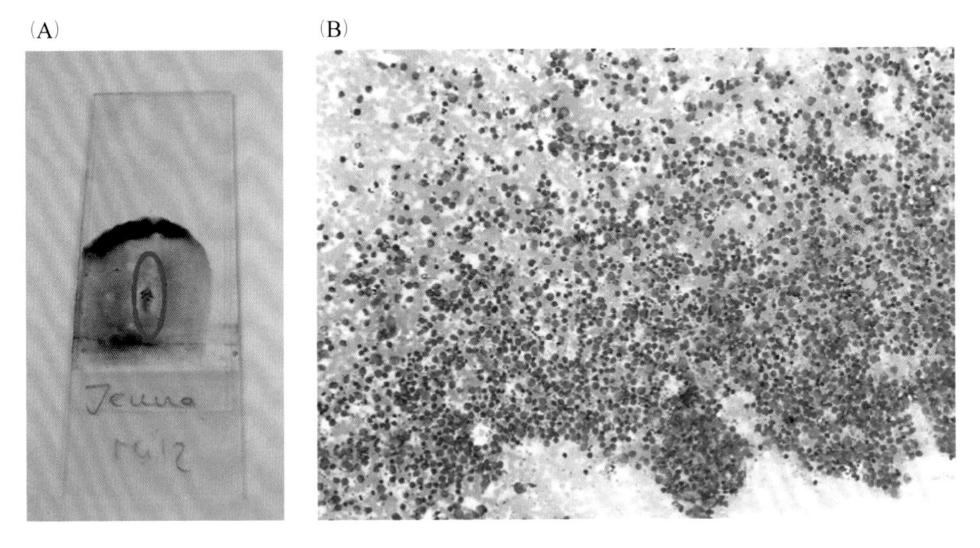

图 1.15 涂片镜检(例：犬脾脏穿刺)：(A)第 1 步：肉眼观察涂片中大量蜂窝状(圆圈所示)结构区域。(B)第 2 步：在 10× 或 20× 低倍镜下观察，在单层细胞分布的区域找到病灶区(肿瘤细胞群，寄生虫如微丝蚴)。注意：大量细胞易聚集于涂片边缘处或羽毛状边缘处。

或者存在不同染色现象的区域（图 1.15B）。然后于更高倍镜下观察（100×油镜下观察，图 1.16）。

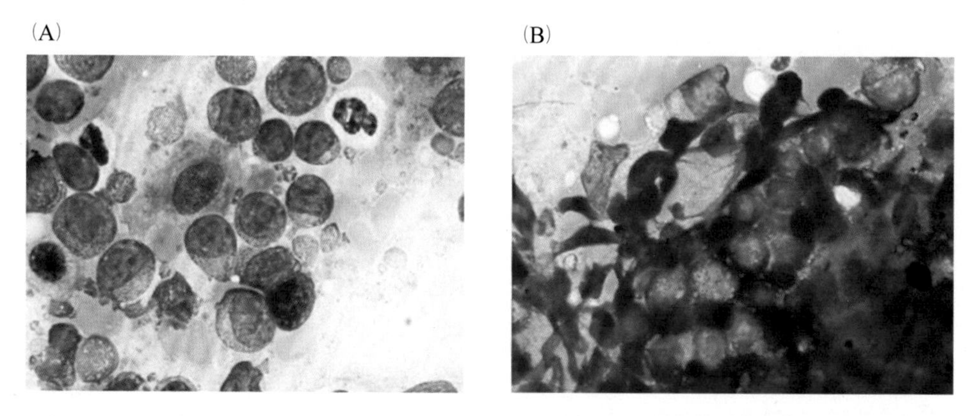

图 1.16 涂片镜检（例：犬脾脏穿刺）：（A）第 3 步：确定待观察的区域后，1 000× 放大倍数下观察细胞形态（使用 100× 油镜）。图中显示大淋巴细胞及中淋巴细胞过量存在，诊断为边缘区淋巴细胞瘤。（B）细胞非单层而是多层重叠的。单个细胞的形态无法评估，细胞染色不完全。

识别伪像

对伪像的识别是正确解读细胞学的关键。导致伪像的原因有：样本制备不当（例如人工挤压导致细胞破碎、裸核或丝带样胞质）（图 1.17），样本老化或被污染物如染液沉渣（图 1.18）、耦合剂（图 1.19）、外科手套上的淀

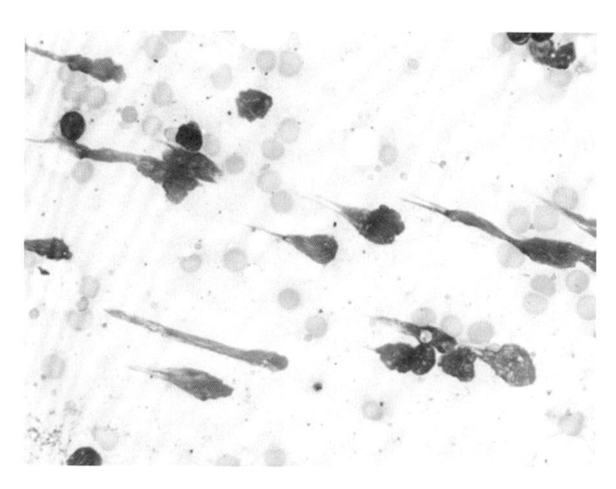

图 1.17 人为导致的细胞破碎（犬淋巴结穿刺）。注意：核蛋白质条纹方向一致，表明是人为造成的。

粉颗粒（图 1.20）、纸巾、植物的纤维（图 1.21）或花粉粒（图 1.22）污染。聚焦和非聚焦观察可以帮助区分污染物和细胞内结构。

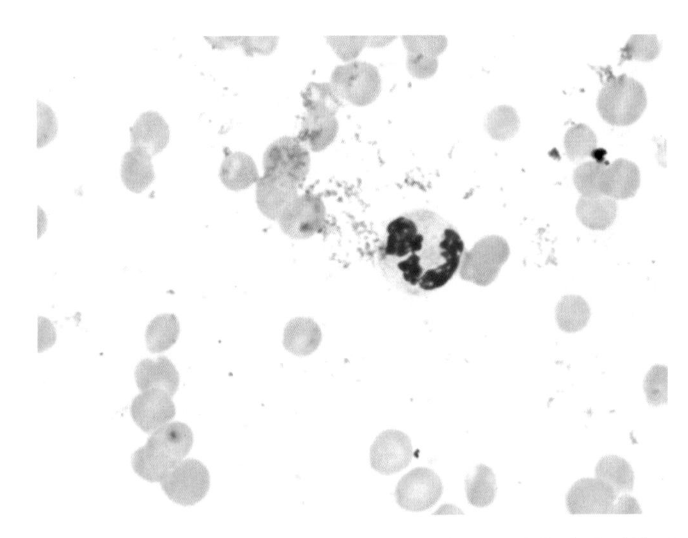

图 1.18　染液沉渣（犬血涂片）。注意：细胞上与细胞间的细点状嗜苯胺物质。染液沉渣容易与嗜血支原体相混淆；然而，染液沉渣不仅可以在红细胞间看到，上下调焦还可以观察到红细胞表面也有同样的物质。

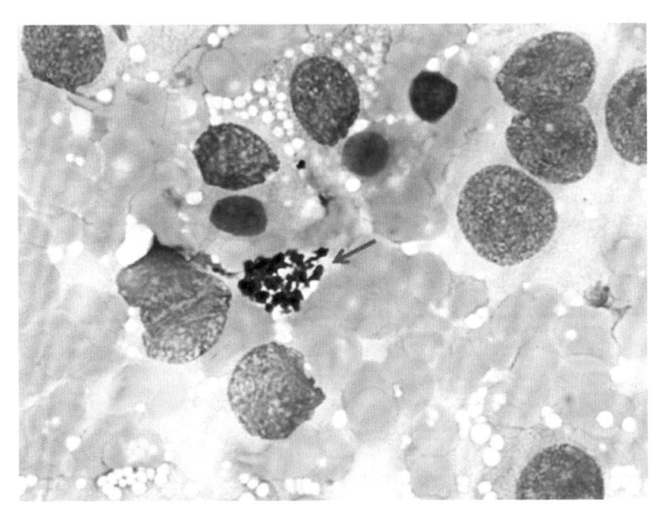

图 1.19　耦合剂污染涂片（犬肾细胞癌）。注意：照片中心出现的不规则、丁香花状物质。

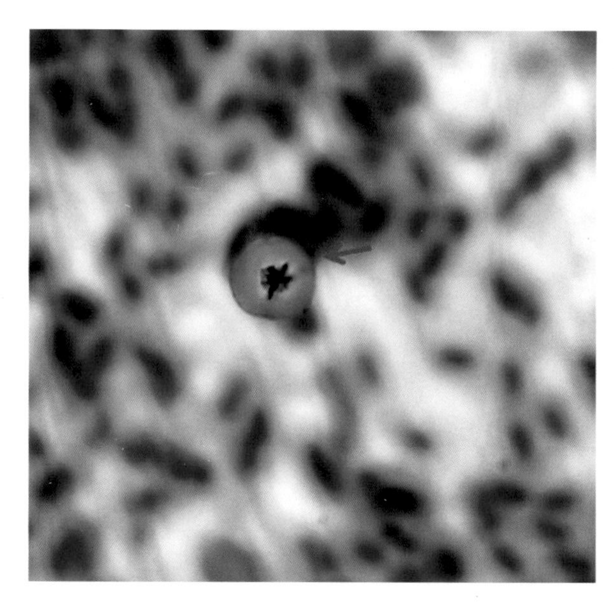

图 1.20　来自外科手套的淀粉颗粒（箭头），是对灰鹦鹉头部肿物进行细针穿刺检查的污染物。采用聚焦和非聚焦观察时，可见淀粉颗粒的中心显示典型的“十”字形结构至“Y”形结构。注意：当以淀粉颗粒为焦点时，背景中的红细胞模糊，提示所述污染物在涂片的表层。

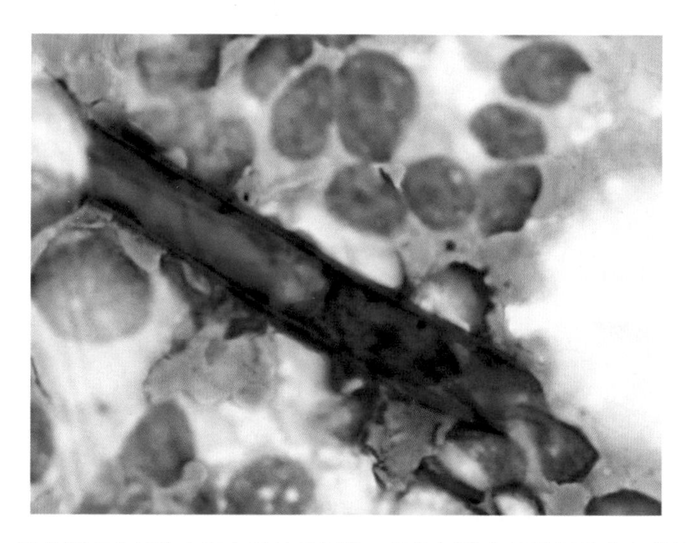

图 1.21　一例犬肾癌穿刺物中混杂的植物纤维。植物纤维容易被误认为真菌的菌丝，但见不到清晰的分隔，通过调焦可发现该物质位于细胞的上层。

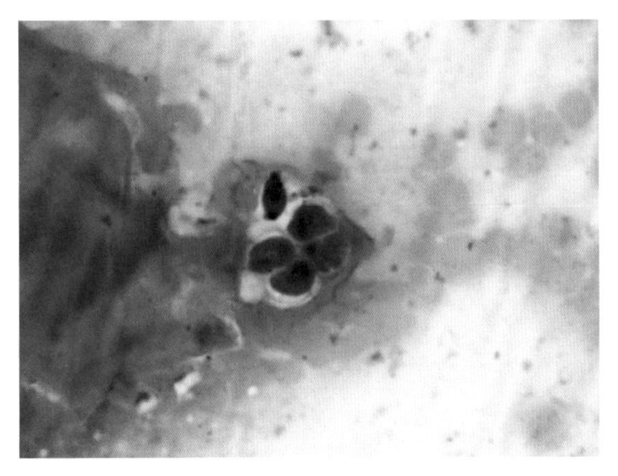

图 1.22 犬皮肤刮片中的花粉粒（见图中央）。

识别红细胞风干伪像时，可以通过观察红细胞胞浆内可能出现的蓝色结构物进行，此物形态类似于嗜血支原体（图 1.23A）；然而，在调焦时发现，它们仅仅是折射点（图 1.23B）。

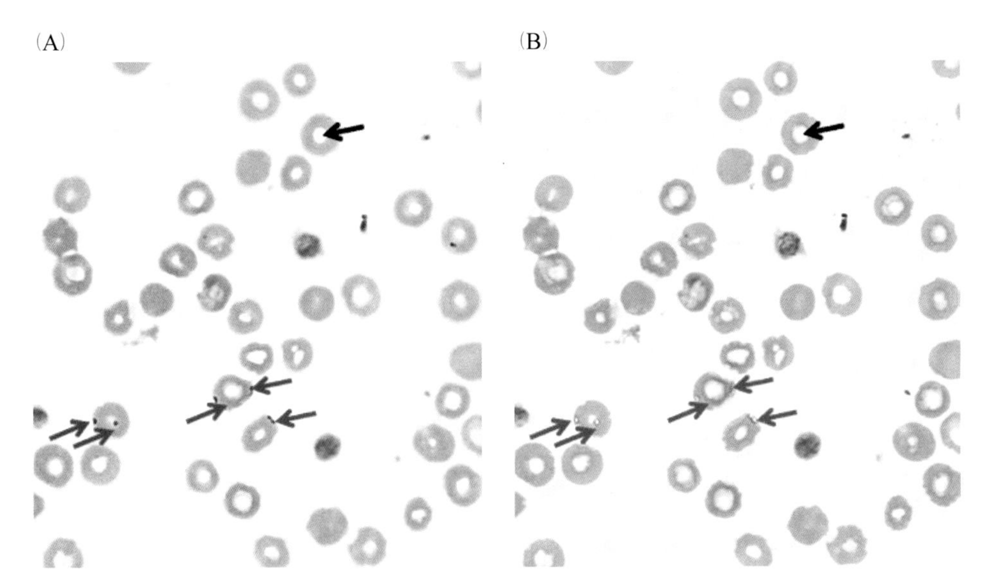

图 1.23 猫血涂片中的风干伪像。（A）在红细胞的边缘（红色箭头）可以看到接近蓝色的棒状结构，它们可能会被误认为嗜血支原体。有打孔样的红细胞（环形细胞，黑色箭头）类似低色素性红细胞；然而，真正低色素性红细胞的特点是颜色渐变而不是打孔样的外观。（B）上下调焦证实，（A）中看到的蓝色结构为折射点，因此确认这是一个风干伪像。

2 细胞学判读的基本原则

Kathleen Tennant

Diagnostic Laboratories, Langford Veterinary Services,
University of Bristol, Bristol, UK

样本的初步评估：采集的样本能用于诊断吗？

应首先在低倍镜下（10×）观察样本，评估细胞构成和样本的背景，确定有诊断价值的区域。在这个阶段，必须识别出样本是否能将就使用或者是完全不合格。一些常见的问题包括：

1. 无细胞。当有核细胞完全缺乏时，通常不能进行确诊。
2. 细胞破裂或者变形。细胞胞浆溢出后，细胞形态可能异常，不能进行判读。
3. 染色不良。
4. 样品被外源性物质污染，外源性物质如润滑剂或耦合剂。
5. 接触过福尔马林后的样本，其染色特性会发生改变，当使用罗曼诺夫斯基法染色时，细胞类似被“洗脱”过，出现轻度的嗜碱性外观。
6. 偶尔会发生这种情况，穿刺到的组织不是目标组织类型，如颌下淋巴结穿刺时，最终却采集到正常的唾液腺上皮细胞。
7. 样本太厚，无法评估单个细胞（图 2.1）。

炎症

当在院内进行细胞学检查时，最容易出现只能观察到炎性细胞这一现象。

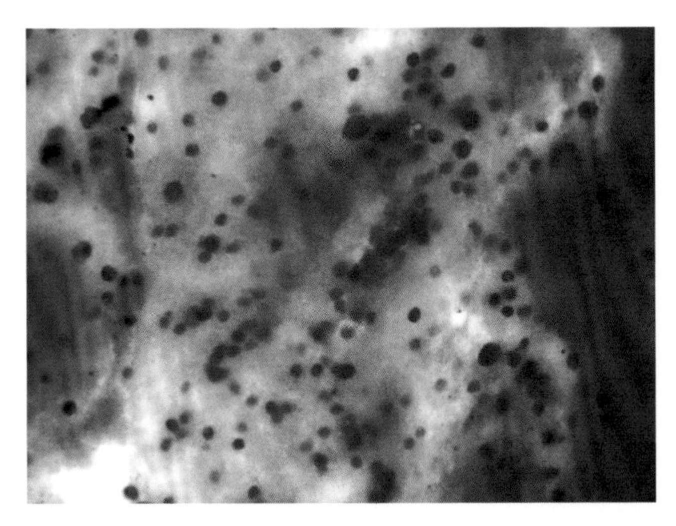

图 2.1 避免用涂片中细胞及背景较厚的区域进行判读。该区域通常无法对细胞分布状态和细胞内部细节进行评估。

对炎症进行评估的一般方法分三步：(i) 辨别涂片中主要的细胞类型，将炎性反应进行大体归类；(ii) 辨别一切异常的形态；(iii) 尝试推断任何引起炎性反应的显著病因。

中性粒细胞性炎症

当有核细胞中中性粒细胞达到 70% 或更多时，为中性粒细胞性炎症反应（当中性粒细胞数量超过 85% 时，可以使用术语“化脓性”）。

从形态学上进行观察，可以将中性粒细胞进一步描述为非退行性（图 2.2）或退行性（图 2.3）。非退行性中性粒细胞基本上与外周血中的相似，提示组织环境对细胞没有造成直接损伤。最常见于无菌性炎性反应，如免疫介导性脑膜炎和多发性关节炎。

核溶解以细胞肿胀和核肿胀为特点，是中性粒细胞对损伤或毒性损伤的反应。诱因包括中性粒细胞接触到细菌毒素或刺激性物质，如游离的尿液、胆汁或胰腺分泌的酶类。当细胞核肿胀时，细胞核变得更稀疏，着色浅，粗糙以及松散。当确定为核溶解性中性粒细胞时，积极寻找致病微生物或有害物质是极为重要的。当中性粒细胞胞浆空泡里存在微生物（多数为细菌）时，可诊断为脓毒性中性粒细胞性炎症。与之相比，核固缩或核碎裂的特征是，在细胞里存在圆形、可致密着色的核残余物（图 2.4）。这种变化更多与非退行性中性粒细胞的衰老凋亡相关。

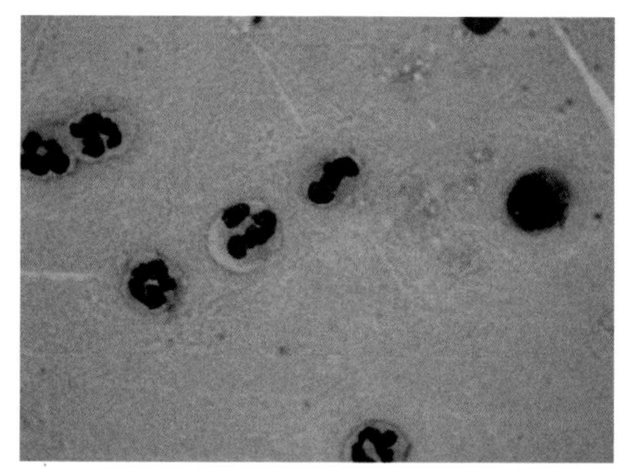

图 2.2 关节液中的非退行性中性粒细胞，来自患有免疫介导性多发性关节炎的患犬。核染色质浓缩，细胞核边界光滑、边缘清晰。部分细胞核分叶过多。

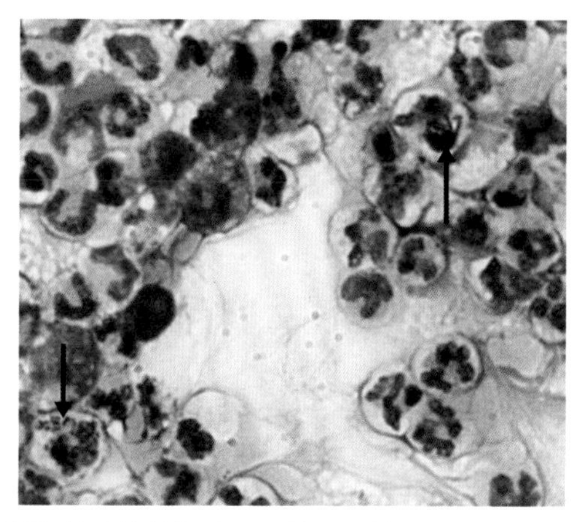

图 2.3 猫脓胸中的退行性中性粒细胞。尽管可以辨认出是中性粒细胞，但是细胞核肿胀且粗糙，可见细胞内杆菌（箭头）。

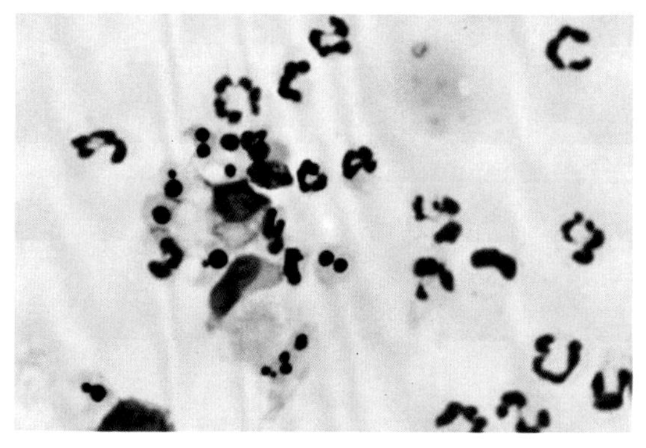

图 2.4 中性粒细胞核固缩和核碎裂。来源：Dunn and Villiers（1998a）。经 BMJ Publishing Group Ltd 许可使用。

巨噬细胞性炎症或肉芽肿性炎症

以巨噬细胞为主的样本，提示潜在的或慢性炎症过程。特定的微生物（如分枝杆菌属）与巨噬细胞性炎症也有关，在有些病例中可见巨噬细胞的吞噬作用（图 2.5）。有时可以观察到多核巨噬细胞或者巨细胞，尤其是在持续性炎症或存在外源异物时。当巨噬细胞和中性粒细胞混合出现时，被称为脓性肉芽肿性炎症，病因与上述相似。

图 2.5 巨噬细胞性炎症。本病例的细胞胞浆中，充满清晰的、不着色的杆菌（分枝杆菌）。

嗜酸性粒细胞性炎症

常与过敏或者寄生虫感染有关，然而，出现某些特定类型的肿瘤（肥大细胞瘤、淋巴瘤）时，嗜酸性粒细胞的数量也会增多，这是副肿瘤性反应。嗜酸性粒细胞增多还可见于嗜酸性肉芽肿性病变，或嗜酸性粒细胞增多症相关的器官，如脾脏（图 2.6）。

淋巴细胞性／浆细胞性炎症

这种类型的炎性反应与免疫刺激有关，如疫苗注射部位的反应。这种类型的炎症也可见于其他一些炎性反应，如鼻炎和淋巴细胞性-浆细胞性炎性肠病。淋巴样细胞类型相对多样化，但以小淋巴细胞占主导，这一点有助于与淋巴瘤区分。

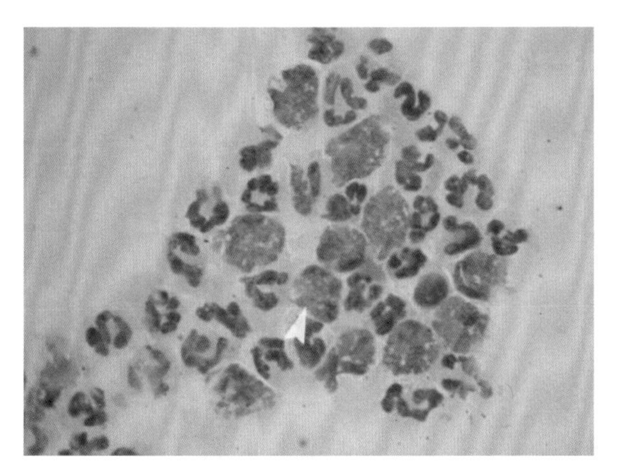

图 2.6 嗜酸性和中性粒细胞混合型炎症（箭头头所指为一个嗜酸性粒细胞），来自嗜酸性支气管肺病犬的支气管冲洗液。

混合型炎症

当样本中并非单一细胞类型占主导时，应注意不同类型细胞的百分比，如有可能也应注意其潜在病因。除了前面描述的细胞类型，在某些炎性病灶的样本中也可观察到肥大细胞。

正常或增生组织的穿刺样本

一般来讲，正常组织细胞与增生的细胞非常相似或难以区分。相似类型的细胞及其细胞核在大小和形态上仅表现出极微小的差异（图 2.7）。多数组织的细胞更新数量太少以至于很难见到与增殖相关的形态变化。在活跃增生的组织中偶尔会发现，细胞核质比出现轻微变化，胞浆嗜碱性加深，出现细胞更新加快的标志，如出现核仁，但一般而言，区分形态学正常的细胞是来自肿物还是增大的器官才能建立诊断。

肿瘤的形成

在许多病例中，由于肿瘤的存在，非正常部位的穿刺液往往无炎症，而只有组织细胞。肿瘤细胞类型有可能是良性的（图 2.7）或恶性的。良性肿瘤细胞的形态可能更规则（许多病例中，细胞形态的变化类似于上述轻度增生组织的细胞）。

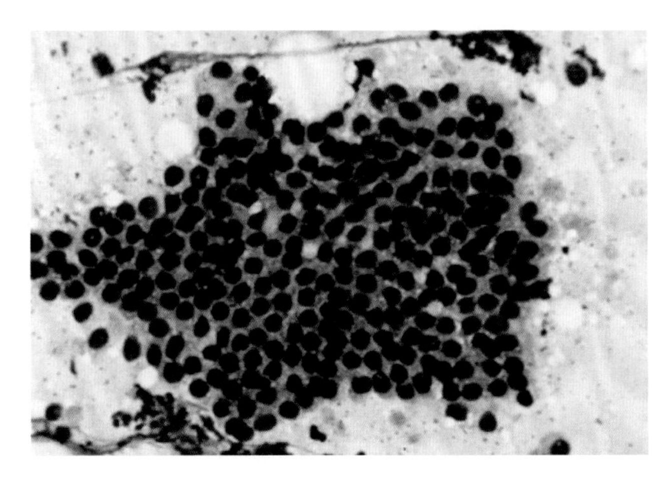

图 2.7 **良性的前列腺增生。所有细胞和细胞核的大小相对一致。核染色质粗糙。在一些细胞核中可见小的圆形的核仁。**来源： Dunn and Villiers（1998a）。经 BMJ Publishing Group Ltd 许可使用。

判断恶性的标准

细胞的肿瘤性改变经常导致生长抑制缺失和内部质量控制机制失效。这不仅导致细胞无限制地和不可控地生长，而且导致细胞形态上的持续性变化。

存在下述形态学特征的任何一种，尤其是细胞核的特征，均会增加细胞为恶性的指数：

- 成群的细胞出现在异常位置，例如腰下淋巴结出现肛门囊上皮细胞。
- 细胞大小不等（细胞大小的变化）。
- 细胞核大小不等（核大小的变化）。
- 核质比的变化（图 2.8）。肿瘤细胞核质比经常升高（核比例升高）。
- 许多细胞核出现一个或多个明显的核仁（图 2.9）。注意，在更新快速的组织细胞中，正常时即可能出现一个或两个小的核仁（例如肠道上皮细胞、肝细胞）。
- 存在多核细胞，尤其是在相同细胞里核大小不等（图 2.10）。
- 出现核仁的异常，最显著的异常是存在巨核仁（会比红细胞还大）或多个核仁，核仁大小和形态不一（图 2.9）。
- 粗糙或网状的核染色质；细胞增殖时间延长，易于形成丝状的、较粗糙的核染色质（图 2.10）。
- 核塑形。在正常细胞群中，生长抑制作用阻止了同一细胞或邻近细胞中的细胞核间形态的相互影响（图 2.11），但肿瘤细胞有可能失去了这一功能。

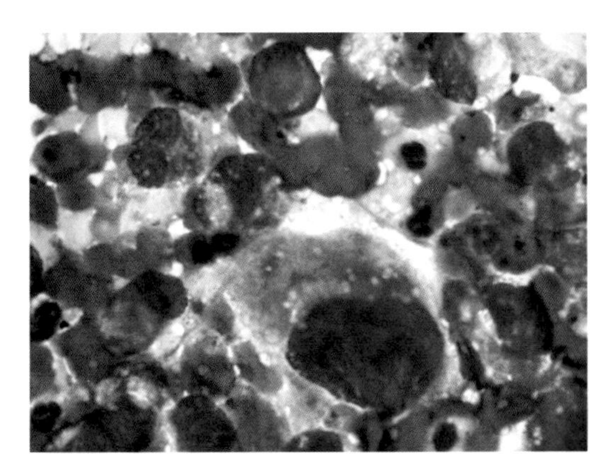

图 2.8 恶性组织细胞肿瘤中的细胞大小不等（细胞大小的变化）和核大小不等（核大小的变化）。同时可见少量中性粒细胞。

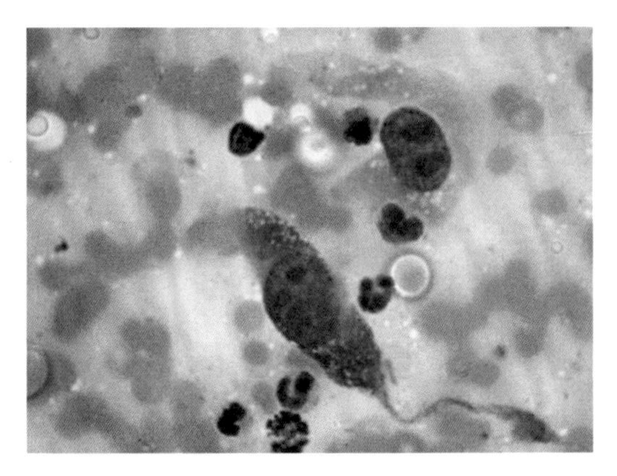

图 2.9 间质类肿瘤细胞中可见多个大且大小不等的核仁。图中下方细胞中含有大小不等的角形核仁。

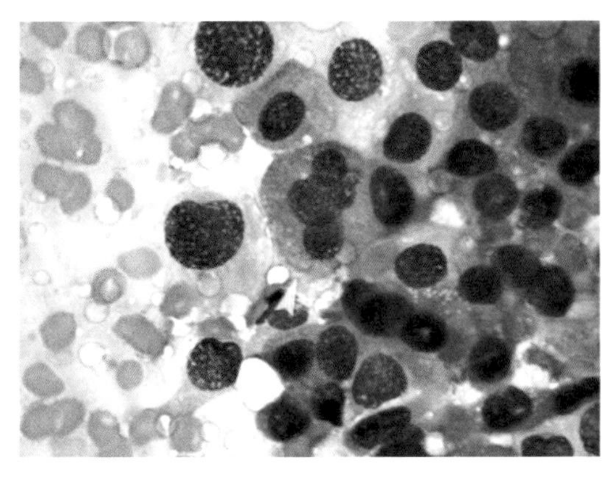

图 2.10 异常的、含有多个核的细胞样本。标有箭头头的细胞内含有多个大小不等的细胞核。此外，细胞核含有明显的核仁和粗糙的核染色质。

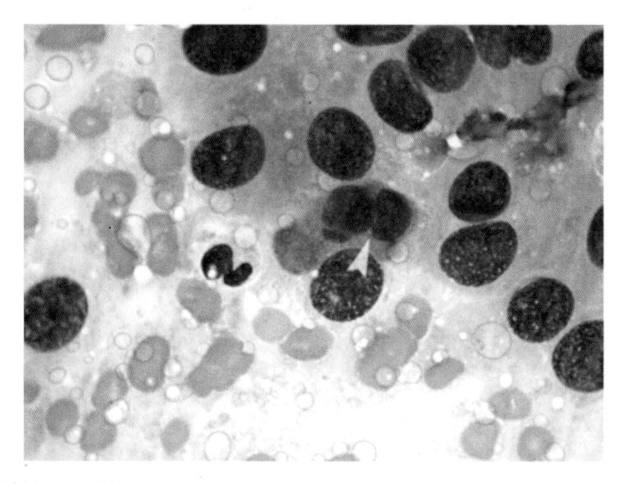

图 2.11 核塑形（箭头头）。

- 主观判断，有丝分裂象增多，或存在异常有丝分裂象，表现为明显的染色体不对称或滞后（图 2.12）。注意：在增生组织中，同样可见有丝分裂象。
- 胞浆嗜碱性。在生长较活跃的细胞中，mRNA 数量增多，导致用罗曼诺夫斯基法染色时，呈现较深的、蓝染的胞浆（图 2.13）。
- 异常胞浆空泡化，或在正常情况下不应存在空泡的细胞中出现空泡。应特别注意核周空泡化（图 2.13）。单个大的空泡将细胞核推到细胞一侧，导致细胞形成“印戒”的形状。“印戒”细胞的存在高度提示癌（图 2.14）。

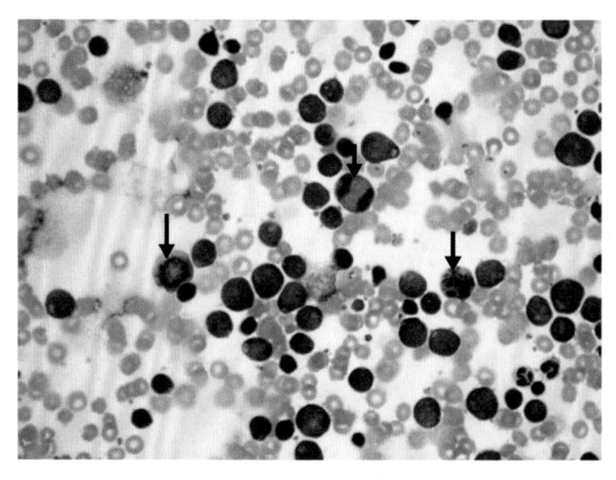

图 2.12 有丝分裂象增多。大细胞淋巴瘤病例的淋巴结穿刺样本可见三个有丝分裂象（箭头）。

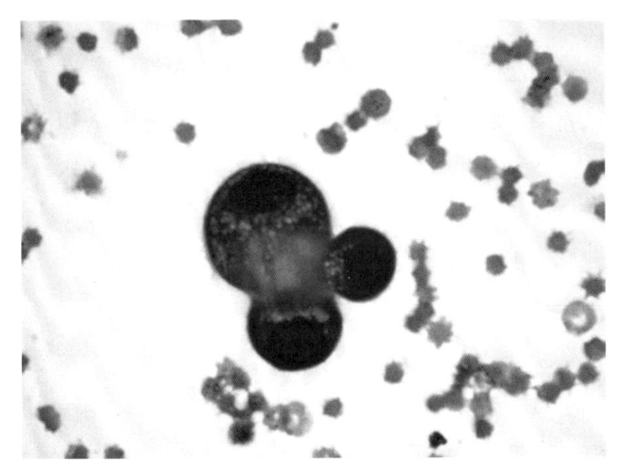

图 2.13 间皮细胞里胞浆嗜碱性和核周空泡化，可能是反应性间皮细胞或肿瘤细胞。

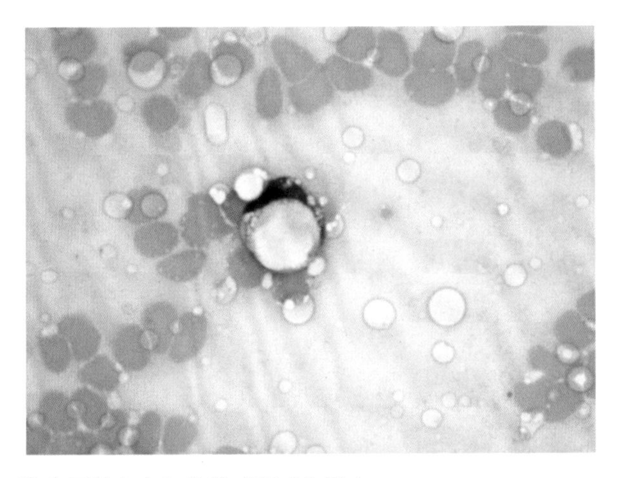

图 2.14 癌。注意恶性上皮细胞的“印戒”形态。

上述特征的不同组合，可在不同的肿瘤中见到，应注意的是，在有些类型的恶性肿瘤中，很少出现这些变化（例如甲状腺癌和肛门囊癌）。

发育不良

当组织存在反复的或长期的炎症、感染或损伤时，会引起发育不良，导致可逆的形态学异常，与先前提到的恶性特征相似（细胞大小不等，核大小不等，可变的核质比，多核，出现核仁和胞浆嗜碱性增加；图 2.15）。虽然这些形态变化不像恶性特征那样明显，但二者在许多方面相似。

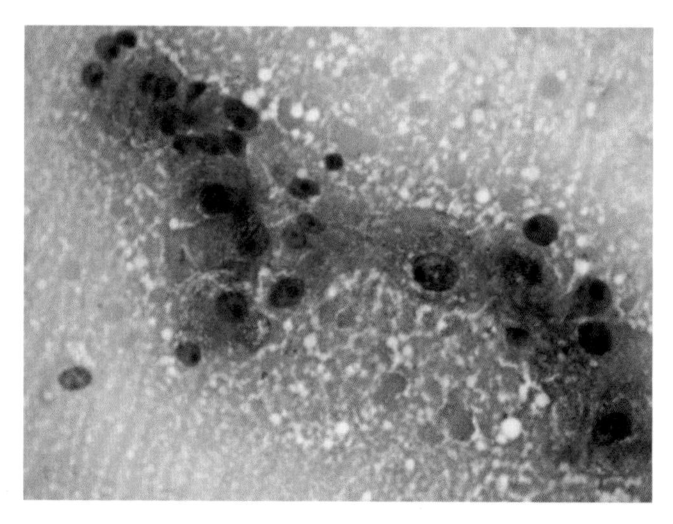

图 2.15 肝细胞群发育不良。显示细胞大小不等和双核化增加。其他的核特征不显著。

明显发育不良的细胞群会被误诊为恶性肿瘤，为将误诊概率降到最低，可在重新采样之前，尝试消除任何潜在的炎症、感染或其他致病因素。

细胞群的特性：上皮细胞、间质细胞还是离散的圆形细胞？

在一些病例中，肿瘤细胞分化不良以至于仅靠形态无法确定组织细胞的起源，但大多数肿瘤组织的穿刺样本中，可将组织再细分为以下种类中的一种。

上皮细胞

上皮起源的细胞经常保持细胞与细胞间的连接（桥粒和半桥粒），导致细针穿刺获得的细胞成簇或者团状分布（图 2.16）。细胞之间连接出现在薄层未着色的区域。单个细胞的边缘清晰，一般胞浆丰富，导致相对低的核质比。核常为圆形。腺体起源的细胞常以玫瑰花形（腺泡）排列，内含分泌产物（图 2.17）。

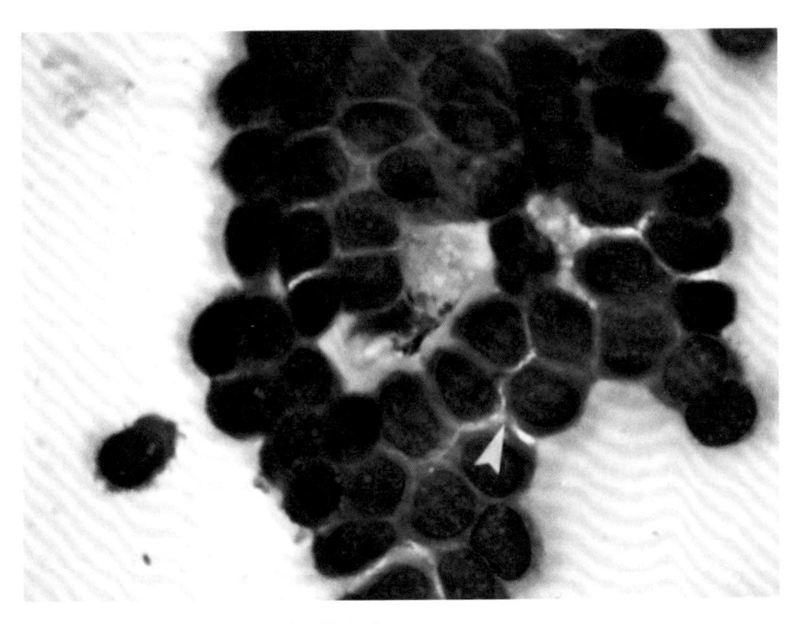

图 2.16 上皮细胞群内细胞间连接（箭头头）。

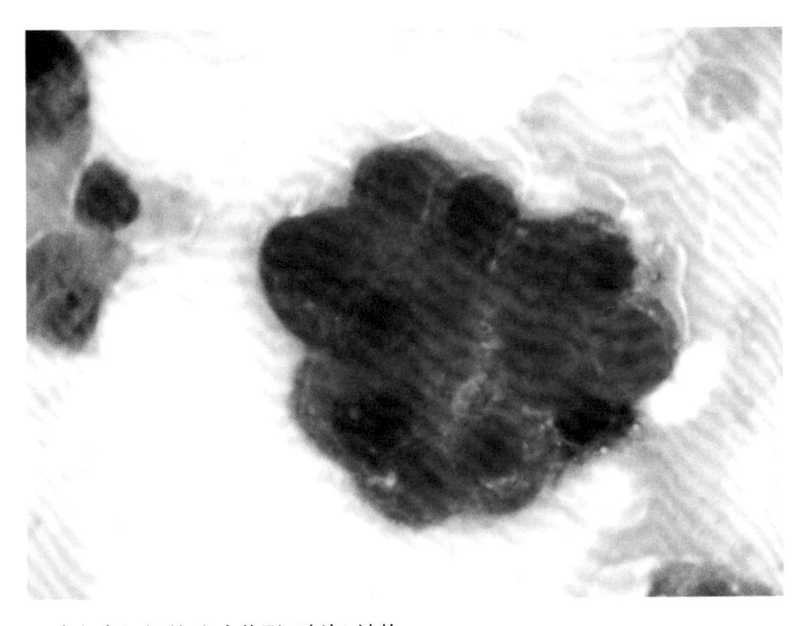

图 2.17 腺上皮组织的玫瑰花形（腺泡）结构。

间质细胞

该类细胞包含结缔组织起源的细胞。大多数有卵圆形至长形的细胞核(脂肪细胞除外)，胞浆边缘不清晰(图 2.18)。有些细胞呈典型的“纺锤”形，但其他细胞可能表现得较圆或者较丰满。若来源于细胞产物比较丰富的组织，例如来自产生胶原蛋白的成纤维细胞、产生软骨样结构的软骨细胞或产生类骨质的成骨细胞，其产物在涂片中会表现为嗜酸性，且与细胞相连，尤其在细胞较多的区域(图 2.19)。这些产物的存在，例如胶原蛋白，会适当地固定住细胞，导致细针穿刺获得的细胞量相对较低。

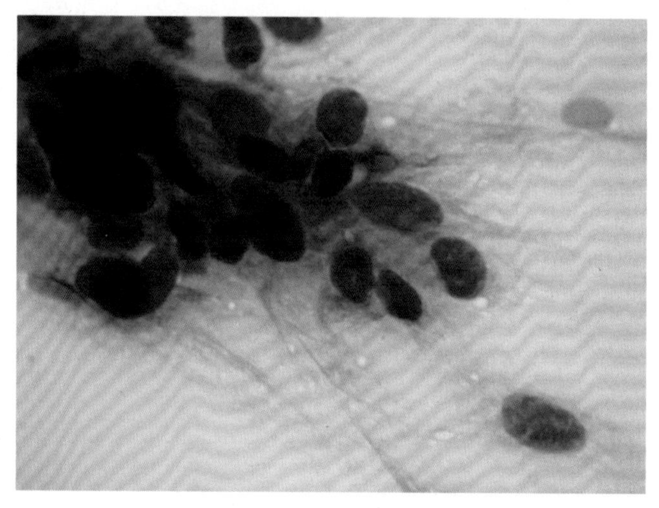

图 2.18 间质细胞有长形至卵圆形的细胞核，胞浆边缘纤细、不清晰。

(A)

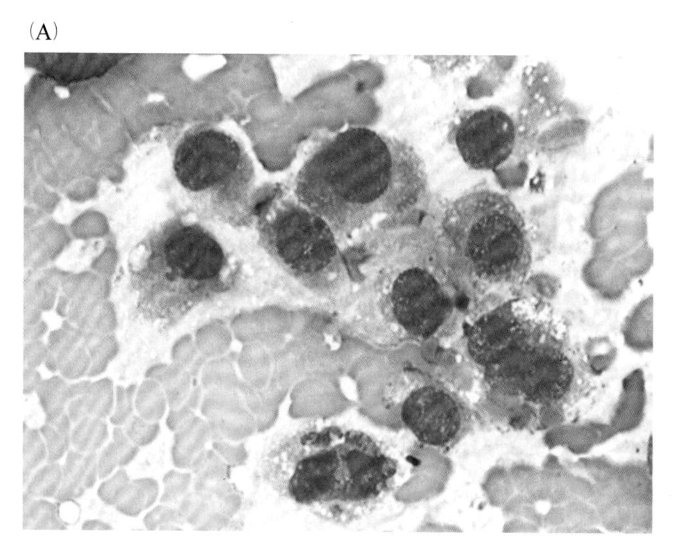

图 2.19 (A)间质细胞。注意细胞内和细胞外的嗜酸性基质，在这个病例可能是软骨样病变。

(B)

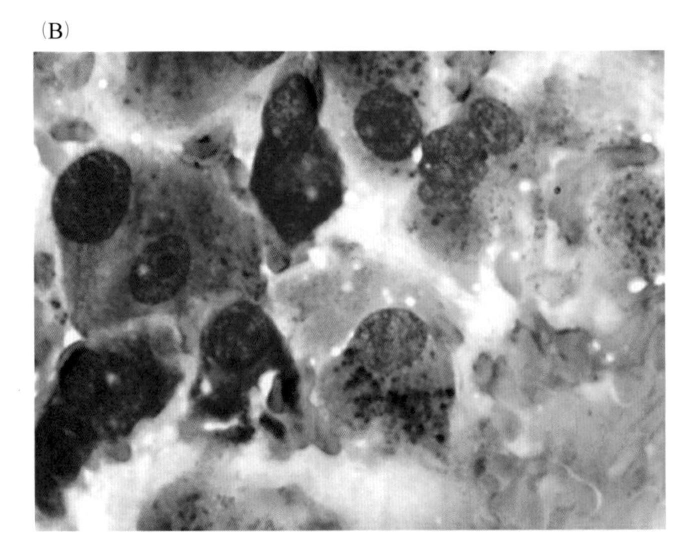

续图 2.19

(B) 骨肉瘤(犬)。这些成骨细胞出现明显的细胞大小不等、细胞核大小不等和核质比不一致。细胞周围是嗜酸性基质，可能是类骨质。可见一个大的双核细胞。其核仁明显且大小不一。也要注意可能会产生类骨基质的胞浆颗粒。

离散的圆形细胞

该种细胞类型较少。圆形细胞瘤易于产生大量与基质产物分离的离散细胞。淋巴样肿瘤(图 2.20)、浆细胞瘤(图 2.21)、组织细胞瘤(图 2.22)和

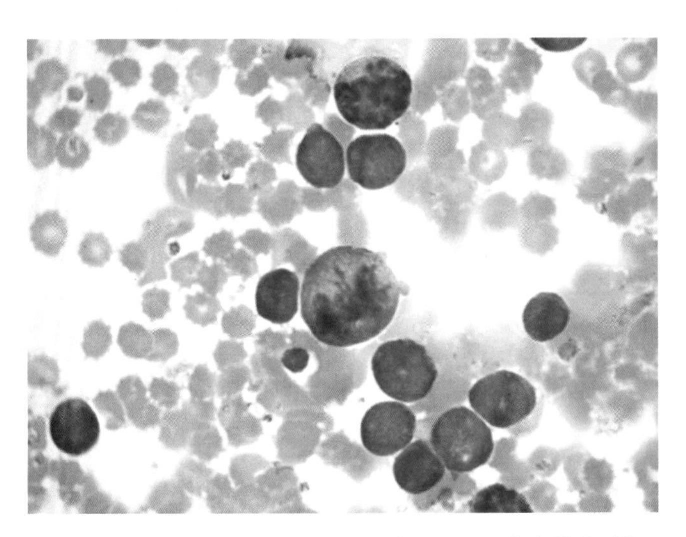

图 2.20 大细胞淋巴瘤。注意高核质比的单个细胞，可见两个有丝分裂象。

肥大细胞瘤（图 2.23）都属于这种类型的肿瘤。黑色素瘤产生的肿瘤细胞具有圆形细胞的特征，但经常被归类为间质类肿瘤（图 2.24）。

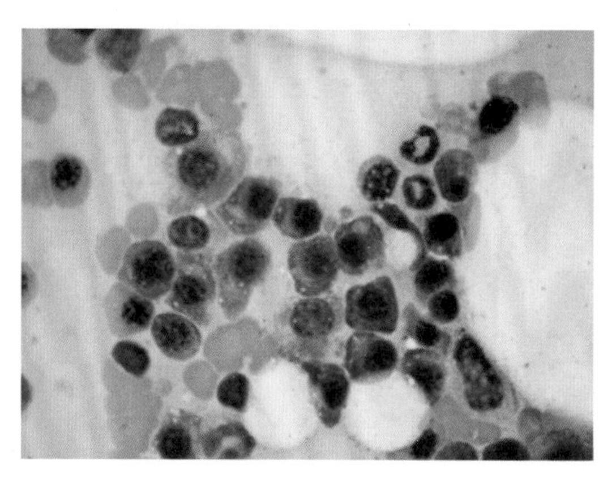

图 2.21　多发性骨髓瘤病例骨髓中的浆细胞。这些离散的细胞胞浆深染，细胞核周围有透明区域（“晕环”）。

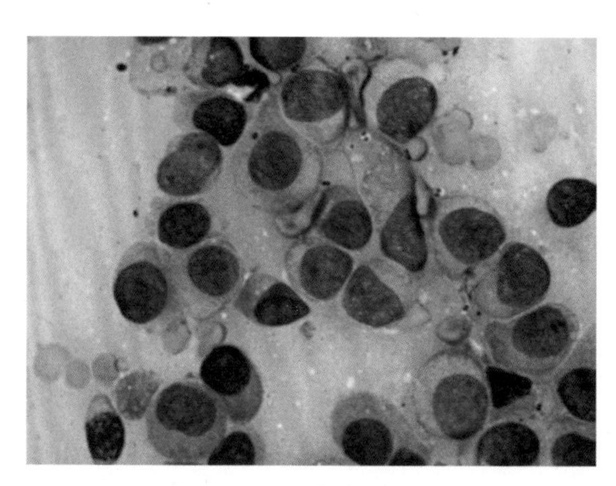

图 2.22　组织细胞瘤。离散的圆形细胞，胞浆中度嗜碱性，细胞大小轻度不一，细胞核大小显著不等。可见模糊的核仁。

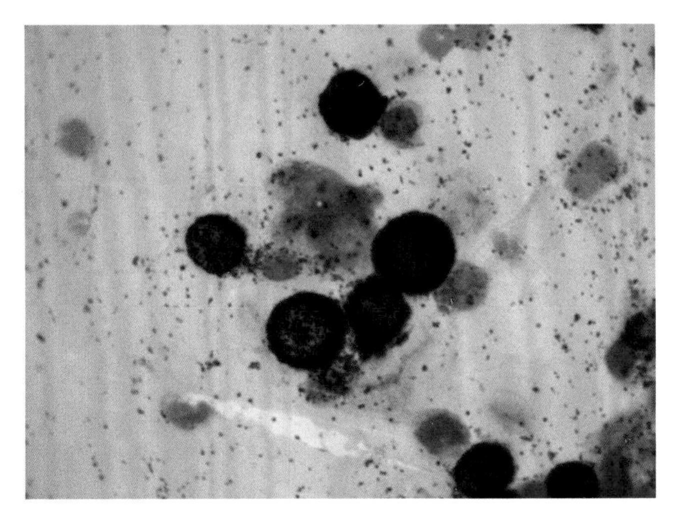

图 2.23 肥大细胞瘤。该类细胞胞浆充满嗜苯胺蓝颗粒，细胞核细节模糊不清。注意背景中的胞浆颗粒，来自裂解的肥大细胞。

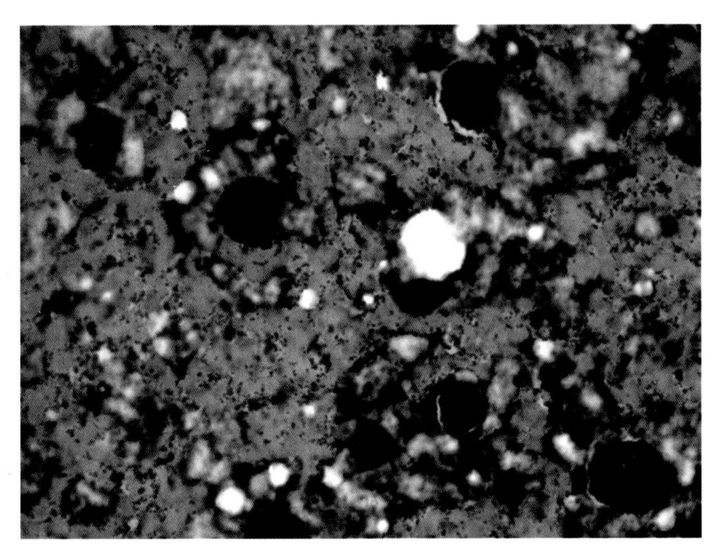

图 2.24 这些细胞含有黑色的色素颗粒，导致所有的细胞内部细节模糊不清。背景中可见散在的黑色素颗粒。

囊性结构

在很多皮肤病变（表皮囊肿、皮脂腺囊肿）和某些良性附属器肿瘤中，可见大量无核的角化鳞状上皮（图 2.25）。其他器官内的囊性结构（例如猫多囊肾病的囊腔）中穿刺到的样本，可能只是含有蛋白成分的液体，只有少量或者没有细胞成分。对于这些病例，需要通过对囊壁进行组织病理学检查来确诊。

图 2.25 大量无核的角化上皮和上皮碎片可见于表皮囊肿或者毛囊囊肿。皮脂腺囊肿或者某些良性附属器肿瘤可能会表现出比较类似的细胞学特征。

3 淋巴组织细胞学

Erik Teske

Department of Clinical Science Companion Animals, Utrecht University, Utrecht, The Netherlands

淋巴结

犬猫淋巴结与人和大多数家畜的淋巴结在功能及形态学上都非常相似。淋巴结具有界限清晰的被膜，包含弹性纤维和平滑肌纤维，被膜延伸至淋巴结内部形成间隔支架和小梁。大多数初级淋巴滤泡和次级淋巴滤泡位于皮质区，被副皮质区和少部分淋巴窦包围。实际上所有副皮质区的淋巴细胞是T细胞起源，而滤泡的淋巴细胞是B细胞起源并混合一些T淋巴细胞。在髓质区有相互连接的条索状淋巴组织。浆细胞等抗原刺激细胞聚集于此。组织细胞，包括抗原递呈细胞，可见于所有分区（compartment）中。

正常细胞学形态和良性病变

虽然很少对正常淋巴结进行穿刺，但是为识别异常形态，必须熟悉正常细胞学形态。当抗原对正常淋巴结产生轻度刺激时，理论上可以观察到不同成熟阶段的B淋巴细胞和T淋巴细胞。但是，大部分细胞（85%~95%）是小B淋巴细胞和T淋巴细胞。这些细胞形态学特征表现为胞浆少，细胞核圆形且无核仁，染色质结构通常轻度粗糙（图3.1）。这些细胞的大小（直径大约10 μm）位于红细胞和中性粒细胞之间。

淋巴小体为细胞浆碎片，用迈格吉（May–Grünwald–Giemsa）染色后，呈现为淡蓝色（图3.1）。淋巴小体是淋巴组织特有的，有助于区分淋巴细胞和未分化的小细胞癌。淋巴小体虽然不是恶性肿瘤的标志，但是在高度恶性的淋巴瘤中，淋巴小体的数量较多。

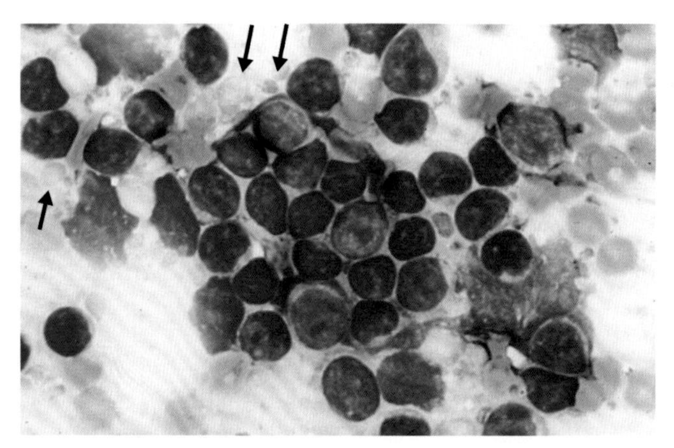

图 3.1 犬正常淋巴结细针穿刺活检（FNAB），由单一形态的小淋巴细胞组成，淋巴细胞比周围的红细胞仅稍大一点。细胞之间的粉红色物质为受损细胞的核物质。小的蓝色的结构是淋巴小体（箭头）。

正常的淋巴结也包含淋巴系其他发育阶段的细胞，例如中淋巴细胞、不成熟的幼稚细胞和浆细胞，但通常不多于淋巴细胞总数的 5%~10%。在正常的淋巴结中，可偶见以下非淋巴系的细胞，包括中性粒细胞和嗜酸性粒细胞，巨噬细胞 / 组织细胞，肥大细胞，红细胞和单核细胞。

非淋巴组织

正常或增大的颌下腺经常被误认为增大的颌下淋巴结。唾液腺细胞比淋巴细胞大，胞浆更多，形成腺泡（腺样）结构。其中缺乏淋巴细胞和淋巴小体。

对于肥胖的动物，因为淋巴结被一层厚的脂肪包被，导致我们误认为淋巴结增大，对这些增大的“结节”进行细针穿刺，可能只得到脂肪。

反应性增生

在所有淋巴结病变中，反应性增生是最常见的病因之一，由抗原对淋巴结的刺激导致。相对于小的、正常的淋巴细胞而言，反应性增生在细胞形态学上以中淋巴细胞和不成熟大淋巴细胞数量增多为特征，例如免疫母细胞和中心母细胞。有丝分裂象增加，淋巴浆细胞样细胞（介于淋巴母细胞和浆细胞之间的细胞）和浆细胞的数量也增多（图 3.2）。有时在浆细胞的胞浆中看到所谓的拉塞尔小体（Russell body）[这种浆细胞称为莫特细胞（Mott cell）]。它们是充满了免疫球蛋白的空泡（图 3.2）。

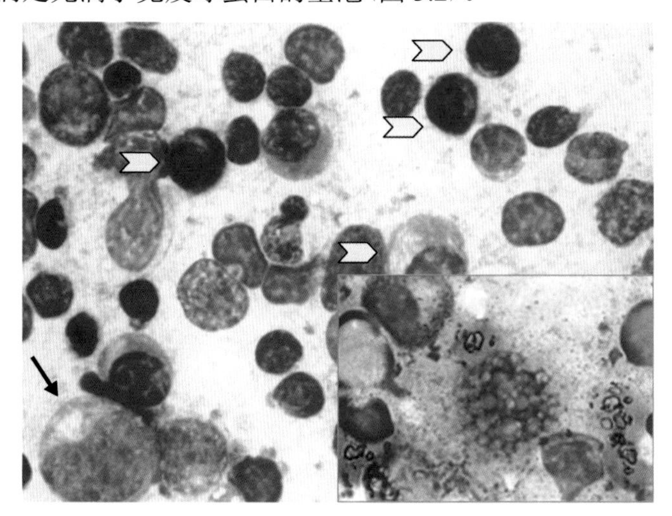

图 3.2 **增生淋巴结的穿刺结果。图示数个成熟的淋巴细胞，一个免疫母细胞（箭头），两个中性粒细胞和几个深蓝色浆细胞（箭头头）。插图：一个莫特细胞，也就是胞浆中出现了拉塞尔小体的浆细胞。**

由于不同的潜在病因，其他类型的细胞也会增多，如组织细胞（巨噬细胞、树突状细胞、交错突细胞）、多形核粒细胞，尤其存在皮肤疾病时，嗜酸性粒细胞和肥大细胞数量会增加。

淋巴结炎

淋巴结中存在大量炎性细胞时称为淋巴结炎。根据存在的主要炎性细胞的类型，可分为化脓性淋巴结炎和肉芽肿性淋巴结炎。

化脓性淋巴结炎以中性粒细胞数量增多为特征，通常混合反应性淋巴细胞和一些巨噬细胞（图 3.3）。区分淋巴结炎和反应性淋巴结增生可能比较困难，但是有时也可以进行明确区分，如细菌性淋巴结炎，此时含有大量的中性粒细胞，很少见到或者根本见不到淋巴细胞。也可能有坏死的迹象出现，也可能存在细菌。过敏性皮肤病变，一些寄生虫性感染，患有嗜酸性粒细胞增多症的猫腹部淋巴结中，可以观察到嗜酸性粒细胞增多的现象。

肉芽肿性淋巴结炎通常以轻度的反应性淋巴细胞和巨噬细胞、上皮样抗原递呈细胞、多核巨细胞的数量增多为特征。上皮样细胞是网状细胞，细胞核长卵圆形，染色质交错排列且颗粒细腻。上皮样细胞的胞浆量具有

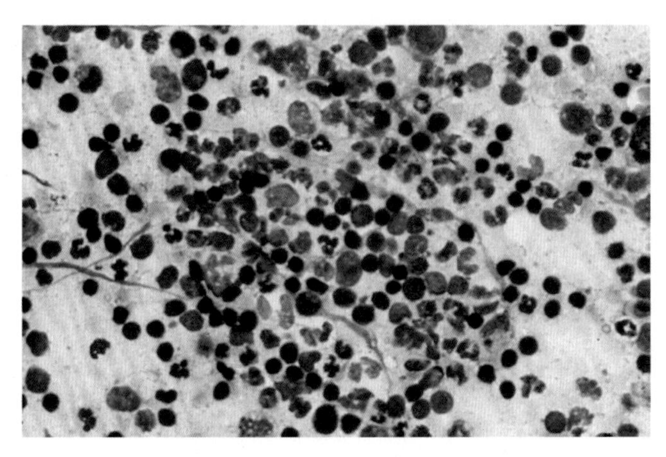

图 3.3 化脓性淋巴结炎。小淋巴细胞和许多中性粒细胞混合，背景中丝状物是退行性核物质。

可变性(通常非常少)。这些细胞成簇排列，与癌转移相似。肉芽肿性淋巴结炎见于真菌和酵母菌感染(图 3.4 和图 3.5)；原虫感染如弓形虫病和利什曼原虫病(图 3.6)；以及某些特定的细菌感染(例如分枝杆菌感染)(图 3.7)。

皮肤病性淋巴结炎属于肉芽肿性淋巴结炎，多发于患有皮肤疾病(皮肤瘙痒、结痂和皮肤损伤明显可见)的病例。细胞学图片以许多棕黑色的黑色素颗粒和少量嗜酸性粒细胞为特征。也能看到交错突细胞。这些变长的组织细胞以核染色质呈网状为特征(图 3.8)。通常只能观察到裸核。

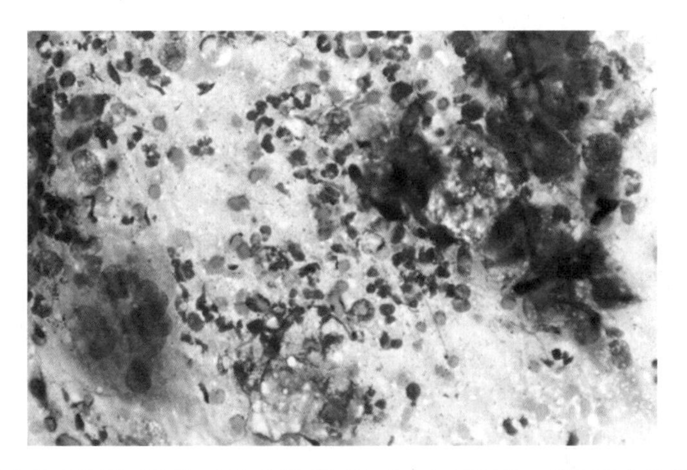

图 3.4 犬肉芽肿性淋巴结炎。可看到多核巨细胞、巨噬细胞、退行性中性粒细胞和淋巴细胞。右上角可见真菌菌丝。

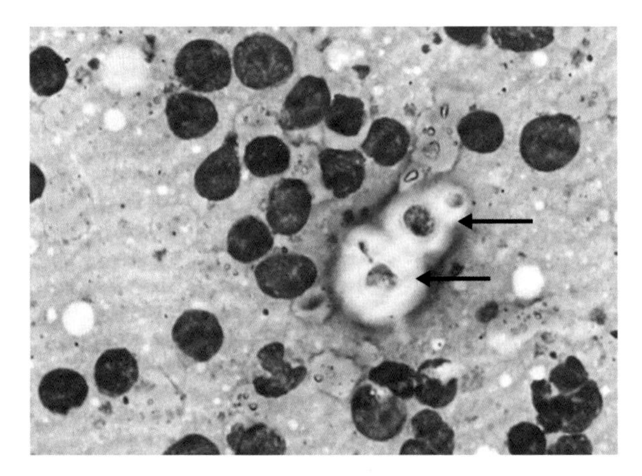

图 3.5 患有隐球菌病的猫淋巴结穿刺结果。在淋巴细胞、浆细胞和偶见的嗜酸性粒细胞间，可见到两个新型隐球菌（箭头）。注意其未染色的厚荚膜和薄的双层细胞壁。

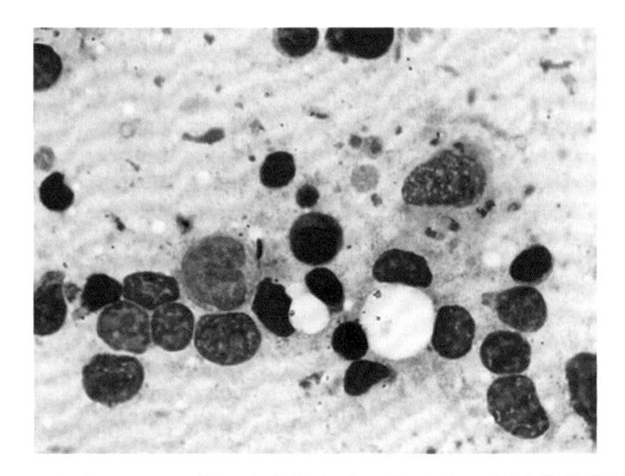

图 3.6 犬利什曼原虫病。可见巨噬细胞胞浆中的无鞭毛体及背景中散在的单个无鞭毛体。同时有少量的淋巴细胞和浆细胞。

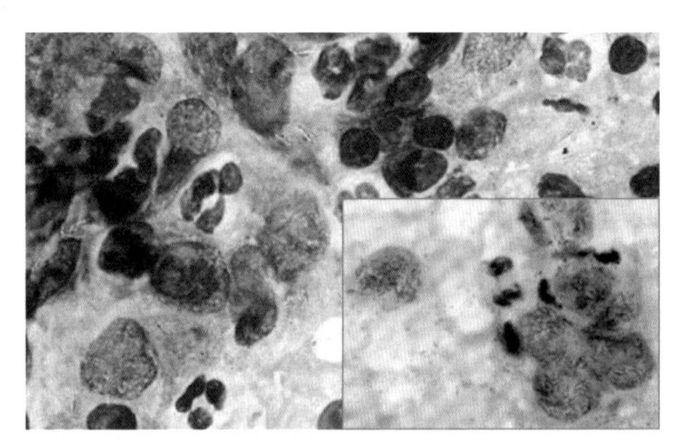

图 3.7 由于分枝杆菌感染导致的猫肉芽肿性淋巴结炎。可见数个大的组织细胞，胞内可见不着色的杆菌。插图：用 Ziehl–Neelsen 复染，分枝杆菌的抗酸染色结果。

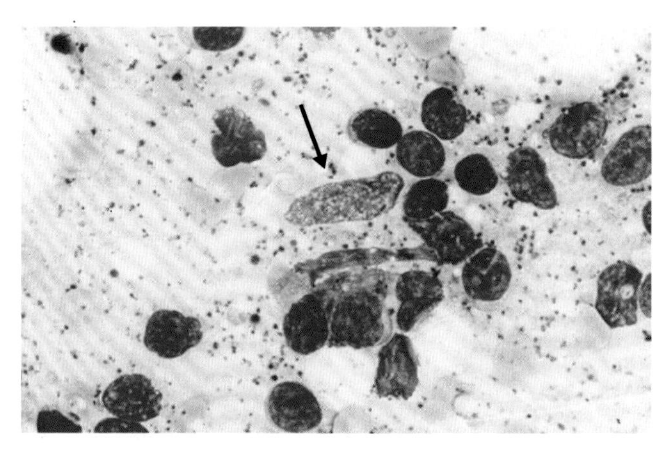

图 3.8　犬皮肤病性淋巴结炎。可见背景中的许多棕黑色黑色素颗粒，几个成熟淋巴细胞，以及一个交错突细胞的裸核（箭头）。

肿瘤

转移的恶性肿瘤

理论上讲，所有的恶性肿瘤都可以经淋巴系统转移。某些类型的肿瘤相比于其他类型的肿瘤，能够更早地转移到局部淋巴结。肉瘤一般通过血液相关途径转移，而不是淋巴途径。尽管转移途径也与组织亚型相关，但上皮癌（图 3.9）、黑色素瘤（图 3.10）和肥大细胞瘤（图 3.11）通常转移到淋巴结。

淋巴结的细胞学涂片中若见到不正常的细胞，应提高警惕，可能是转移的恶性肿瘤细胞。但是有一点非常值得关注，淋巴结穿刺采样时偶尔会采集到邻近组织的细胞。所以在确定异常细胞为肿瘤转移之前，首先必须评估“外来”细胞的恶性特征。单次穿刺可能偶尔同时包含源于原发肿瘤的细胞和邻近的淋巴结细胞。如若同时穿刺正常或反应性的乳腺淋巴结与乳腺上的肿瘤，可能会得出肿瘤转移的错误诊断结论。

除了出现转移细胞，由于淋巴结对肿瘤细胞的免疫反应，淋巴结内的细胞也会发生良性变化。巨噬细胞、浆细胞和幼稚的大淋巴细胞的数量常常会增加。在正常或增生的淋巴结中常常可见一些肥大细胞。但是根据文献报道，肥大细胞的数量不应超过 3%。肥大细胞数量的增多提示肥大细胞瘤转移甚至肥大细胞性白血病。

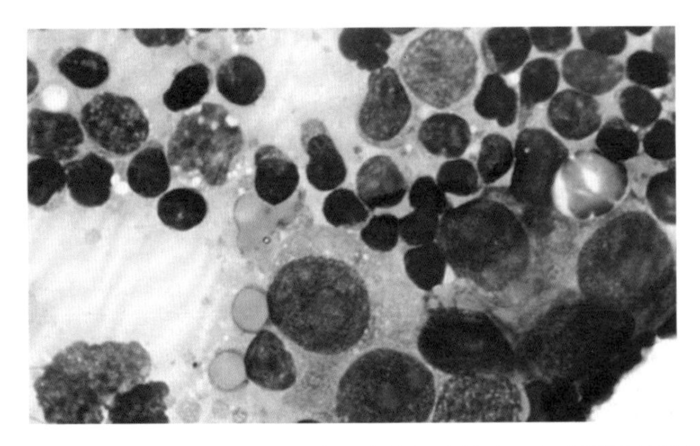

图 3.9　犬乳腺腺癌肩前淋巴结转移。肿瘤细胞的细胞核大且包含明显的核仁。

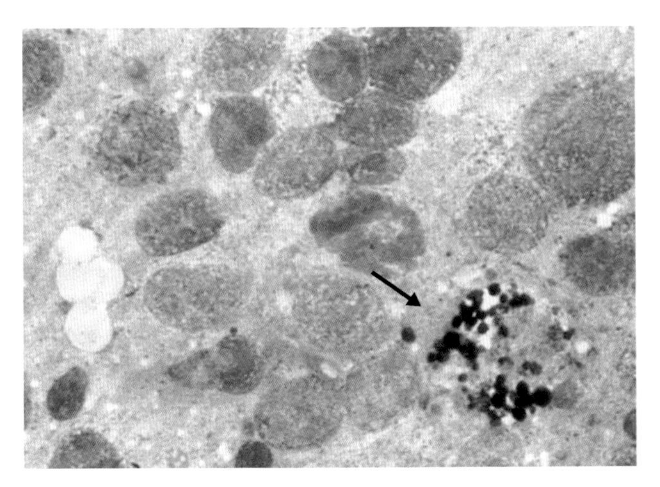

图 3.10　犬黑色素瘤淋巴结转移。图中大部分细胞为肿瘤细胞，虽然只有少量细胞的胞浆内含有细微的黑色素颗粒。图中同时可见包含成簇的黑色素颗粒的黑色素细胞（箭头）。

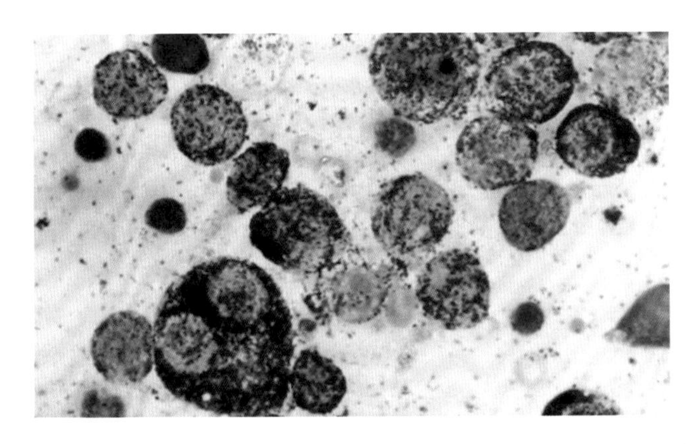

图 3.11　肥大细胞瘤淋巴结转移。肥大细胞大小不等，核仁明显。图中同时可见到一个双核细胞。

淋巴恶性肿瘤

恶性淋巴瘤的细胞学形态多样。无论在进一步分化中被捕获，还是在发生特殊细胞类型的自主增殖时，淋巴样细胞在其发育的每一个阶段都有可能恶变（图 3.12）。因此恶性淋巴瘤的细胞类型与正常的淋巴细胞在外观上没有不同。细胞学的区分依赖于出现的单一形态的细胞群的种类；而在非淋巴瘤的淋巴结中，可看到淋巴系所有不同成熟阶段的细胞。

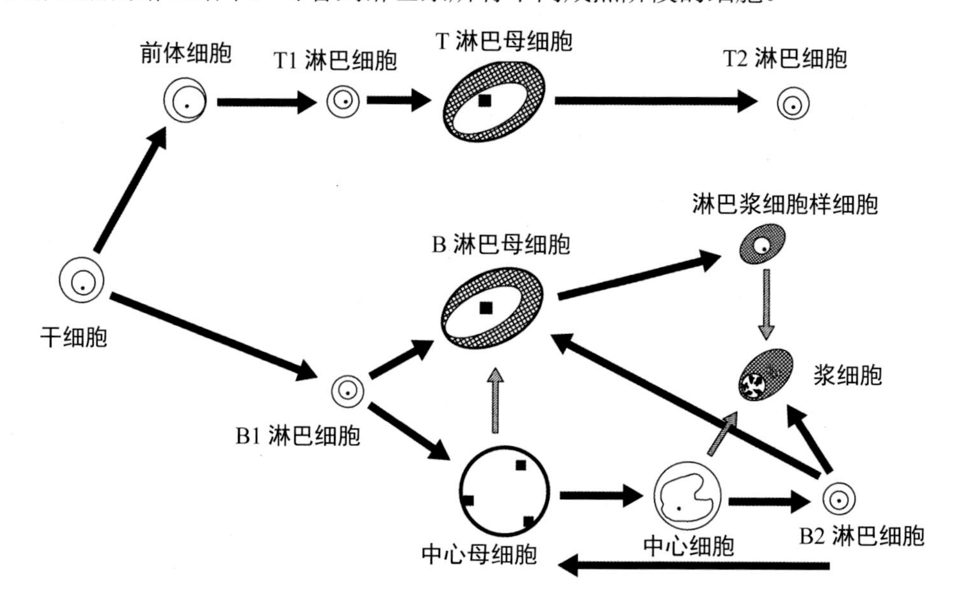

图 3.12 **正常淋巴细胞转化模式图。**来源：Lennert, K. and Feller, A.C.（1990）Die Kiel-Klassifikation. 见 *Histopathologie der Non-Hodgkin-Lymphome*（*nach der aktualisierten Kiel-Klassifikation*）, 2nd edn, Springer-Verlag, New York, pp. 13-50. ©Springer Science + Business Media; 改自 van Heerde, P.（1984）。

对于人的非霍奇金淋巴瘤，已经有不同的分类方法。基尔分类系统完全以正常淋巴细胞的转变过程为基础，非常适合细胞学的分类（表 3.1 和图 3.12）。据文献报道，基尔分类系统已经成功应用于犬的恶性淋巴瘤分类。但是目前仍然没有关于该方法应用于猫恶性淋巴瘤分类的资料。从实际应用出发，对于恶性淋巴瘤的诊断以及进一步分类，区分为低级别和高级别淋巴瘤，该分类系统已经足够，并且对于预后具有重要的临床意义。划分低级别和高级别淋巴瘤，不同读片者间具有良好的一致性。但是进一步划分不同亚型淋巴瘤时，一致性较低。需要强调的是，基尔分类对淋巴瘤分级是以细胞形态为基础的，确切的免疫表型分型仅靠细胞学是不可能实现的。另外可利用未染色的涂片或细胞离心器制备的涂片，来进行免疫分型，分为 B 淋巴瘤或 T 淋巴瘤（图 3.13）。

表 3.1 以基尔分类为基础，通过细胞类型对恶性淋巴瘤进行简单分类

低级别恶性淋巴瘤
淋巴细胞性
免疫细胞性
浆细胞性
中心细胞性
中心母细胞性／中心细胞性
高级别恶性淋巴瘤
中心母细胞性
纯中心母细胞性
间变性中心细胞性
多形性中心母细胞性
淋巴母细胞性
免疫母细胞性
其他
组织细胞性
多分叶细胞性

来源：数据引自 Lennert and Mohri (1978)。

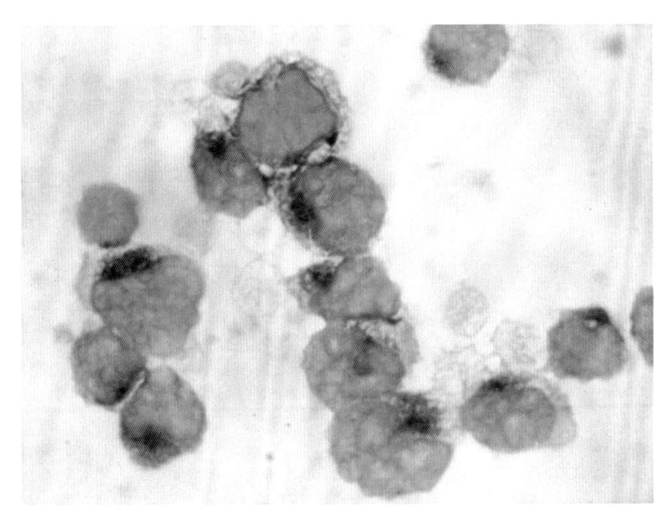

图 3.13 犬恶性淋巴瘤细胞离心涂片，利用 CD79a 抗体进行免疫染色，表明肿瘤为 B 细胞起源。

若穿刺到的细胞群主要由母细胞组成，则淋巴瘤的诊断相对简单。然而，淋巴瘤也有多种形式，某些淋巴瘤如淋巴细胞性淋巴瘤和中心细胞性淋巴

瘤，肿瘤细胞更接近于成熟淋巴细胞。当淋巴瘤中包含的细胞类型多于一种时，诊断变得更加困难，如免疫细胞性或中心母细胞性／中心细胞性淋巴瘤。在大多数病例，增大的淋巴结和非反应性的淋巴样细胞群的存在，尤其是只有单一形态细胞时，可以进行确定性诊断。当浆细胞和其他炎性细胞存在时，诊断可能变得不可靠，需要通过外科手术活检获取组织，进行组织病理学检查，以获得确定性诊断。

通过基尔分类法对犬淋巴瘤进行形态学分类

淋巴细胞性淋巴瘤

这种类型的淋巴瘤由单一形态的成熟小淋巴细胞组成。在新版欧美淋巴瘤修订分类机构以及世界卫生组织（REAL/WHO）的分类中，该类型淋巴瘤与慢性淋巴白血病属于同一组。细胞形态与正常的、非反应性的淋巴结难以区分。若淋巴细胞性淋巴瘤由 B 淋巴细胞组成，只能通过免疫分型进行确定，细胞形态上可表现为胞浆边缘狭窄，圆形细胞核，染色质粗糙。与之相比较，T 淋巴细胞性淋巴瘤，细胞核轻微凹陷，染色质密集。两种类型的淋巴瘤皆表现为小淋巴细胞增殖。淋巴细胞性淋巴瘤在犬不常见（图 3.14）。

淋巴浆细胞性／免疫细胞性淋巴瘤

最常见的细胞类型是免疫细胞——小淋巴样细胞，胞浆比淋巴细胞性淋巴瘤细胞的要多。圆形细胞核可能偏于细胞一侧，可看到不明显的核仁。这类细胞已经偏向于向浆细胞方向分化。此类淋巴瘤被归为淋巴浆细胞性淋巴瘤亚型（图 3.15）。当观察的细胞中大部分是小淋巴细胞而非中心细胞，并且同时存在免疫母细胞和浆细胞时，被定义为免疫细胞性淋巴瘤（图 3.16）。

外周 T 细胞淋巴瘤由中淋巴细胞和大淋巴细胞组成。这种类型的淋巴瘤因为反应性的浆细胞混合在肿瘤细胞里，而与其他亚型淋巴瘤难以区分。当出现所谓的“手镜”细胞，提示 T 细胞淋巴瘤（图 3.17）。

浆细胞性淋巴瘤

浆细胞性淋巴瘤非常罕见（图 3.18），这种类型淋巴瘤的特征是存在不同发育阶段的非典型的浆细胞。

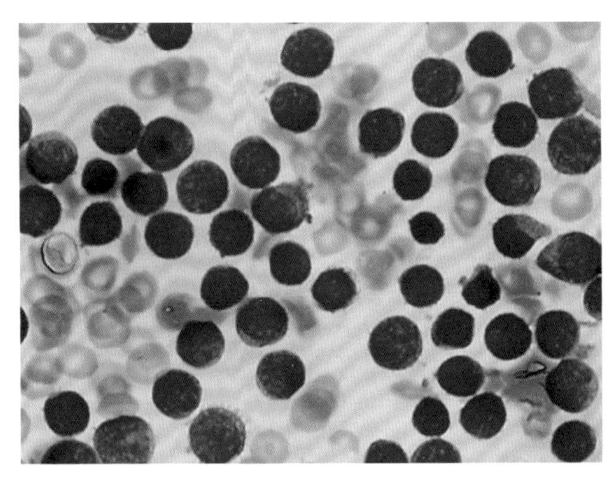

图 3.14　犬淋巴细胞性淋巴瘤。可见单一形态的成熟小淋巴细胞。

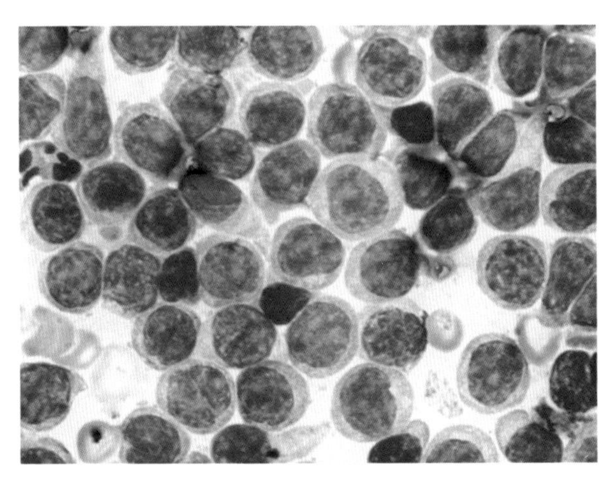

图 3.15　犬淋巴浆细胞性淋巴瘤。图示单一形态的、小到中等大小的淋巴样细胞，胞浆丰富。细胞核有时偏于一侧。

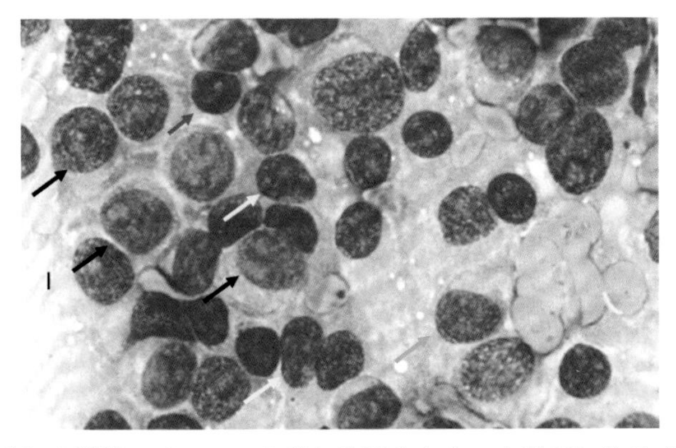

图 3.16　犬免疫细胞性淋巴瘤，可见多种细胞混合存在：小淋巴细胞（红箭头）附近可见淋巴浆细胞（绿箭头），中心细胞（黄箭头），免疫母细胞（黑箭头）。

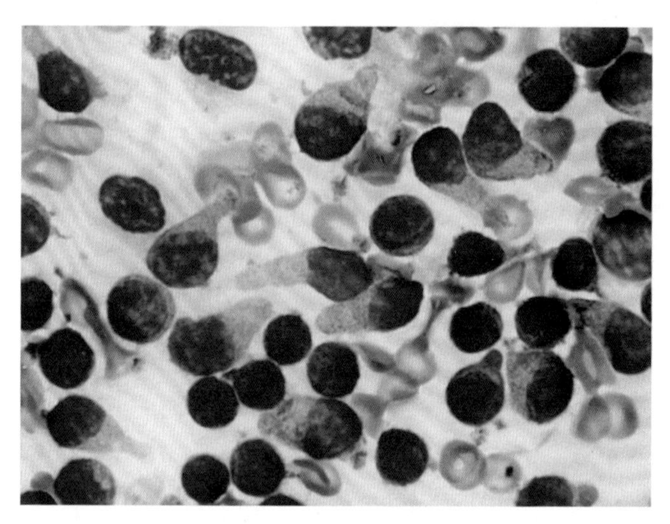

图 3.17 犬小细胞淋巴瘤，可见所谓“手镜”形态的细胞。胞浆突出，被称为尾足，提示 T 细胞起源。

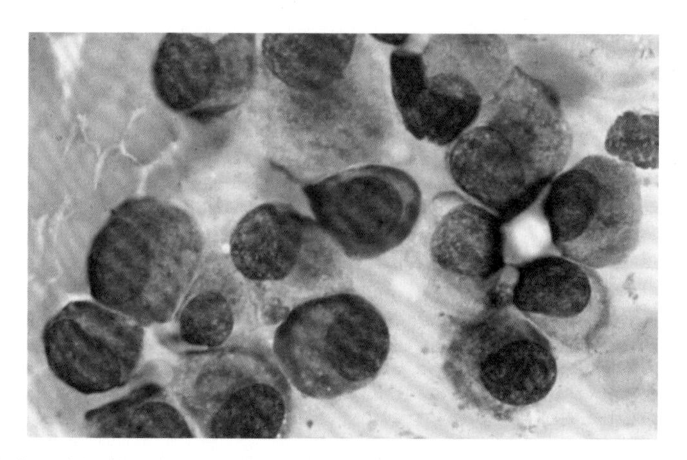

图 3.18 犬浆细胞性淋巴瘤，可见大且非典型的浆细胞。

中心细胞性淋巴瘤

这种淋巴瘤主要由中心细胞组成，中心细胞是小细胞，细胞核不规则，有时凹陷（图 3.19），胞浆稀少或缺失。染色质细腻，通常看不到核仁。

中心母细胞性 / 中心细胞性淋巴瘤

正如本肿瘤的名称所示，这种类型的淋巴瘤由中心细胞和中心母细胞组成（图 3.19）。中心母细胞胞浆边缘深嗜碱性，细胞核大而圆，多核仁，常位于核膜附近。可见许多有丝分裂象。若中心母细胞的百分比高于30%～50%，可归类为中心母细胞性淋巴瘤（图 3.20）。

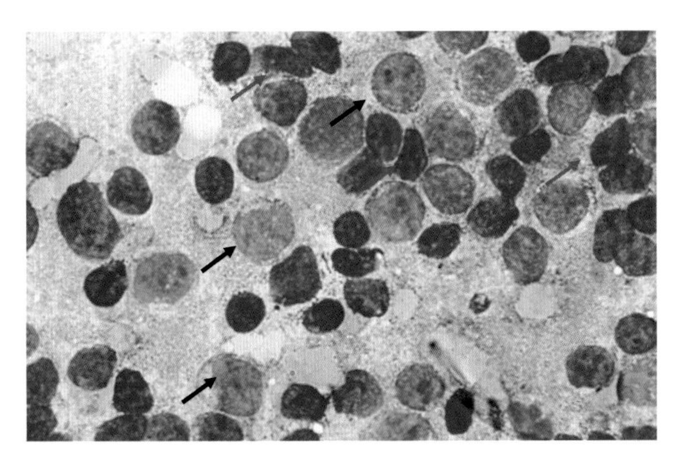

图 3.19 中心母细胞性 / 中心细胞性淋巴瘤。可见大的中心母细胞（黑箭头）和较小的中心细胞（破裂细胞；红箭头）同时存在。

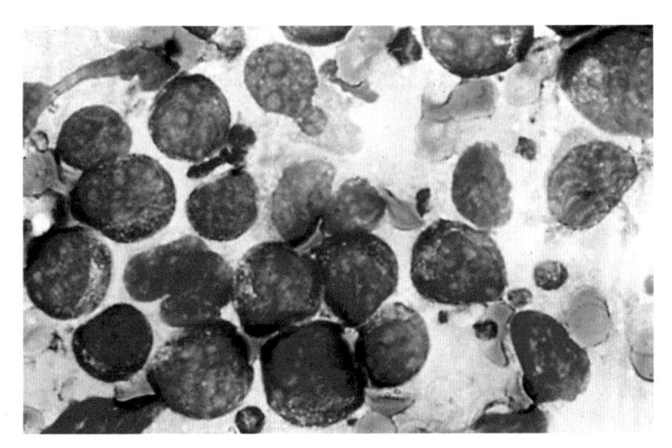

图 3.20 犬中心母细胞性淋巴瘤。大细胞胞浆深蓝色，细胞核大，可见多个小核仁。

中心母细胞性淋巴瘤

主要细胞类型为中心母细胞，也可见少量中心细胞。这种亚型淋巴瘤包括两种类型。若除了中心母细胞还有免疫母细胞，肿瘤被称为“多形性中心母细胞性淋巴瘤”（图 3.21）。若免疫母细胞超过 50%，肿瘤被称为免疫母细胞性淋巴瘤（见下文）。另一种类型是“间变性中心细胞性”（类中心细胞性）淋巴瘤（图 3.22）。间变性中心细胞在形态上与中心细胞相似，但细胞核更大，形状不规则，核染色质粗糙，与中心细胞相比，有少量的灰白

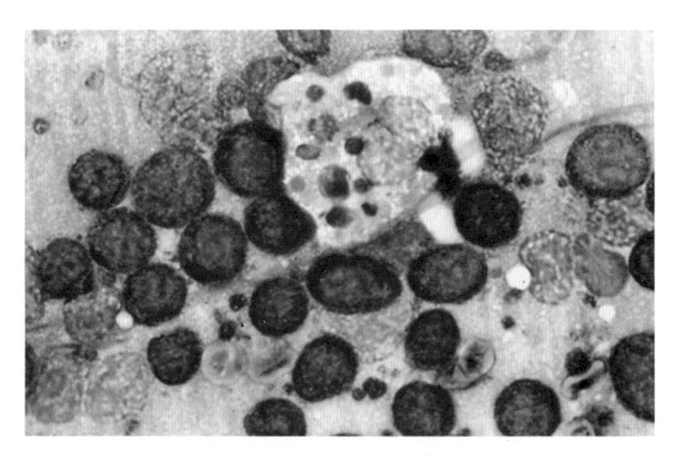

图 3.21　多形性中心母细胞性恶性淋巴瘤。出现单一形态的、圆形中心母细胞（多个小的核仁）。此外可见一些具有单个大核仁的免疫母细胞。一个大的“满天星”样的巨噬细胞，内含细胞碎片（着色的小体）。

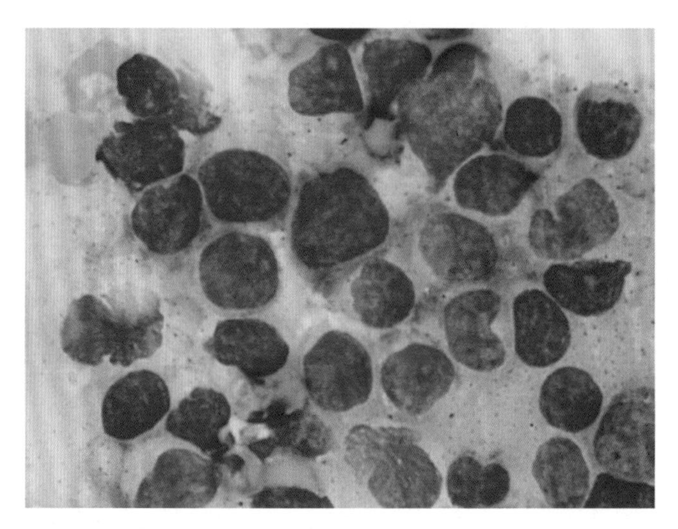

图 3.22　间变性中心细胞性或类中心细胞性犬淋巴瘤，以细胞大，细胞核不规则，核仁不可见，少量的灰白色胞浆为特征。

色胞浆。在犬淋巴瘤中，中心母细胞性淋巴瘤，包括多形性中心母细胞亚型和间变性中心细胞亚型淋巴瘤是最常发生的类型。

淋巴母细胞性淋巴瘤

淋巴母细胞性淋巴瘤在犬并不常见。淋巴母细胞中等大小，细胞圆形至卵圆形，胞浆稀疏，轻度至中度嗜碱性，有时空泡化。核染色质细腻，可见少量小的核仁。可见许多有丝分裂象。人的这种类型的淋巴瘤有时可见“满天星”样的巨噬细胞（图 3.21），被认为是淋巴瘤某种特定亚型的特征，称之为伯基特淋巴瘤。然而对于犬，在不同类型的淋巴瘤中，均可见这种空泡化的巨噬细胞，含有吞噬的细胞碎片。

免疫母细胞性淋巴瘤

若在制备的涂片中免疫母细胞不少于 50%，可诊断为免疫母细胞性淋巴瘤（图 3.23）。免疫母细胞大，含中量的嗜碱性胞浆，细胞核大，圆形，经常偏于细胞一侧，包含单个大的核仁，位于细胞核中心。犬除了这种类型的免疫母细胞，还有少量较小的免疫母细胞，具有较小的位于细胞中心的细胞核。与较大的免疫母细胞相同，这些细胞也有位于细胞核中心的大的核仁。

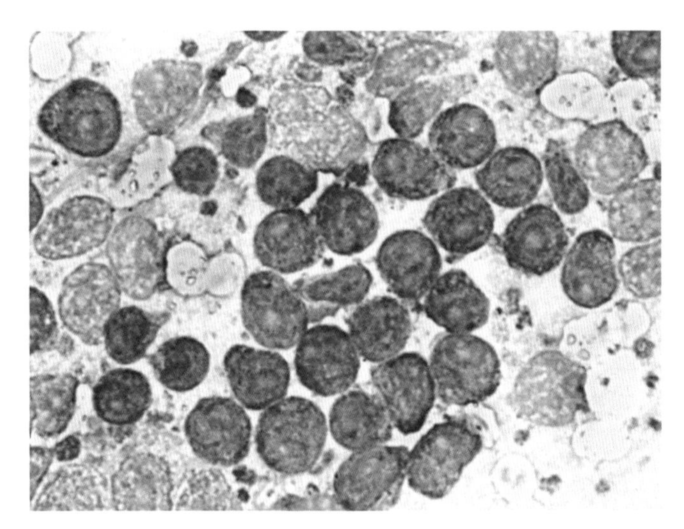

图 3.23 **免疫母细胞性淋巴瘤。除了背景中的一些裸核外，还可见单一形态的免疫母细胞，其以中心部位大的核仁为特点。**

多分叶细胞性淋巴瘤

这类亚型的淋巴瘤以存在大量多分叶核的母细胞为特征（图 3.24）。

猫恶性淋巴瘤

一般来说，上述相同亚型的淋巴瘤可见于猫；然而猫淋巴瘤的大部分为多形性，诊断较为困难。尤其值得注意的是间变性大细胞亚型淋巴瘤

(图 3.25) 和大颗粒淋巴细胞 (LGL) 淋巴瘤 (图 3.26)。后者被认为是 T 细胞 (自然杀伤细胞) 起源。

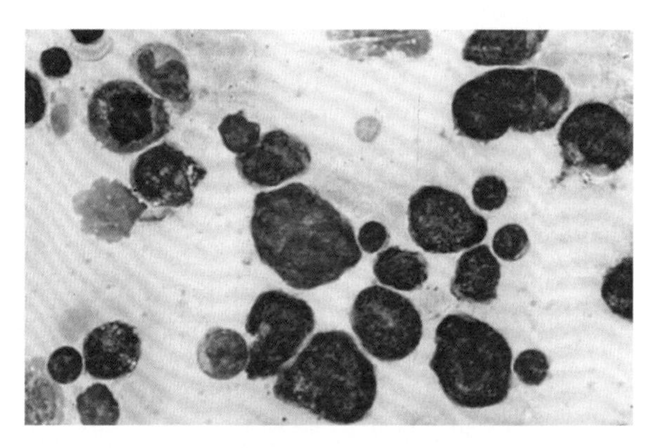

图 3.24 犬多分叶细胞性淋巴瘤。细胞核大，且不规则，有时可看到多分叶核。背景中可见数个小淋巴细胞。

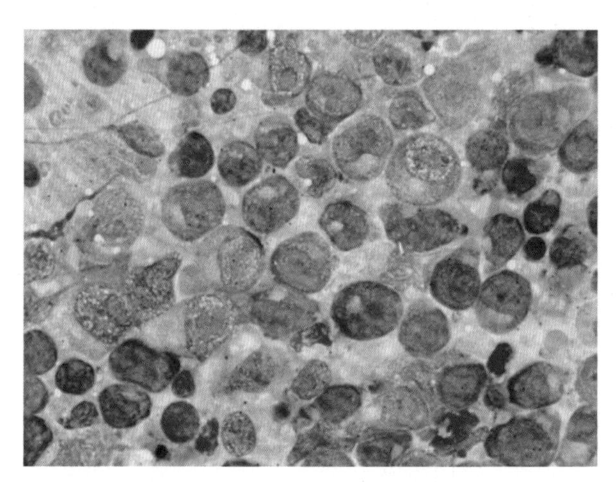

图 3.25 猫大细胞性淋巴瘤。细胞核大，有时形状不规则，其中心可见明显的核仁，提示为免疫母细胞起源。

组织细胞肉瘤

肿瘤细胞是含有丰富胞浆的大细胞，有时胞浆空泡化。细胞核大，极端多形性 (可见肾形、环形或甜甜圈形，有些细胞具有多核；图 3.27)。核仁大而明显。有些肿瘤细胞有吞噬的迹象；然而，这些特征并不能用来进行确定性诊断。

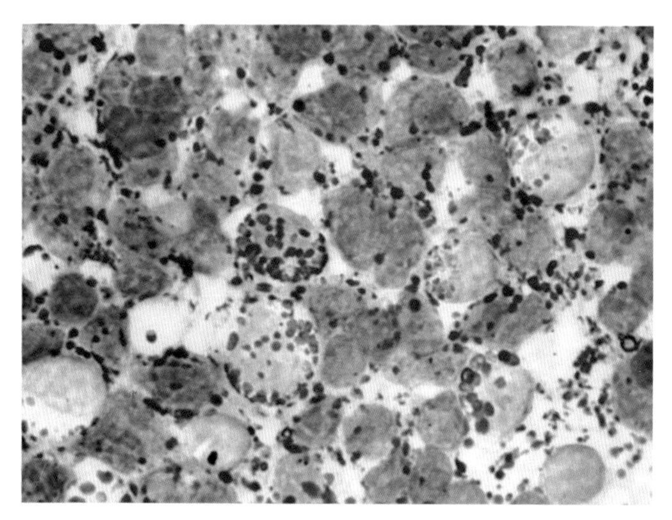

图3.26 患有LGL淋巴瘤的猫腹部淋巴结穿刺结果。注意：胞浆中可见大的嗜苯胺蓝颗粒，背景中也可见散在的游离的颗粒。

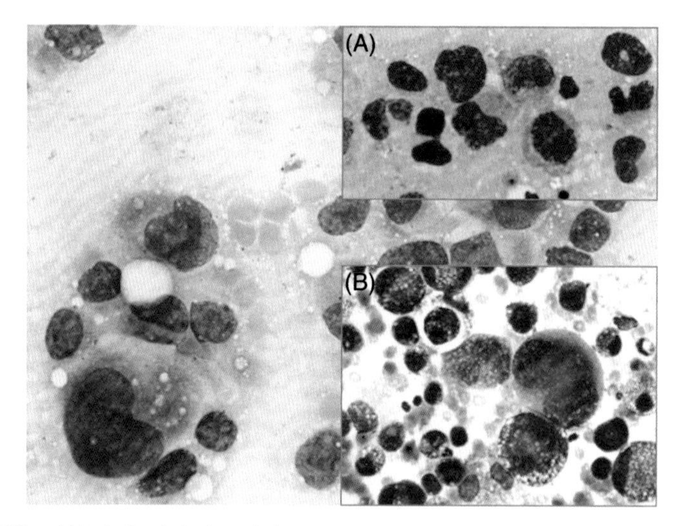

图3.27 犬淋巴结组织细胞肉瘤。肿瘤由大细胞组成，细胞核不规则，有时细胞核为肾形，丰富的灰蓝色胞浆，轻度空泡化。插图：(A)环状或甜甜圈形。(B)多核细胞。

脾脏

经放射或超声检查确定动物存在脾肿大或者局部病灶，提示需进行细针穿刺。脾是最大的淋巴器官。无输入淋巴管，脾窦充满血液而非淋巴液。脾脏由被膜包裹，被膜深入脾脏，形成脾小梁。实质分为白髓和红髓。白髓由淋巴组织构成，形成淋巴小结，红髓内存在大量红细胞。脾脏在免疫系统和造血系统中起着重要作用。因此这两个系统会影响脾脏的细胞组成。

最好在超声引导下进行细针穿刺。推荐负压和非负压穿刺两种方式（见第1章），为使血液污染的程度降到最低，首选后者。

良性病变

脾脏反应性病变与淋巴结相似。脾脏反应性或增生性病变（图3.28）以浆细胞和不成熟的中淋巴细胞或大淋巴细胞的数量增多为特征。另外中性粒细胞、嗜酸性粒细胞、肥大细胞和巨噬细胞的数量也会增多。在免疫介导性疾病或肿瘤性疾病中可看到吞噬红细胞现象，含铁血黄素可有可无（图3.29）。在脾异常时，髓外生成红细胞或造血是最常见的，以出现红细胞和白细胞的前体细胞以及巨核细胞为特征（图3.30）。有时可见间质的成分，例如有时会穿刺到结缔组织和毛细血管（图3.31）。

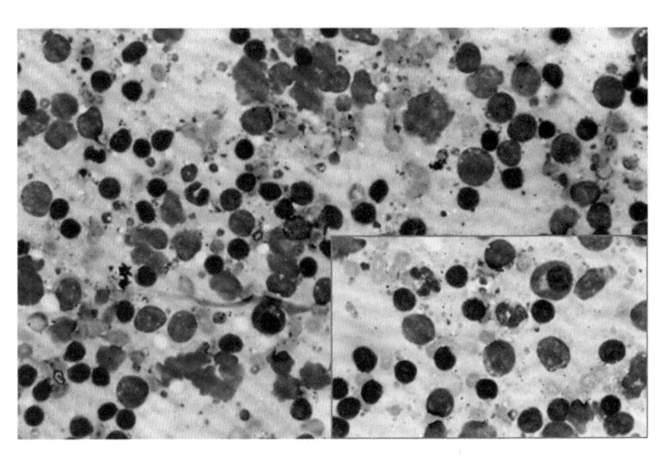

图3.28 **脾脏增生（犬）。可见小淋巴细胞和中淋巴细胞以及一些浆细胞。注意：图中可见细胞破损后细胞核物质呈粉红色条纹状。插图：同张涂片高倍镜观察。**

引起脾炎的原因可以是感染性的，也可以是非感染性的。以中性粒细胞和／或嗜酸性粒细胞数量增多为特征。与淋巴结炎类似，原虫感染（例如利什曼原虫病）或真菌感染［如胞裂虫病（cytauxzoonosis）和隐球菌病］可引起组织炎症反应和增生。

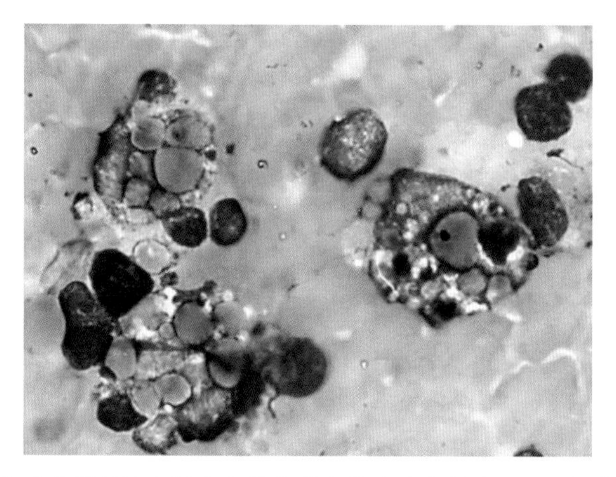

图 3.29 患有免疫介导性溶血性贫血的犬增大的脾脏穿刺液。可见数个巨噬细胞吞噬红细胞。

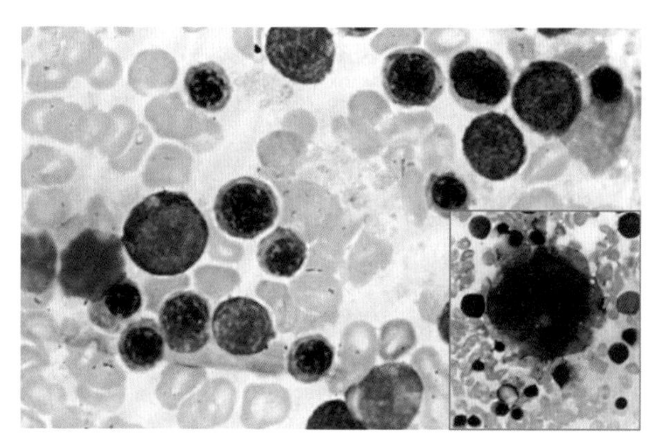

图 3.30 贫血犬的脾脏穿刺结果。数个红细胞的前体细胞，包括成红细胞和幼红细胞，提示髓外造血。插图：在此脾脏穿刺液中，可见一个大的巨核细胞和红细胞前体细胞。

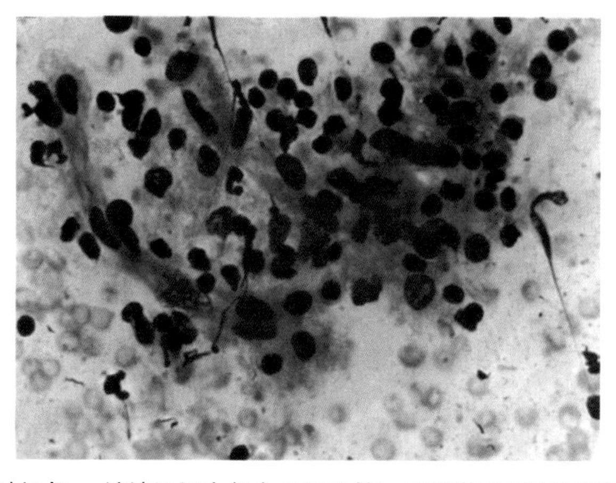

图 3.31 脾脏穿刺（犬）。结缔组织中包含毛细血管，可见淋巴细胞和浆细胞。

噬血细胞综合征是指在不同的器官中激活的组织细胞的非肿瘤性的多克隆增殖，例如在骨髓和脾脏中。与免疫介导、感染和肿瘤或骨髓发育不良有关。在某些特异性的情况下也会发生。典型特征是血液中两种细胞减少或全血细胞减少，以及骨髓或脾中存在许多吞噬红细胞的巨噬细胞（图 3.32）。

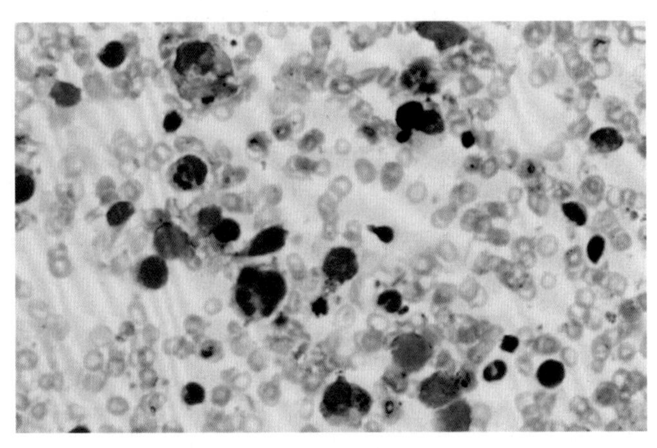

图 3.32 患有噬血细胞综合征的犬的脾脏穿刺结果。可见数个吞噬了红细胞和中性粒细胞的巨噬细胞。

肿瘤

淋巴结相关的造血系统肿瘤也可能发生在脾脏，如恶性淋巴瘤和组织细胞肉瘤（详见淋巴结部分关于该类肿瘤的描述）。除淋巴瘤之外，有些患有白血病的动物可能继发脾脏病变（图 3.33）。通常区分原发性淋巴瘤和淋巴细胞性白血病是比较困难的。

脾脏相关的其他造血系统肿瘤包括浆细胞类肿瘤（髓外骨髓瘤或浆细胞瘤）（图 3.34）和肥大细胞增多症（图 3.35）；后者更常见于猫。髓外骨髓瘤和肥大细胞增多症经常导致脾脏弥散性肿大，肿瘤浆细胞和肥大细胞分别完全替代正常的淋巴细胞。

在非造血系统肿瘤中，间质类肿瘤是目前占比最大的一类肿瘤（图 3.36），且大于 90% 的肿瘤是恶性的，其中最常见的是血管肉瘤。与其他部位的间质类肿瘤相同，细胞学确诊十分困难。另外，细胞脱落少，严重的血污染都会影响细胞学判读。并且其他细胞学异常，例如反应性淋巴增生、吞噬红细胞现象和髓外造血可能会同时发生。涉及脾转移的肿瘤很少（在脾脏偶尔会发生癌和黑色素瘤转移）。

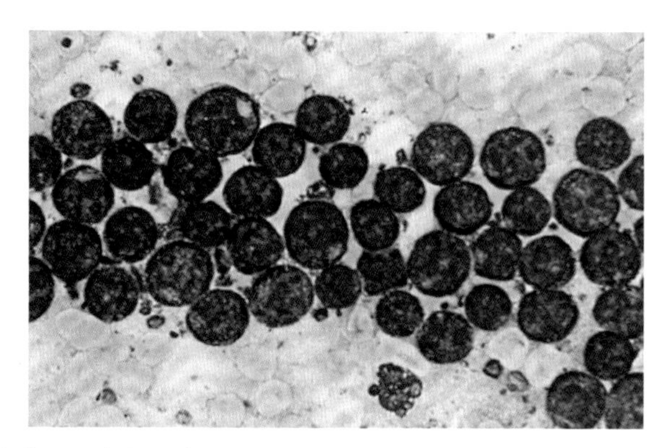

图 3.33 患急性淋巴细胞白血病的犬的脾脏中，可见大量单一形态的幼稚细胞。

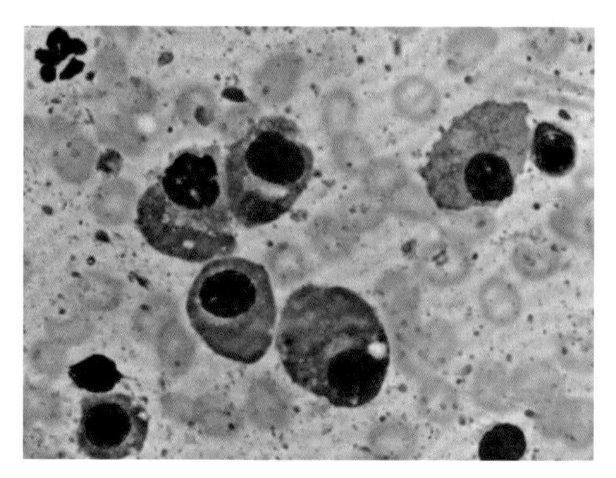

图 3.34 患髓外多发性骨髓瘤的犬脾脏穿刺液。许多浆细胞有独特的细胞形态，嗜碱性胞浆伴随品红色边缘，称之为“火焰状细胞”。

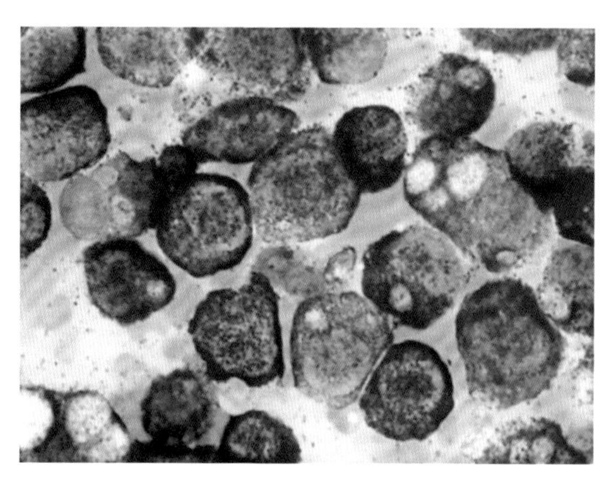

图 3.35 猫脾脏肥大细胞增多症。可见单一形态的肥大细胞，胞浆中可见细腻的紫色颗粒，为猫所特有。

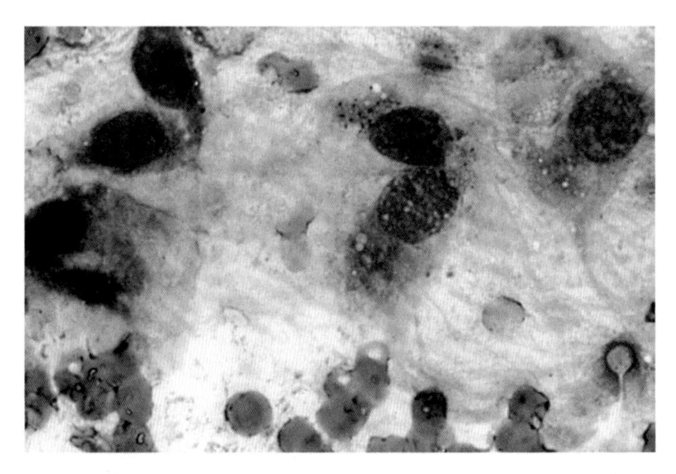

图 3.36 脾脏纤维肉瘤。成纤维细胞位于粉红色、无定形的细胞外物(extracellular material)中。

胸腺

胸腺的大小和发育状况随着动物年龄的变化而改变。胸腺由两叶组成，两叶之间由结缔组织相连。每一叶又由很多小叶组成，每一小叶包含皮质和髓质。皮质中的上皮性网状细胞形成网架，其中分布着密集的小淋巴细胞。在髓质中，淋巴细胞数量较少，网状组织更加明显。淋巴细胞的细胞核大小和胞浆容量变化更明显。胸腺中也可见其他类型的细胞，例如肥大细胞、嗜酸性粒细胞和郎格罕细胞。理论上讲，在活组织检查中，胸腺中可见同一形态的淋巴细胞，与淋巴结类似。

虽然有过少量的关于猫胸腺增生、胸腺出血以及囊肿的病例报告，但是胸腺的病理学检查通常与肿瘤相关。在胸腺可发生两种类型的原发性肿瘤，即恶性淋巴瘤和胸腺瘤。恶性淋巴瘤与本章前述的恶性淋巴瘤类似。胸腺瘤十分罕见，起源于胸腺的上皮细胞。虽然对于胸腺瘤有良性和恶性的描述，但是“恶性”这一术语更多地是描述肿瘤的临床表现，而不是其细胞学和组织学形态。胸腺瘤包括三种不同亚型。在上皮细胞性胸腺瘤亚型中，网状上皮细胞占主导，可见一些小淋巴细胞，上皮细胞内可见大的空泡化的细胞核，胞浆缺失或者难以识别。胸腺瘤的主要亚型为淋巴细胞性胸腺瘤(图 3.37)，仅可见极少的上皮细胞。在上皮－淋巴细胞混合性胸腺瘤亚型中(图 3.38)，可见两种细胞，淋巴细胞占主要地位。在一些胸腺瘤中也可见到肥大细胞。

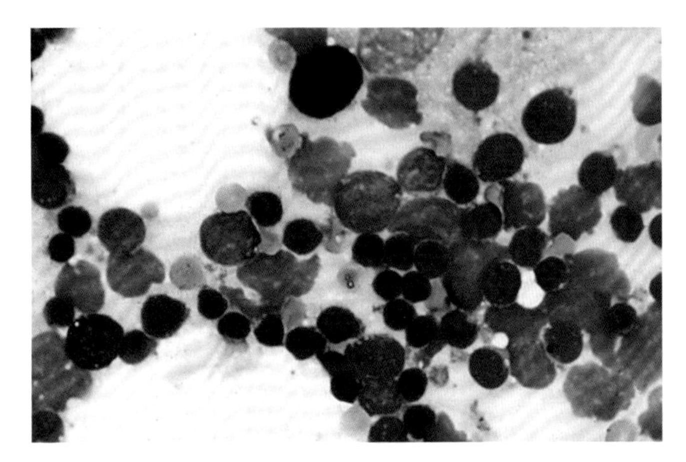

图 3.37 犬淋巴细胞性胸腺瘤。主要是小淋巴细胞，同时可见两个肥大细胞。

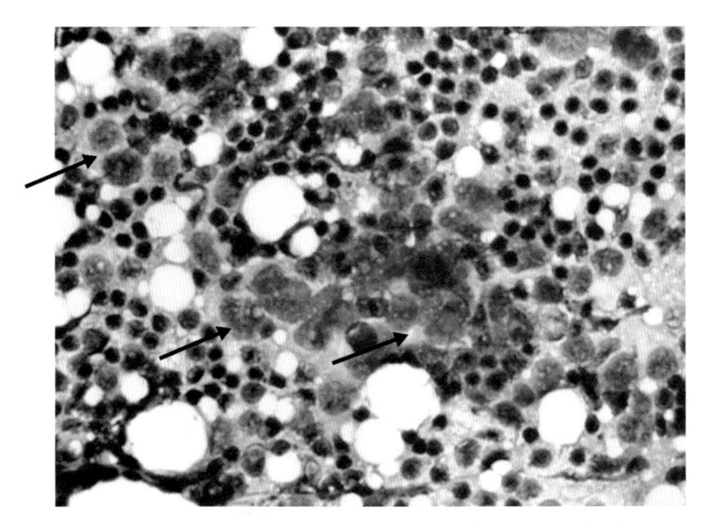

图 3.38 犬上皮 - 淋巴细胞混合性胸腺瘤。小淋巴细胞占主导，但也可见上皮细胞，细胞核大且空泡化（箭头）。这些细胞胞浆边界不清。

致谢

本章依据：Teske, E.（2009）Clinical cytology of companion animals:Part 3. Cytology of the lymph node. *European Journal of Companion Animal Practice* 19（2）, 117–124。经 FECAVA 许可使用。

4 皮肤和皮下组织病变细胞学

John Dunn

Axiom Veterinary Laboratories Ltd, Newton Abbot, Devon, UK

引言

对于大多数的皮肤和皮下组织病变，可以通过细胞学进行分类，并针对性地指导临床工作。通常通过细针穿刺来获取细胞学检查样本，若病变区域发生破溃，则可制备触片。

是否需要进一步进行组织病理学检查取决于病变的类型。对于大多数肥大细胞瘤和组织细胞瘤，仅通过细胞学检查就能获得明确诊断［虽然通常需要进行组织病理学检查，才能对肥大细胞瘤（MCT）进行分级］。与此相反，大多数间质肿瘤需要通过组织学检查来确定确切的组织类型。

正常的细胞类型

正常皮肤由数层鳞状上皮细胞组成，基底上皮细胞为圆形，胞浆强嗜碱性，核质比较高。最表层的细胞会角化（角质化），细胞核固缩或完全消失。

对皮肤或皮下组织穿刺时，可见数量不等的角化的鳞状上皮细胞或无核的角化鳞状上皮细胞（也称为角质螺旋或角质棒状结构；图 4.1）。从病变周围的皮脂腺和脂肪组织也可穿刺到皮脂腺上皮细胞和脂肪细胞。通过触片或者刮片技术获得的破溃区域的涂片，仅包含浅表细胞，继发炎症和/或感染时，会导致细胞发育不良，形态与肿瘤细胞相似（因此有些触片不能真正地代表深层的病理表现）。

图 4.1 无核的角化鳞状上皮细胞（角质螺旋）。

非肿瘤性病变

血肿是充满大量血液的肿物，通常为外伤所致。对近期形成的血肿进行穿刺，涂片观察与外周血涂片相似，但是通常缺乏血小板。在康复阶段，可见纤维细胞、成纤维细胞以及反应性巨噬细胞（图 4.2）。

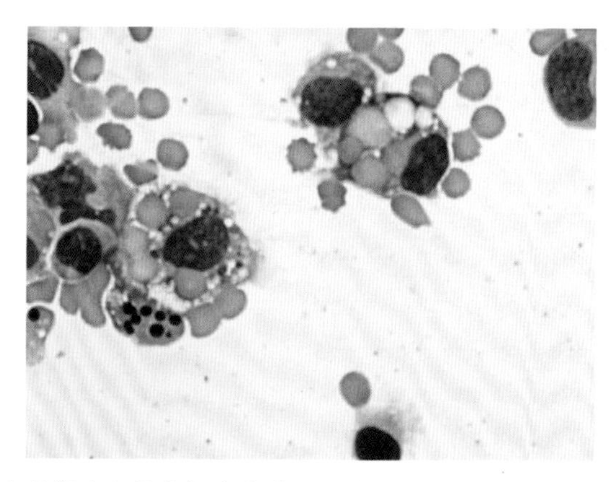

图 4.2 血肿。来自长期病变的穿刺液涂片，反应性巨噬细胞内可见吞噬的红细胞。来源：Axiom Veterinary Laboratories Ltd。

唾液腺囊肿经常发生于下颌区域或舌下。包含清亮或轻度血性的黏滞液体（图 4.3）。

皮肤脓肿常见于猫，通常为咬伤所致。肛门腺脓肿常发生于犬。细胞学检查显示大量显著退行性中性粒细胞，许多细胞含有细胞内细菌（图 4.4）。分枝杆菌可引起深部的脓肿，尤其好发于猫。在罗曼诺夫斯基染色的涂片中，巨噬细胞的胞浆里可见大量不着色的杆菌［这些微生物抗酸染色呈阳性（见图 2.5、图 5.11 和图 15.2E）］。

脓性肉芽肿性反应以非退行性中性粒细胞和巨噬细胞混合存在为特征，可见于**注射反应**和**舔嗜性肉芽肿**（lick granulomas）（图 4.5），同时可看到不同数量的小淋巴细胞、浆细胞和间质性细胞。

嗜酸性斑块、**肉芽肿**或**溃疡**（**嗜酸性肉芽肿复合体**）尤其常见于猫，但也可发生于犬。溃疡性病变可发生于面部、躯干和大腿，偶尔发生于口腔。当位于上唇时，通常称为"侵蚀性溃疡"（图 4.6）。

表皮囊肿或**毛囊囊肿**常发生于中年犬或老年犬。通常圆形、界限清晰，经常位于背部和尾根部（图 4.7；参见图 2.25）。囊肿破裂会引起继发性局部的脓性肉芽肿反应。

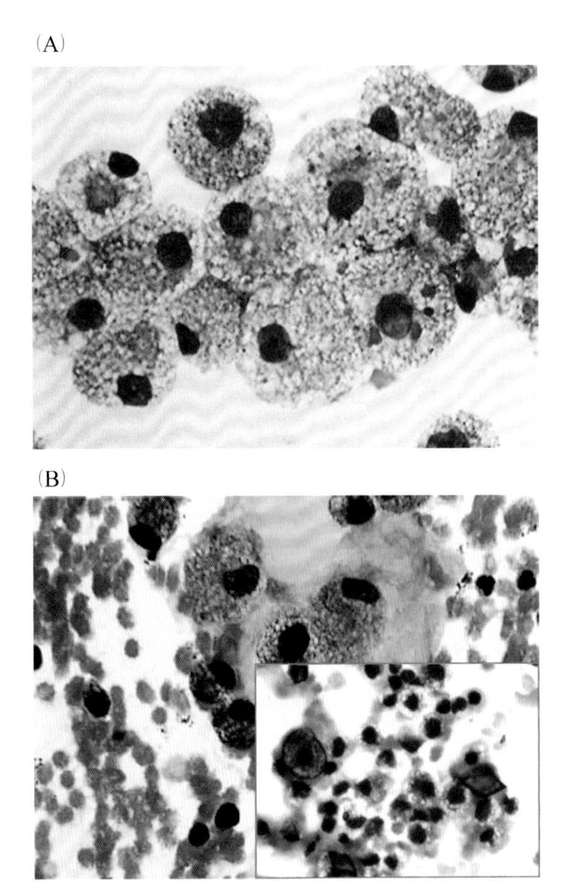

图 4.3　唾液腺囊肿。（A）穿刺液中包含少量红细胞和细密空泡化的大的单核样细胞（唾液腺上皮细胞或巨噬细胞）。（B）穿刺液中包含嗜酸性物质，可能为唾液。插图：有些细胞包含菱形的类胆红素（haematoidin）结晶，代表血红蛋白降解产物。

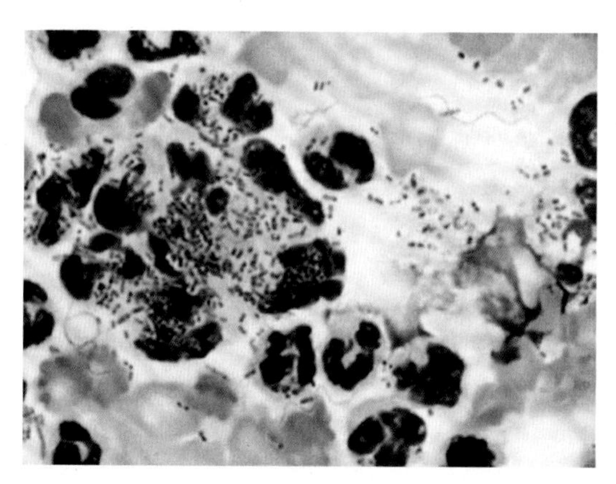

图 4.4 肛门腺脓肿。大量退行性中性粒细胞，包含细胞内细菌。

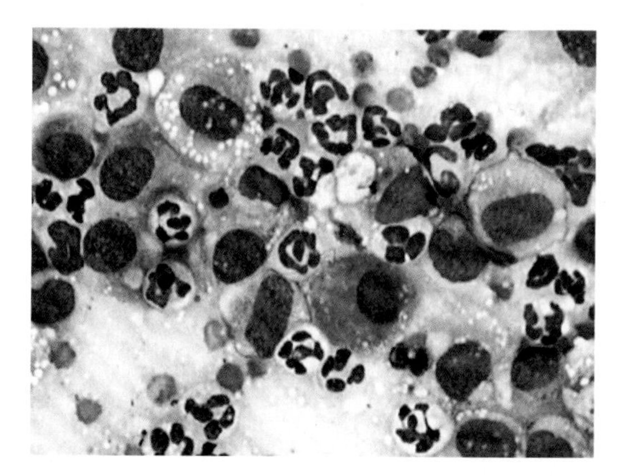

图 4.5 舔嗜性肉芽肿。反应性巨噬细胞和非退行性中性粒细胞混合存在，与脓性肉芽肿性炎性反应一致。

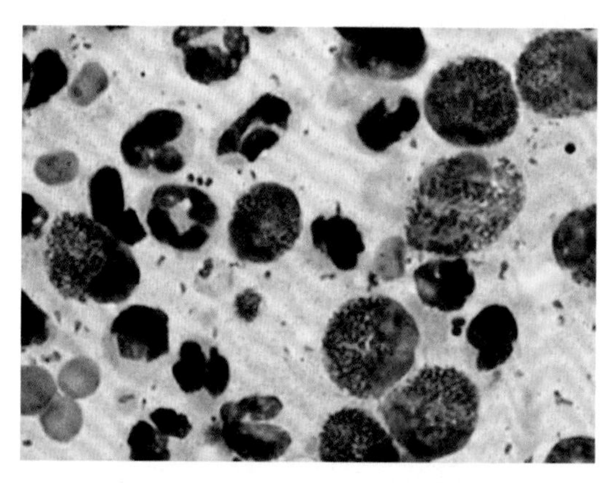

图 4.6 猫上唇嗜酸性肉芽肿（侵蚀性溃疡）触片。嗜酸性粒细胞和中性粒细胞为主，有继发细菌感染的迹象。虽然没有出现在图中，该类病变中可见肥大细胞。

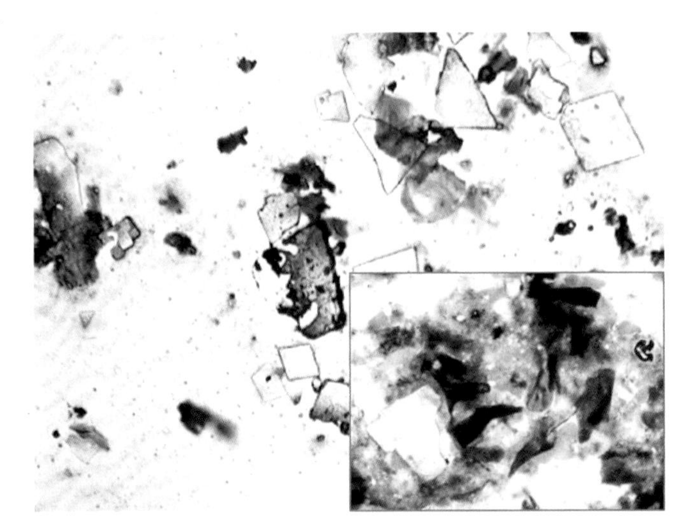

图 4.7　表皮囊肿或毛囊囊肿。穿刺液由角质螺旋、无核的角质化鳞状上皮和无定形的细胞碎片组成。图中大的不着色的结构是胆固醇结晶（来源于毛囊内细胞降解）。插图：胆固醇结晶和无定形的角质化碎片。来源：Axiom Veterinary Laboratories Ltd。

水囊瘤（图 4.8）是充满液体的软组织肿胀，通常位于大型品种犬的肘部，起因于反复的外伤和压力。与血清肿的细胞学检查相似，但通常细胞较少。

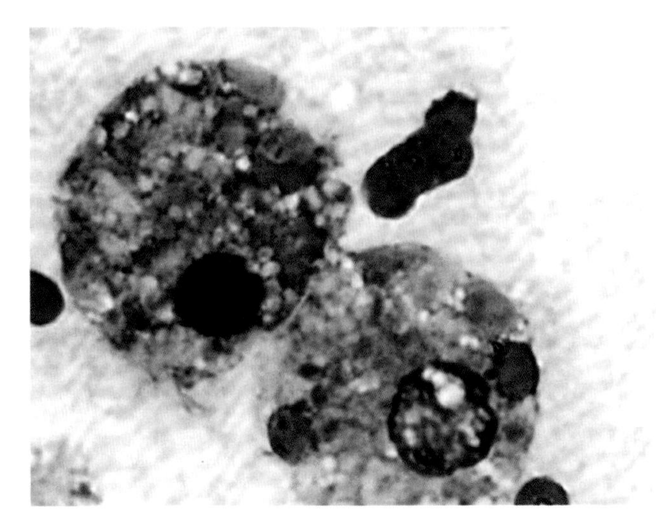

图 4.8　水囊瘤。可见红细胞和两个包含吞噬红细胞的反应性巨噬细胞。反应性纤维细胞也会出现。

异物反应（图 4.9）起因于植物或其他钝性物质刺穿皮肤。病变常为窦性，排出微带血性有时化脓的液体。通过拭子涂片进行细胞学检查是有用的。

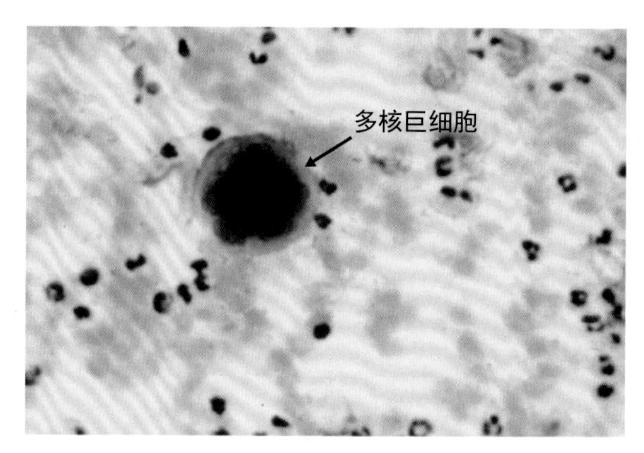

图 4.9 异物反应。以混合型炎症反应为特征，主要由巨噬细胞和淋巴细胞及数量可变的中性粒细胞组成。可见一个大的多核巨细胞（箭头）和很多的中性粒细胞。通常有反应性成纤维细胞，常见继发感染。来源：Dunn and Villiers（1998a）。经 BMJ Publishing Group Ltd 许可使用。

落叶型天疱疮（图 4.10）是免疫介导性皮肤病，以形成脓疱为特征，尤其是在头部（鼻和耳廓）和足垫，随后破溃形成结痂。

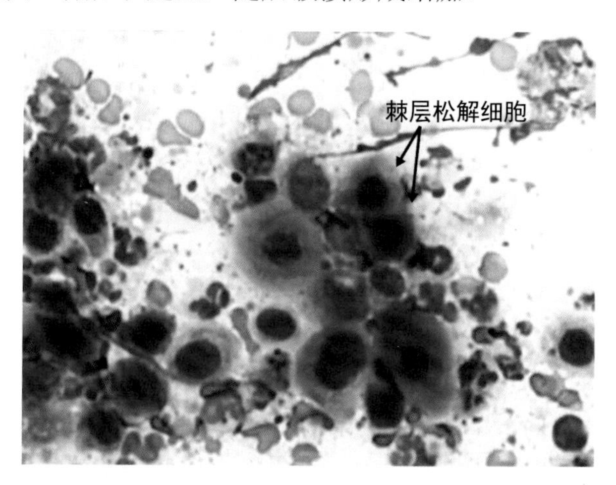

图 4.10 落叶型天疱疮。穿刺于一个完整的脓疱，由中性粒细胞和深染的棘层松解细胞（箭头）组成，可见嗜酸性粒细胞。

肿瘤性病变

上皮性肿瘤

基底细胞瘤（毛母细胞瘤）是单个的边界清晰的皮内病变，通常为良性。好发于头部、颈部和四肢。通常以基底上皮细胞为主，但也有分散存在的皮脂腺上皮细胞和角化细胞，提示皮脂腺和毛囊的分化程度（图 4.11）。因此基底细胞瘤与其他皮肤附属器的肿瘤难以区分，需要进行组织病理学检查。若细胞包含黑色素颗粒，有些肿瘤会有颜色。

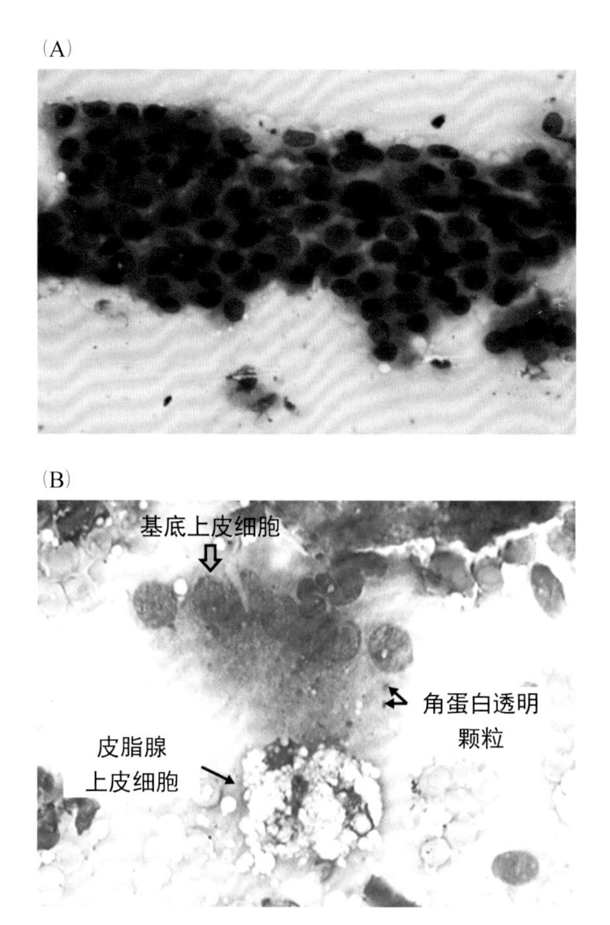

图 4.11　基底细胞瘤。（A）显示致密成簇的小基底上皮细胞。细胞大小和形态均一，核质比高。（B）侧面观察这些细胞（绿色箭头）。注意角蛋白透明颗粒（短箭头）和小簇的皮脂腺上皮细胞（长箭头）。来源：Axiom Veterinary Laboratories Ltd。

皮脂腺瘤（图 4.12）经常被误称为“疣”。形态小，通常为多分叶的病变，好发于老年犬的头部、颈部和躯干。皮脂腺癌相对少，可能发生溃疡且边界不清晰，皮脂腺上皮细胞表现明显的恶性特征。

鳞状细胞癌（图 4.13）通常发生于猫的耳尖部或鼻部，犬的四肢，尤其是足趾、甲床和足垫。这些肿瘤常常发生溃疡，有局部侵袭性，并可能转移到局部淋巴结。

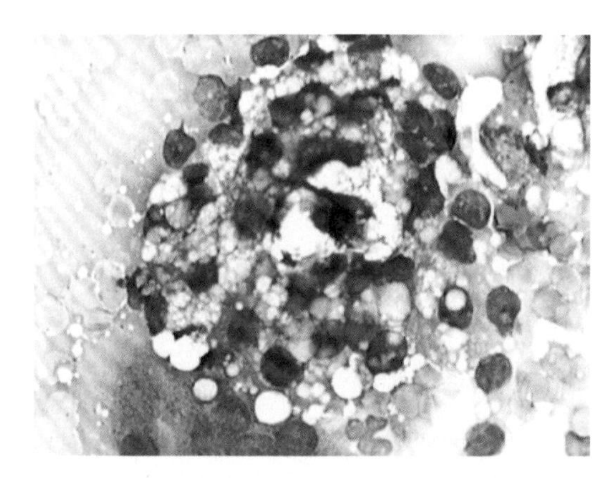

图 4.12　皮脂腺瘤。皮脂腺上皮细胞包含中等量的苍白空泡化胞浆和边界不清的位于中心的细胞核。

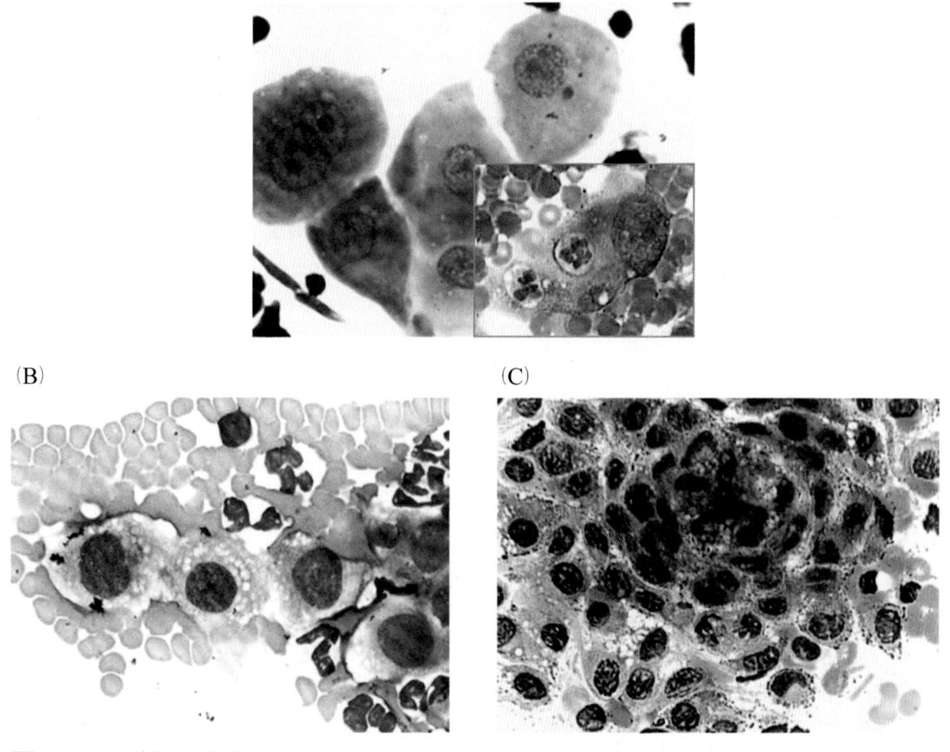

图 4.13　鳞状细胞癌。(A) 穿刺于分化良好的肿瘤，由部分角质化的浅表鳞状上皮细胞组成。显示核异型性（核染色质粗糙以及可见核仁）。插图：有些上皮细胞包含其他类型细胞，例如中性粒细胞（称作伸入运动）。(B) 分化不良的肿瘤显示较明显的细胞大小不等和核大小不等，核质比高和明显的核仁。注意核周空泡化和中性粒细胞（鳞状上皮细胞肿瘤常引发强烈的炎症反应，常发生溃疡，常见继发感染）。来源：Villiers and Blackwood（2005）。经 BSAVA 许可使用。(C) 从组织切片看，细胞呈同心圆排列形成角化珠。

肛周腺瘤(图 4.14)常见于未去势的公犬(偶见于母犬)，通常发生于肛门附近(偶发于尾部、包皮和会阴)。细胞成簇脱落，呈肝细胞样外观(即与肝细胞相似)。肛周腺癌很少发生，易显示更明显的恶性特征，但有些表现分化良好，通过细胞学为来区分肛周腺瘤和肛周腺癌是不可靠的。

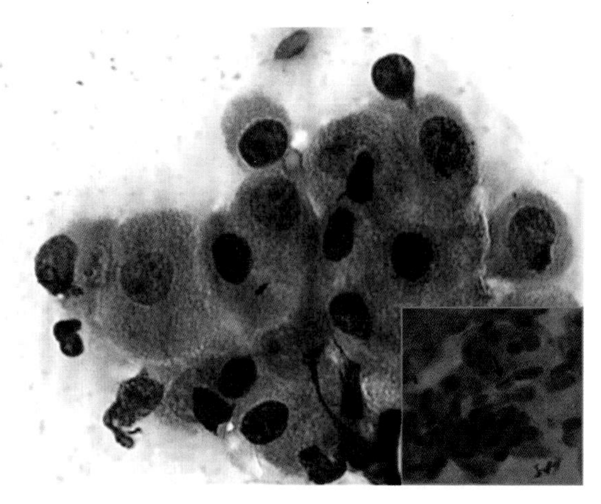

图 4.14 肛周腺瘤。肝样细胞有丰富的颗粒状粉红色／蓝色的胞浆，细胞核中可见一个或多个明显核仁。插图：在肝样细胞中间出现有较小的嗜碱性储备细胞，细胞核扁平(箭头)。

肛门囊腺癌(图 4.15)起源于肛门囊腺壁，好发于老龄母犬。肛门囊腺癌是恶性的，经常在确诊时，就已经扩散到髂下淋巴结。因此区分肛周腺瘤及肛门囊腺癌是十分重要的。肛门囊腺癌患犬超过 50% 的病例患有副肿瘤高钙血症。

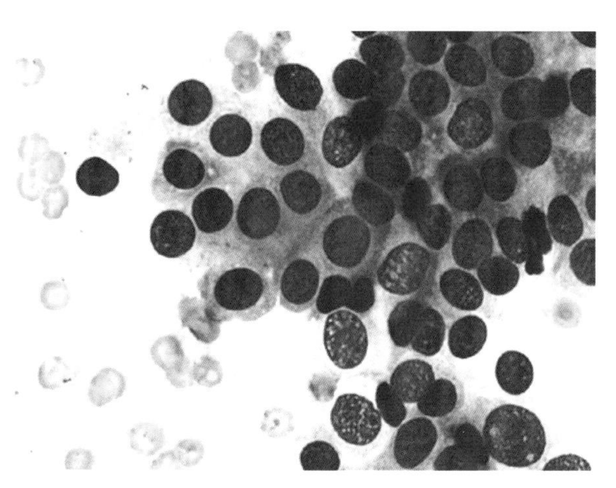

图 4.15 肛门囊腺癌。来自这些肿瘤的细胞通常大量成片或成簇脱落，中等量的苍白嗜碱性胞浆，细胞核圆形或卵圆形，可变的核质比。胞浆边缘不清晰。通常呈现恶性特征，但不如其他组织的癌恶性特征明显。来源：Axiom Veterinary Laboratories Ltd。

耵聍腺癌(图 4.16)起源于外耳道的汗腺，更常发生于猫，有局部侵袭性，会转移到局部淋巴结。

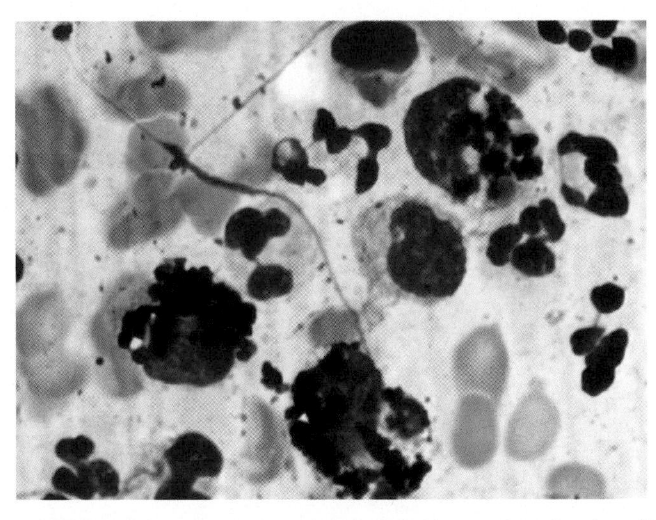

图 4.16 外耳道耵聍腺癌。肿瘤细胞包含球状的黑色物质，使细胞形态细节模糊，同时可见中性粒细胞。

间质肿瘤

脂肪瘤(图 4.17)。脂肪瘤的穿刺物有油脂样外观，由很多脂滴组成，可以被苏丹红染色(若使用酒精固定，脂滴消失)。**脂肪肉瘤**是罕见肿瘤。曾报道通常发生在腹部。坚硬，边界不清楚，附着于下面的组织。有些会溃烂。细胞有明显的恶性特征。

血管外膜细胞瘤是血管周壁肿瘤的一种，起源于血管内衬细胞(图 4.18)。发生于犬，多数位于四肢。具有局部侵袭性，很少转移，但常见复发。

皮肤血管瘤是良性肿瘤，起源于血管内皮细胞。犬比猫更常见。小且细长的内皮细胞常见但数量极低，因为血液污染辨认起来很困难。**皮肤血管肉瘤**(图 4.19)是较老龄犬猫罕见的肿瘤。有些分化良好，不能很好地与血管瘤区分。相反，从间变性血管肉瘤穿刺的细胞显示明显的恶性特征。有吞噬红细胞和/或慢性出血的迹象(例如可见含有含铁血黄素的巨噬细胞)。

(A)

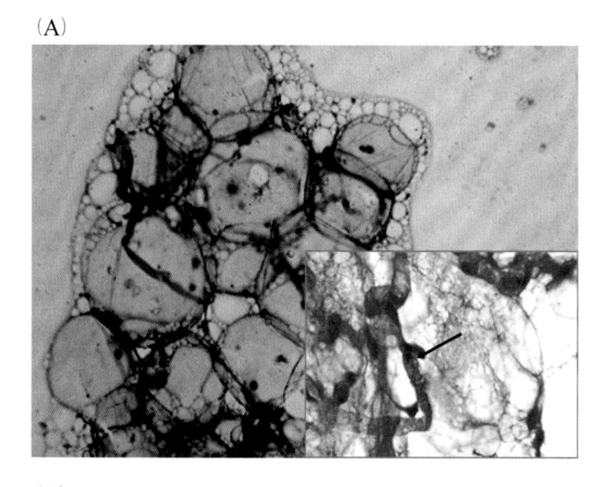

(B)

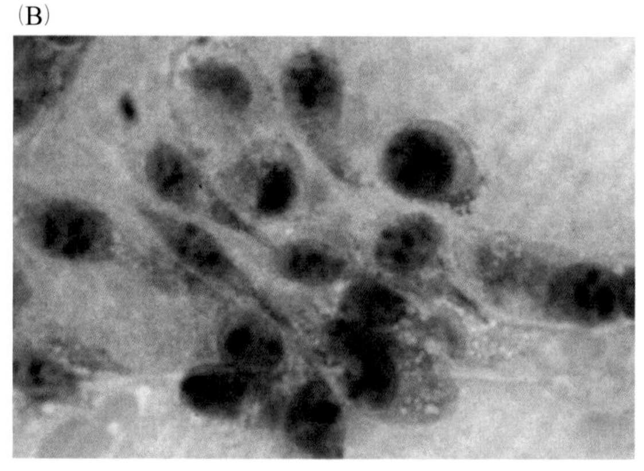

图 4.17 脂肪瘤。(A)可穿刺到完整的脂肪细胞，单个或成簇存在。脂肪细胞有丰富的透明的胞浆，小而深染的细胞核被挤压于细胞的边缘。插图：可见小血管(箭头)。(B)脂肪肉瘤。注意丰满的纺锤状间质细胞胞浆中有很多大小不等的脂肪空泡，囊状核和多个核仁。来源：Axiom Veterinary Laboratories Ltd。

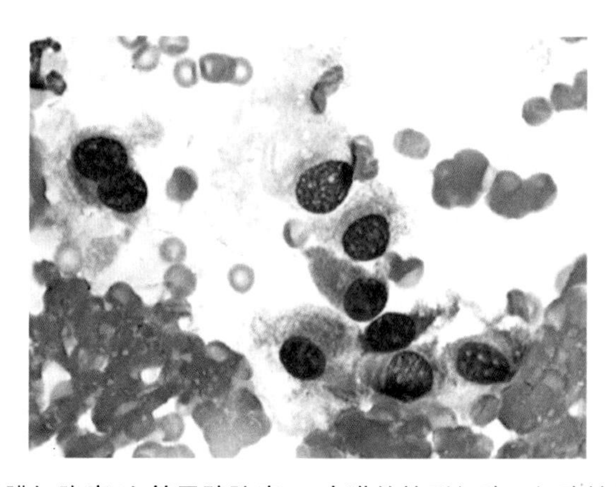

图 4.18 血管外膜细胞瘤(血管周壁肿瘤)。丰满的梭形细胞，细胞核卵圆形，胞浆嗜碱性，有可能发生空泡化。胞浆边缘不清晰，核染色质粗糙斑点状。来源：Axiom Veterinary Laboratories Ltd。

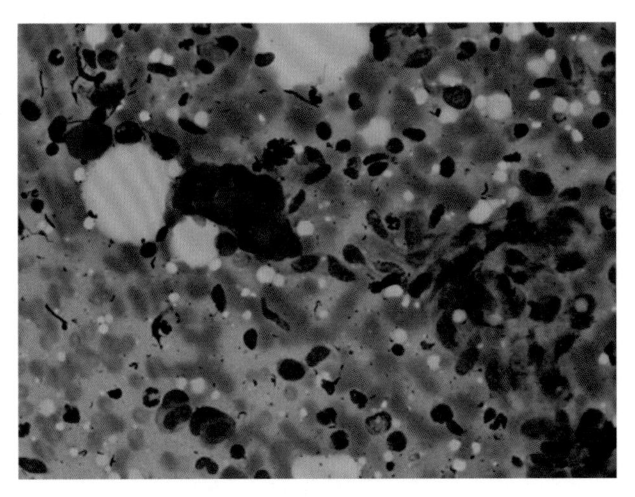

图 4.19　**皮肤血管肉瘤。注意梭形细胞和嗜酸性基质物质。可见中等程度的细胞大小不等和核大小不等。**来源：Emma Dewhurst/Axiom Veterinary Laboratories Ltd。经许可使用。

纤维瘤是相对少见的肿瘤，由分化良好的梭形细胞组成，细胞核卵圆形，具有狭长的胞浆尾。

纤维肉瘤（图 4.20）更常见于猫，好发于口腔、头部和四肢。肿瘤边界不清楚，有可能发生溃疡。纤维瘤和分化良好的纤维肉瘤的反应性肉芽组织的细针穿刺细胞学会表现得极其相似，导致通过细胞学对上述病变进行鉴别变得比较困难。猫肉瘤病毒可在青年猫引起多发性纤维肉瘤。疫苗诱导的纤维肉瘤有局部侵袭性，转移速度慢。

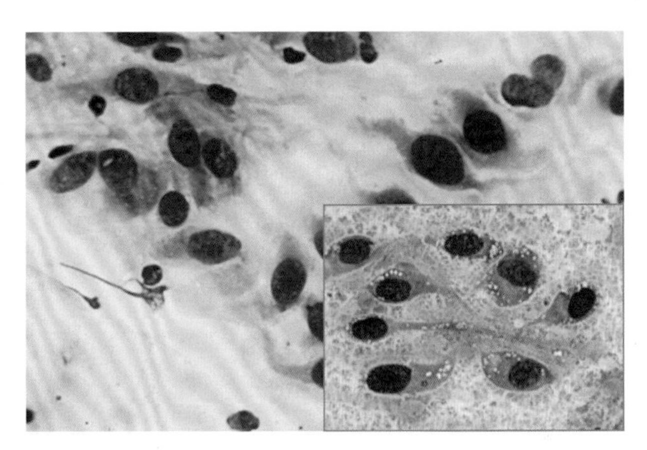

图 4.20　**纤维肉瘤。来自分化不良的纤维肉瘤的细胞较丰满，有较高的核质比。细胞核具有多个核仁，细胞伴随着嗜酸性胶原物质。插图：猫疫苗诱导的纤维肉瘤。**来源：Dunn and Villiers (1998a)。经 BMJ Publishing Group Ltd 许可使用。

黑色素瘤（图 4.21）。良性和恶性的黑色素瘤在犬比猫更易发生（犬的大部分黑色素瘤是良性的）。表现为隆起的棕黑色或黑色的边界清晰的肿物。黑色素瘤穿刺物的细胞的细胞学外观是可变的（一些与离散的圆形细胞类肿瘤细胞相似）。细胞内通常可见黑色素颗粒。无黑色素的黑色素瘤相当少，但仔细检查，黑色素颗粒在少量细胞内通常也是可以看到的。

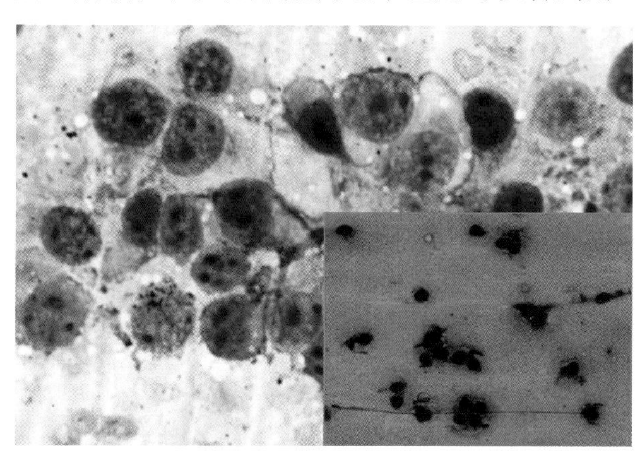

图 4.21 恶性黑色素瘤。来自分化不良的黑色素瘤的细胞包含相对稀少的黑色素颗粒，细胞核大，含有数个大的不规则的核仁，可见中度的细胞大小不等和核大小不等。插图：来自良性黑色素瘤的细胞大小和形状均一。注意背景中可见大量的散在的黑色素颗粒。来源：插图—— Dilini Thilakaratne, James Cook University, Australia。经许可使用。

间变性巨细胞（软组织）肉瘤通常发生于较老龄犬猫的四肢，涉及皮下组织或骨骼肌（图 4.22）。坚硬，边界不清，粘连于肿瘤下面的组织。

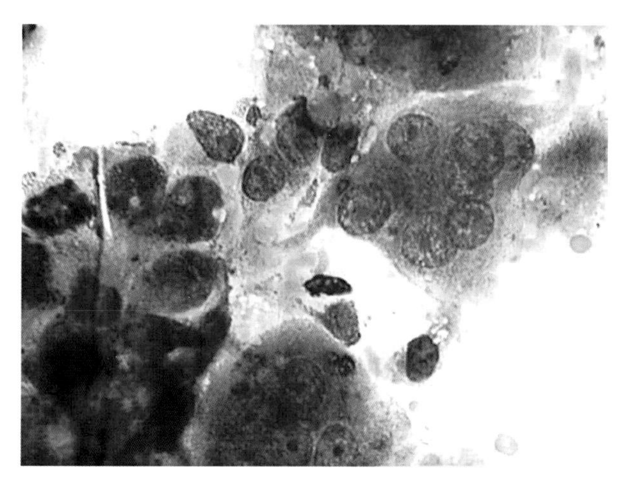

图 4.22 间变性巨细胞（软组织）肉瘤。丰满的间质细胞和大的多核巨细胞伴随着嗜酸性基质物质。细胞表现多种恶性标准。

圆形细胞瘤

犬组织细胞瘤（图 4.23）。多数组织细胞瘤发生于不超过 5 岁的青年犬。为隆起的边界清晰且无毛的小肿瘤，发生于头部（尤其是耳廓）、四肢和躯干。有些会发生溃疡，多数能自行消退。

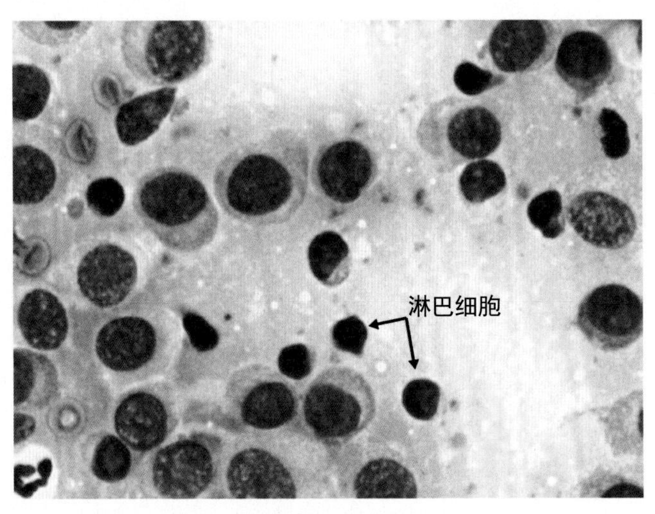

图 4.23 **犬组织细胞瘤。这些细胞有中等量浅嗜碱性胞浆，细胞核圆形、卵圆形或锯齿状，有些细胞核含有一个或多个模糊的核仁。尽管这些肿瘤是良性的，可见轻微至中度的细胞大小不等和核大小不等。由于病变开始消退，淋巴细胞（箭头）数量增多。**

涉及皮肤的其他种类的组织细胞肿瘤包括皮肤组织细胞增多症、系统性组织细胞增多症和恶性组织细胞增多症（或组织细胞肉瘤）。**皮肤组织细胞增多症**以形成多病灶区域为特征，与皮肤组织细胞瘤相似。**系统性组织细胞增多症**发生于年轻的成年公的伯恩山犬，但在其他品种也曾报道过。该肿物持续发生在皮肤，但是局部淋巴结和眼部例如结膜，也会受到影响。系统性组织细胞增多症不会表现出在恶性组织细胞增多症看到的恶性特征。穿刺液中会见到中等量的淋巴细胞和中性粒细胞。**恶性组织细胞增多症**是一种迅速发展的疾病，发生于老龄伯恩山犬，其他品种较少，曾经有猫发生该病的报道。恶性组织细胞增多症会侵袭脾脏、淋巴结、肺和骨髓，偶尔会涉及皮肤。

犬肥大细胞瘤（MCT）（图 4.24）通常发生于躯干和四肢。位于会阴、包皮或趾端的肿瘤更具有侵袭性。猫的肥大细胞瘤易发生于头部、颈部和四肢，多数情况下单发病灶为良性。多发病灶的“组织细胞类型”的 MCT 在年轻的暹罗猫曾报道过会自行消退。需要通过组织病理学检查对肿瘤进行分级。通过细胞增殖分析可获得更准确的预后 [通过密歇根州大学人口和动物健

(A)

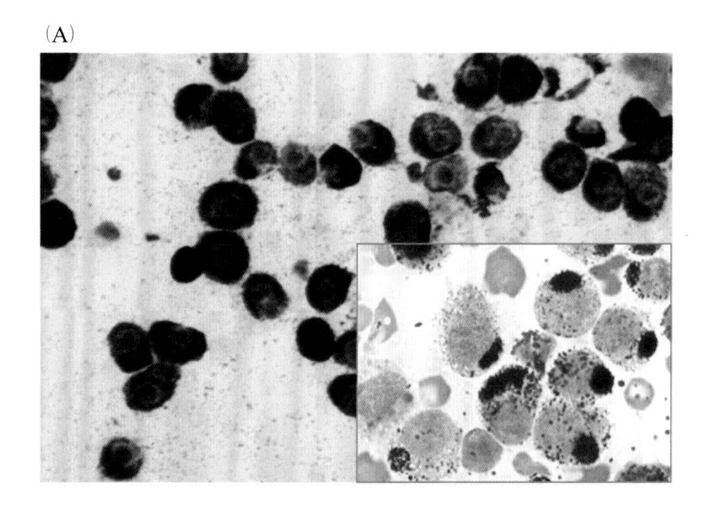

(B)

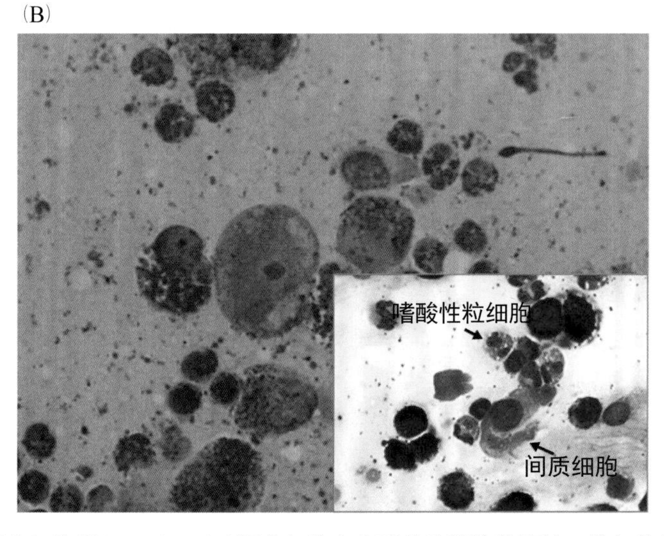

图 4.24 肥大细胞瘤（MCT）。（A）肥大细胞含有嗜苯胺蓝胞浆颗粒，使细胞核变得模糊。胞浆的颗粒化程度非常不一致。一些快速水溶性罗曼诺夫斯基染料无法使肥大细胞颗粒着色。插图：偶然可见肥大细胞的颗粒集中于细胞的一侧。（B）来自分化不良的 MCT 的肥大细胞包含较少的颗粒，细胞表现出更多母细胞的特征（注意明显的核仁和增多的嗜酸性粒细胞）。可用甲苯胺蓝对分化不良的细胞的颗粒进行染色。插图：犬肥大细胞瘤的穿刺物经常可见嗜酸性粒细胞和间质细胞。来源：Axiom Veterinary Laboratories Ltd。

康诊断中心的试剂盒来完成（http://www.animalhealth.msu.edu）]。这个试剂盒评估三个标记物 [Ki67 蛋白、增殖细胞核抗原（PCNA）和银染核仁组成区（AgNORs）]，并且包括 PCR（聚合酶链反应）试验来检测高侵袭性 MCT 的 c-kit 突变情况，突变肿瘤细胞对酪氨酸激酶抑制剂有反应，并且可通过免疫组化标记来评估肿瘤肥大细胞上 KIT 基因表达情况。

浆细胞瘤曾在老龄犬的皮肤(尤其是趾和耳朵)、口腔、齿龈和舌报道过(这些肿瘤罕见于猫)。虽然细胞表现出多形性，多数浆细胞瘤是良性的(图4.25)。

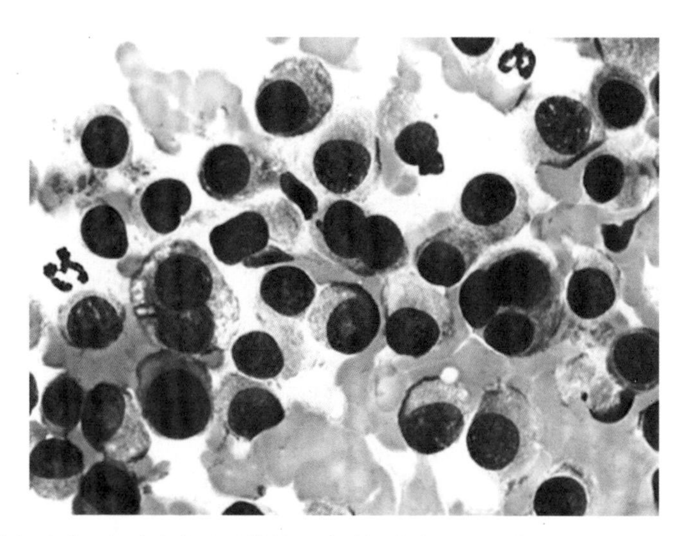

图 4. 25 浆细胞瘤。细胞有数量不等的深嗜碱性胞浆，位于偏心位置的圆形细胞核，核染色质粗糙，可见中等程度的细胞大小不等、核大小不等和可变的核质比。可见双核和多核细胞。粉红色无定形物质（淀粉样）可能与浆细胞样细胞有密切关系。

皮肤淋巴瘤主要发生于皮肤或偶尔表现为全身性淋巴瘤。皮肤淋巴瘤表现为单个或多个结节或斑块，或表现为全身瘙痒性剥落性皮炎。分为趋上皮性（也称为蕈样霉菌病）和非趋上皮性（需要通过免疫组化进行鉴别；图 4.26）。趋上皮性淋巴瘤为更常见的形式，通常为 T 细胞起源。肿瘤细胞浸润到表皮和皮肤附属器。

传染性性病肿瘤（TVT）通常见于年轻流浪犬，性交频繁的犬（图 4.27）。在英国，通常仅见于从温带气候引入的犬。通常位于外生殖道或口鼻区域，边界不清楚，溃疡并且出血。浅表常继发细菌感染。病灶可能会自行消退。

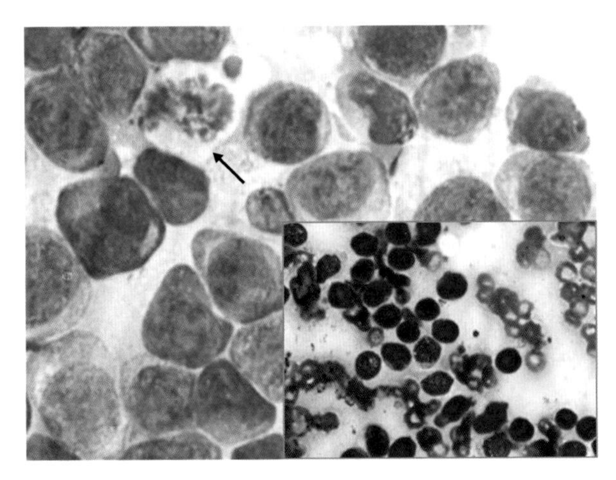

图 4.26 皮肤淋巴瘤（趋上皮性淋巴瘤）。肿瘤淋巴样细胞大小不等，细胞核圆形、锯齿状或卷曲，可见核仁。细胞有数量不等的浅嗜碱性胞浆。注意有丝分裂象（箭头）。有时除了全身性皮肤病变，动物可能患有白血病，血液中可见循环 T 细胞（也称作 Sézary 综合征）。插图：非上皮性淋巴瘤以淋巴细胞浸润到皮下和表皮为特征，淋巴细胞形态典型。来源：Axiom Veterinary Laboratories Ltd。

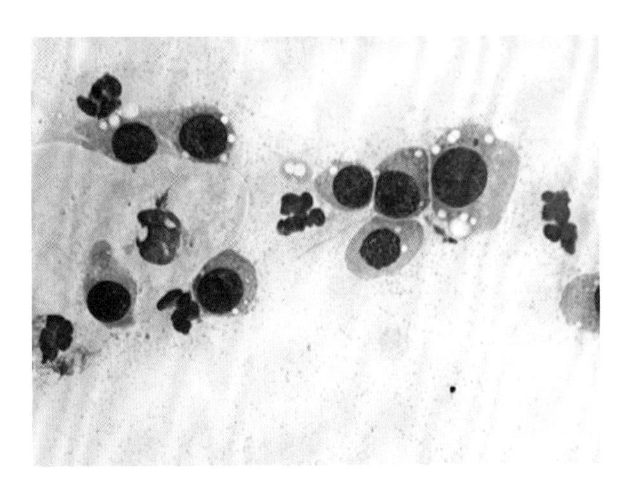

图 4.27 传染性性病肿瘤。TVT 的细胞有中等量的浅嗜碱性胞浆。注意稀疏的胞浆小空泡。细胞核圆形，核染色质粗糙，核仁不清晰。可见有丝分裂象和混合的炎性细胞群。来源：Axiom Veterinary Laboratories Ltd。

5 呼吸道细胞学

John Dunn

Axiom Veterinary Laboratories Ltd, Newton Abbot, Devon, UK

引言

呼吸道样本的细胞学解释应结合病史、临床发现和任何影像学异常。无法鉴别出不具代表性的样本可能会导致错误的细胞学判读，从而使得培养结果失去临床意义，例如，在采样的过程中，样本存在口咽部的污染。

采样技术

鼻腔冲洗

鼻腔冲洗在全身麻醉下完成。将软橡胶导管通过外鼻孔向尾侧前行。10 mL 无菌生理盐水用 20 mL 注射器正负压交替地冲洗鼻腔。同时前后移动导管确保组织和细胞的最大采集量。收集到的液体转入到 EDTA 管以保存细胞形态。离心后沉渣制备涂片进行细胞学检查（要进行细菌学检查的样本应转入到无菌的空白管）。一种逆行冲洗技术将弗利导管（Foley catheter）从软腭送入鼻咽部（读者可参考相关细胞学教科书以获得此技术的详细描述）。

怀疑鼻腔内有肿物时可用 6~10 Fr 聚丙烯导尿管，其末端需剪成 45° 角获得采样所需的切面，若肿物通过内窥镜可看到，可用 20~22 G 针或 Tru-Cut 活检针来完成。小心不要穿透筛板（测量外鼻孔到眼睛内眦的距离可准确地估计导管伸入长度）。一旦导管遇到阻力，说明进入肿物，注射器维持负压以便采集实质性组织制备触片或压片（或送检进行组织学检查）。

在作者看来，鼻腔分泌物的检查很少有用，除非有明显的致病菌，如曲霉菌或新型隐球菌。

气管冲洗和支气管肺泡灌洗

气管、支气管和肺泡的细胞学检查可通过气管冲洗（TW）和支气管肺泡灌洗（BAL）来实现。这两种技术可能并不适用于间质性病变。X 线或超声检查发现的间质性肿物，用胸腔细针穿刺法采样更为合适。

当 X 线检查表明气管支气管或肺病导致慢性咳嗽或呼吸困难时，可采用 TW 或 BAL。实施这两种技术前，应进行全面的心脏检查以排除心源性病因所致的呼吸道症状或 X 线病变。TW 和 BAL 适应症包括诊断超敏反应、炎症／感染（细菌、真菌、寄生虫幼虫和原虫）和肿瘤。

这两种技术都会引起中性粒细胞性炎症反应，采样完成 24 h 左右后会达到高峰。若要重复实施这两种技术，应在 48 h 后进行，因为任何冲洗诱发的炎症变化可能会使细胞学判读变得复杂。

这些操作的罕见并发症包括皮下气肿、纵隔积气、出血、缺氧和针道感染。

气管冲洗

此技术在大型犬容易完成，通常不需要麻醉（在小型犬和猫需要轻度镇静）。咳嗽反射完整，样本也较少地被口咽部物质污染。

无菌备皮。对皮下组织进行局部浸润麻醉。经环甲韧带插入 18 G 颈静脉导管或带 3.5 Fr 导尿管的 14 G 针头，用注射器注入生理盐水（每 5 kg 体重 1 ~ 2 mL）并立即回抽。用温生理盐水可预防采样中气管的收缩。穿刺液要收集到 EDTA 管（细胞学）和无菌的空白管（细菌学）中。用纱布包扎穿刺部位可预防皮下气肿的形成。

支气管肺泡灌洗

此技术是采集小型犬和猫下呼吸道细胞学诊断性样本的首选。缺点是需要全身麻醉，样本受到口咽部污染的可能性大，除非将气管插管直接插入气管，避免接触到口咽部和勺状软骨。若可能，麻醉不宜过深，以达到不抑制咳嗽反射为佳。

将一根长的 14 G 导尿管通过气管插管管内（导尿管要比气管插管至少长 5~7.5 cm）。用生理盐水（每 5 kg 体重 1 ~ 2 mL）从导管冲洗并立即抽回。

大剂量的生理盐水，如每千克体重 1~3 mL 可弥补导尿管死腔，这在小型动物中尤为明显。

类似的样本还可以通过纤维支气管镜或者硬支气管镜获得。同时还可以对支气管和其他采样部位可视化，并于必要时进行活检采样。

经胸腔细针穿刺

尽管有可能引起更多的并发症，如肺撕裂、出血和气胸，经胸腔细针穿刺适用于小范围内离散和弥散分布病灶，尤其是当肿物靠近胸腔壁时。进行此操作时动物取站立位或俯卧位，最好在 B 超引导下完成，若动物挣扎或出现严重呼吸困难，则需要镇静。

将局部麻醉剂注入紧挨肋骨后方的肋间隙前缘。对于弥散性的间质病灶，采样部位一般为右肺膈叶，进针位置为第七至第九肋从椎体到肋软骨结合处的下方 1/3 处。

靠近胸腔壁的病灶用 22~25 G 针头连接 5 mL 或 10 mL 注射器进行穿刺；深部病灶用较长的 22 G 脊髓针。针通过肋间以 90° 角度进入胸壁。一旦进入胸腔，施负压于注射器，针进一步进入病灶。为了保证采样量的最大化，拔针后轻微改变角度再进入病灶中 2~3 次，整个过程都要维持负压。最后拔针时于针头出胸腔前释放负压。仅有少量的样本出现在针或注射器口，将其吹到载玻片上，用常用的方法制备涂片。

细胞学诊断

以作者的经验，检测细胞总量及对其细胞进行分类计数无太大诊断意义。离心将细胞浓集（1000~1500 r/min 5 min）。将沉渣用一滴悬浮液混匀，用划线浓缩技术（line concentration technique）或血涂片制片法进行涂片。若有絮状组织，可用压片法制片。

鼻腔细胞学

正常细胞类型

主要可见纤毛柱状上皮细胞，还有少量的鳞状上皮细胞（图 5.1）。还可见成簇的成熟淋巴细胞，来源于鼻腔淋巴组织。通常可见大量的细菌（球菌和杆菌），构成鼻腔的正常菌群。

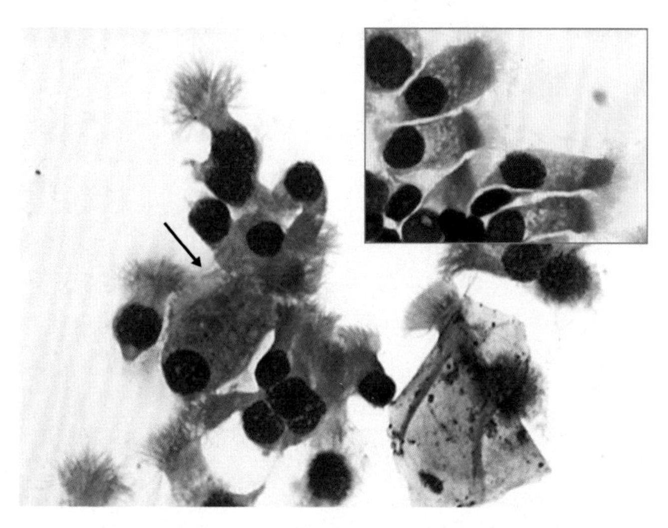

图 5.1 **许多纤毛柱状上皮细胞。可见一个杯状细胞（箭头）和一个角化鳞状上皮细胞，其上有细菌。插图：支气管肺泡灌洗（猫）。纤毛柱状上皮细胞。**来源：Dunn（2010）。经 BMJ Publishing Group Ltd 许可使用。

炎症/感染

过敏性鼻炎和淋巴浆细胞性鼻炎都是过敏引起的，前者可见嗜酸性粒细胞增多，后者可见淋巴细胞和浆细胞增多。原发性细菌性鼻炎很少发生，通常继发于其他潜在的病因，如肿瘤、异物如草芒、牙病和病毒或真菌感染。在剧烈炎症反应的刺激下上皮可能会发生发育不良，若明显，类似于肿瘤化细胞（图 5.2）。细菌性鼻炎，无论原发性或继发性，其特征为大量退行性中性粒细胞吞噬细菌。真菌性鼻炎可以是原发性的，或由条件致病菌的继发感染引起的。犬最常见的病原是曲霉菌（见图 15.3I）和青霉菌；隐球菌病更常见于猫（见图 15.3F）。真菌感染常引发肉芽肿性或脓性肉芽肿性炎症反应，但通常也能见到由继发性细菌感染引起的化脓性反应。

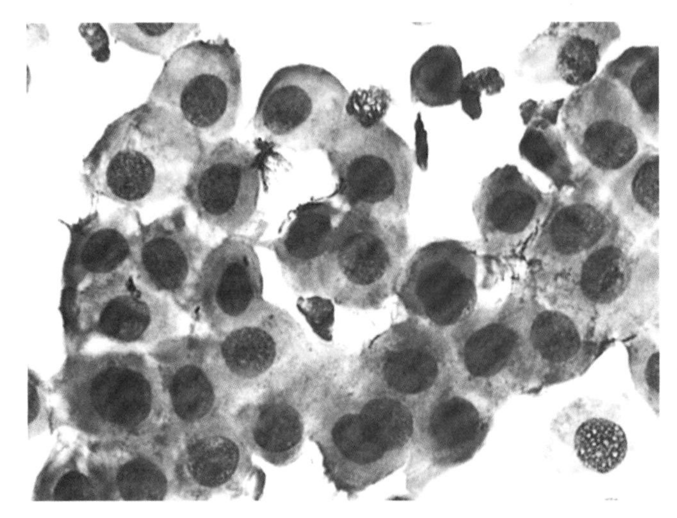

图 5.2　鼻腔冲洗（犬）。这些发育不良的上皮细胞大小和形状均一，但核染色质呈粗糙的斑点状，包含一个或多个核仁。可见两个双核细胞。

肿瘤

犬猫中，腺癌较为常见（图 5.3）。在猫更常见的为鼻腔的鳞状细胞癌。这些肿瘤的细胞学特征与其他部位的腺癌和鳞状细胞癌类似。鼻腔的间质性肿瘤是罕见的（偶尔发生纤维肉瘤、骨肉瘤和软骨肉瘤）。与大多数间质

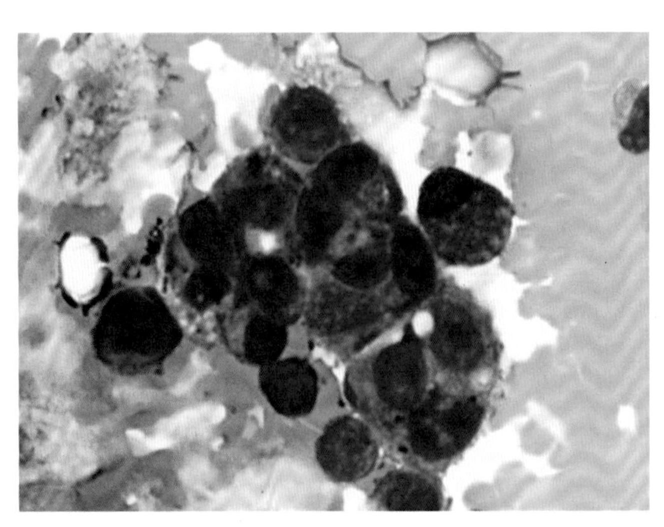

图 5.3　鼻腔腺癌。上皮细胞呈现细胞浆嗜碱性加深，中等程度的细胞大小不等，核大小不等，核质比不一。细胞核包含大而明显的核仁，其大小和形状不一。

性肿瘤一样，需要通过组织学检查来确定准确的组织类型。病灶的位置和X线征象也可提供一些参考。犬猫鼻腔最常见的圆形细胞瘤是淋巴瘤。而且，与其他部位的淋巴瘤的细胞学特征相似。间变性鼻癌也有圆形细胞的外观，但细胞较大。

气管和支气管树的细胞学

正常细胞类型

纤毛柱状上皮细胞衬于气管和支气管（图 5.1）。经常表现为保存性差。纤毛和非纤毛的立方上皮细胞衬于细支气管。细胞单个或成簇存在。若从细胞纤毛端观察，可能难以辨认出细胞的柱状／立方的特征（图 5.4）。

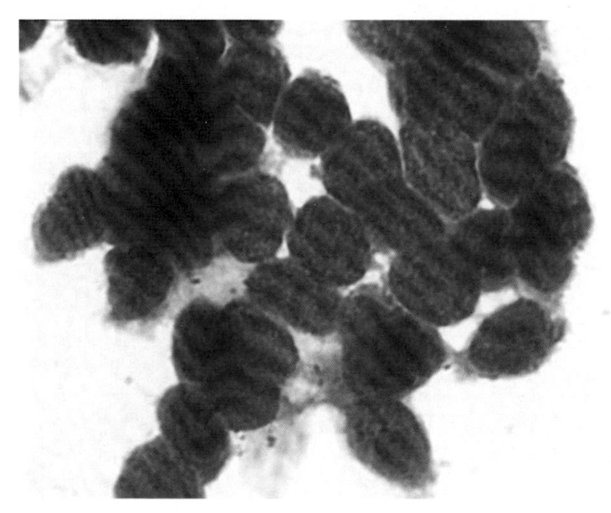

图 5.4 **纵向的纤毛或立方上皮细胞**。来源：Dunn（2010）。经 BMJ Publishing Group Ltd 许可使用。

杯状细胞是产生黏液的支气管细胞（图 5.5）。其数量的增多可见于引起慢性气道刺激和黏液过度产生的疾病，如慢性支气管炎和猫哮喘。

在临床表现正常动物的支气管肺泡灌洗液中肺泡巨噬细胞（图 5.6）可能为主要的细胞类型。当这些细胞被激活时，胞浆会变空泡化，可能会包含吞噬的细胞碎片。

通常中性粒细胞所占比例少于总有核细胞数的 5%。数量增多可见于炎症、感染或组织坏死。嗜酸性粒细胞和淋巴细胞通常在犬数量较低（分别为小于有核细胞总数的 5% 和有核细胞总数的 5%~14%）。在一些健康的猫，嗜酸性粒细胞的数量高达 20%。嗜酸性粒细胞的数量增多伴随数量不等的其他炎性细胞可见于超敏反应和寄生虫病。淋巴细胞增多可见于气道过敏

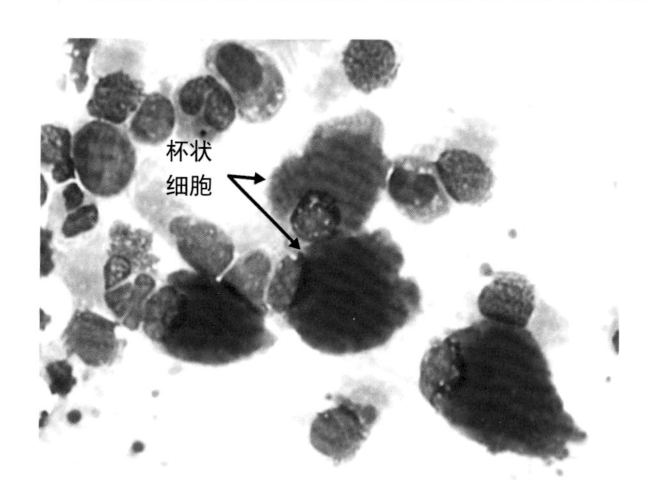

图 5.5 **杯状细胞(箭头)包含大而深染的嗜碱性黏蛋白颗粒。** 来源：Dunn(2010)。经 BMJ Publishing Group Ltd 许可使用。

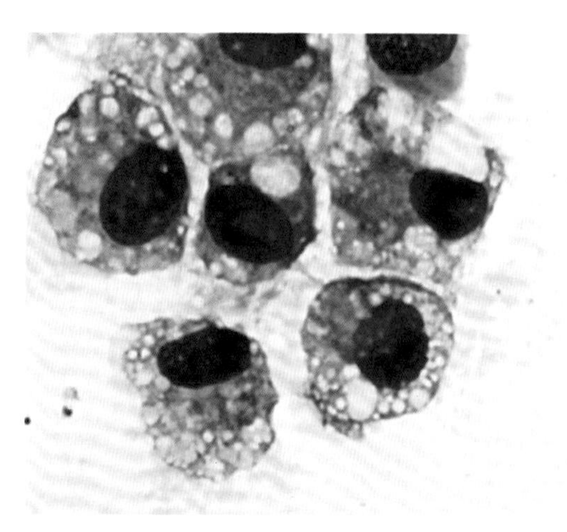

图 5.6 **支气管肺泡灌洗(犬)。反应性肺泡巨噬细胞，嗜碱性胞浆中可见大量空泡。**来源：Dunn(2010)。经 BMJ Publishing Group Ltd 许可使用。

和抗原刺激反应，如病毒疾病和慢性感染。一些淋巴细胞会转化为浆细胞。在健康犬猫的气管冲洗液和支气管肺泡灌洗液样本中很少看到肥大细胞(小于有核细胞总数的 2%)。

黏液

大多数的冲洗液，无论鼻腔的或下呼吸道的样本，都包含少量的黏液，被染色为嗜酸性背景的沉积物。黏液量的增多见于炎症或感染(图 5.7)。

库什曼螺旋（Curschmann's spirals）是来自小细支气管的浓缩的黏液管型（图 5.8）。

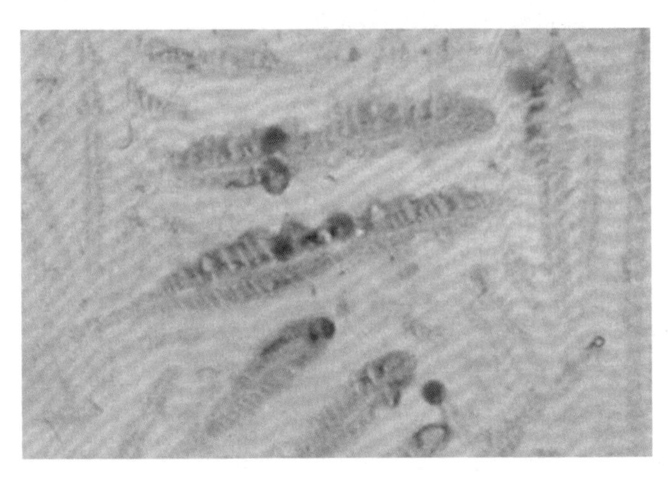

图 5.7 直接涂片中黏液呈蕨类的外观。来源：Dunn（2010）。经 BMJ Publishing Group Ltd 许可使用。

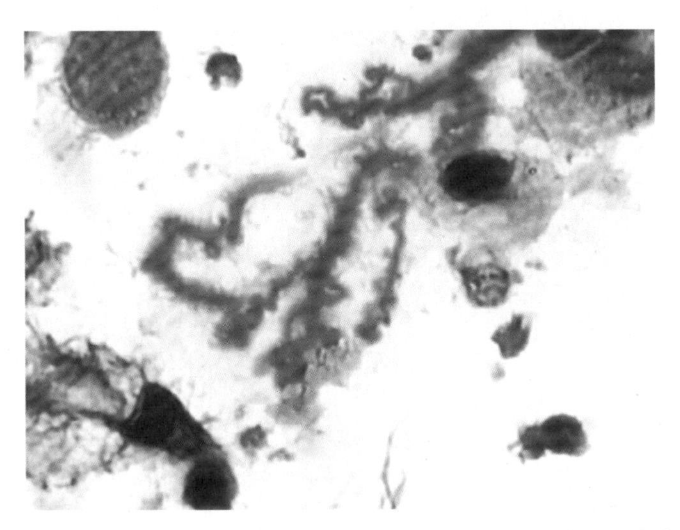

图 5.8 支气管肺泡灌洗（猫）。库什曼螺旋经常见于引起黏液过度产生的疾病。

口咽部的污染

在气管冲洗液或支气管肺泡灌洗液中存在浅表鳞状上皮细胞表明有口咽部的污染。细菌（如西蒙斯氏菌）常黏附于这些细胞的表面（图 5.9）。可见不同数量的中性粒细胞。

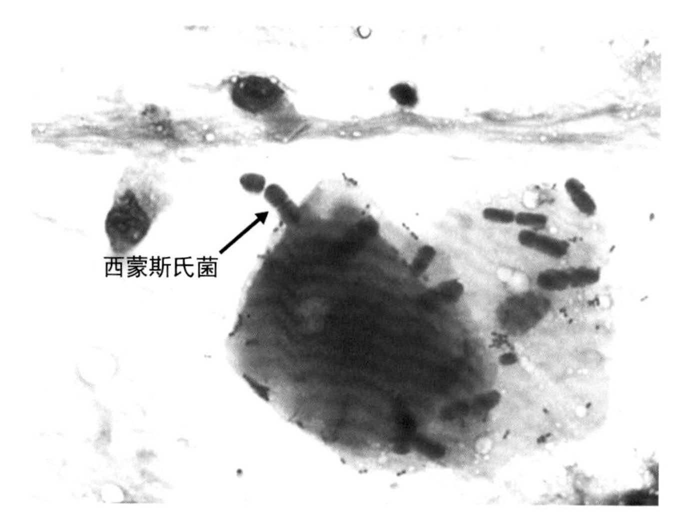

图 5.9 口咽部的污染。角质化的鳞状上皮细胞上可见大的西蒙斯氏菌（箭头）和大量球菌。来源：Dunn（2010）。经 BMJ Publishing Group Ltd 许可使用。

炎症

中性粒细胞（化脓性）炎症反应（图 5.10）可见于气管支气管炎（如窝咳），支气管肺炎，吸入性支气管／肺部异物，吸入性肺炎，肺部脓肿或大的坏死性肿瘤（如单个肺叶的原发性肺肿瘤）。细菌感染引起的炎症反应中，中性粒细胞表现为退行性，包含吞噬的细菌。

分枝杆菌感染，尤其在猫（图 5.11），真菌性或原虫感染通常引起肉芽肿性炎或脓性肉芽肿性炎，其特征为反应性上皮样巨噬细胞增多及不等数量的中性粒细胞。大的多核巨细胞、淋巴细胞、浆细胞和嗜酸性粒细胞可能会少量存在。

犬猫慢性支气管炎的支气管肺泡灌洗液细胞学检查无明显特异性。炎性反应可能会相对轻微，黏液可能会明显增多。虽然许多病例中主要可见巨噬细胞，但有时可见混合性炎性反应。

嗜酸性粒细胞性炎症

总体而言，嗜酸性粒细胞的数量大于总有核细胞数的 10%，被认为是嗜酸性粒细胞性炎症。有些病例，肥大细胞的数量也会轻微增多（图 5.12 和

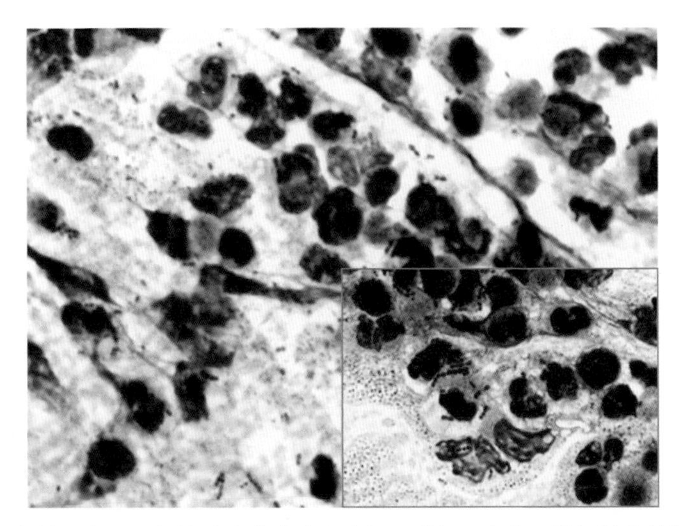

图 5.10　**支气管肺炎。支气管肺泡灌洗液细胞数量增多，由大量退行性中性粒细胞组成。很多细胞内含有细菌（插图）。**来源：Dunn（2010）。经 BMJ Publishing Group Ltd 许可使用。

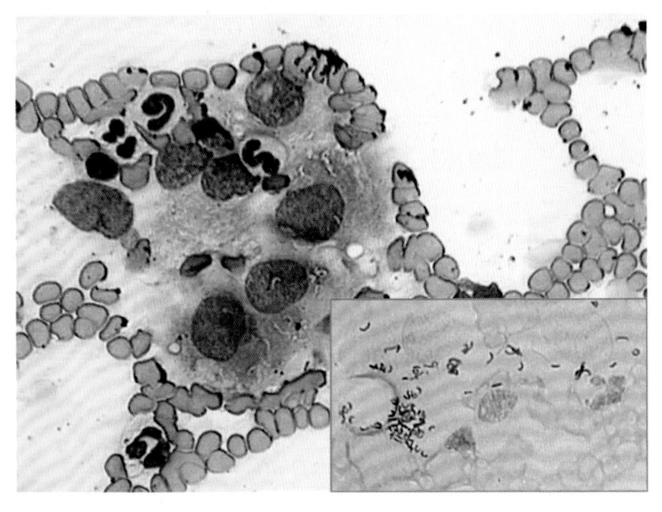

图 5.11　**一簇巨噬细胞内有其吞噬的不着色的分枝杆菌。插图：同一病例。分枝杆菌用 Ziehl–Neelsen 染色呈抗酸阳性。**来源：Dunn（2010）。经 BMJ Publishing Group Ltd 许可使用。

图 5.13）。鉴别诊断包括猫支气管哮喘、肺嗜酸性浸润（包括过敏性支气管炎、嗜酸性支气管肺炎、心丝虫感染引起的肺的嗜酸性肉芽肿）和肿瘤（如淋巴瘤、肥大细胞瘤）。寄生虫，如奥氏奥斯勒丝虫、管圆线虫、狐环体线虫和猫

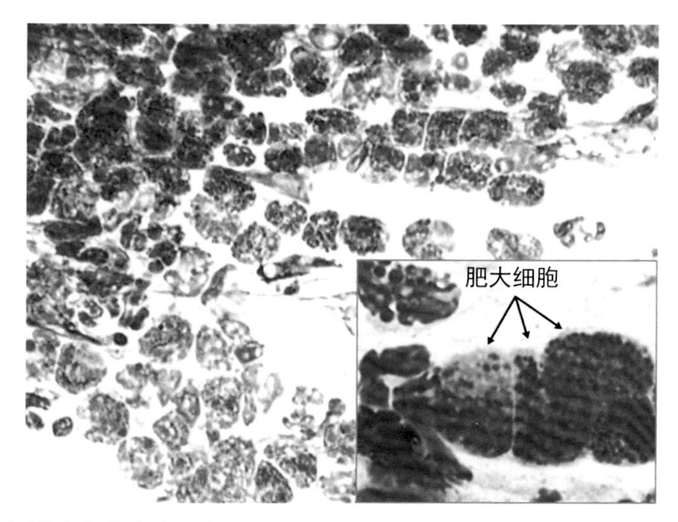

图5.12 支气管肺泡灌洗(犬)。嗜酸性粒细胞性炎症。至少10%的有核细胞为嗜酸性粒细胞。插图：同一病例。注意三个肥大细胞(箭头)。来源：Dunn (2010)。经 BMJ Publishing Group Ltd 许可使用。

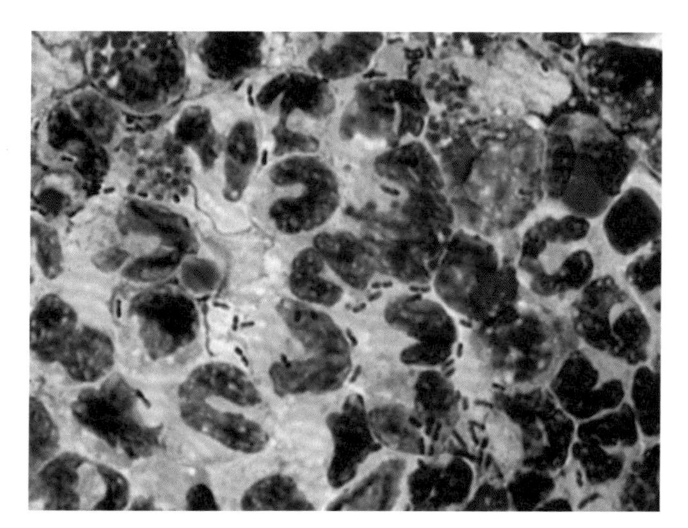

图5.13 支气管肺泡灌洗(犬)。嗜酸性粒细胞性炎症。继发细菌感染明显，注意明显的退行性中性粒细胞和细胞内外的杆菌。

圆线虫(猫)，也应考虑(图 5.14)。有些嗜酸性粒细胞有圆形或卵圆形核而不是分叶核(所谓的球样嗜酸性粒细胞；图 5.15)。

图 5.14 **一犬支气管肺泡灌洗液包含后圆线虫的第一期幼虫。**来源：Dunn（2010）。经 BMJ Publishing Group Ltd 许可使用。

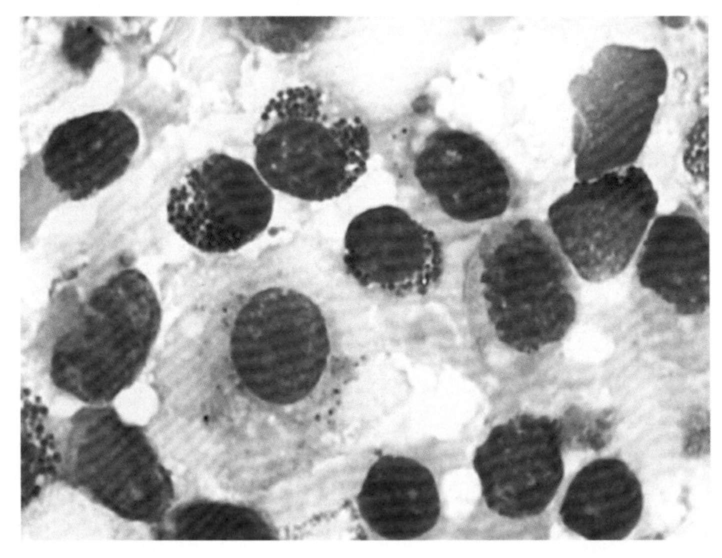

图 5.15 **支气管肺泡灌洗（犬）。球样嗜酸性粒细胞有圆形核而不是分叶的核。**

发育不良的上皮细胞

在炎症或慢性刺激下，如灰尘和烟雾，柱状和立方上皮细胞会发生发育不良（图 5.2）。化疗也会引起严重发育不良的变化。发育不良的细胞和肿瘤细胞很难区分。

鳞状化生

正常的柱状上皮细胞或立方上皮细胞可能被复层鳞状上皮细胞替代。这是上皮细胞对慢性炎症或刺激的适应性反应。

肺内出血

巨噬细胞含有红细胞或血红蛋白降解产物，如含铁血黄素（含铁血黄素巨噬细胞）或类胆红素结晶，表明发生过肺内出血（图 5.16）。可能的原因包括外伤、肺异物、感染性疾病（细菌、真菌、原虫、寄生虫）、肺叶扭转、猫支气管哮喘、充血性心衰、肺血栓栓塞、凝血障碍病（如双香豆素中毒）和肿瘤（原发和转移）。

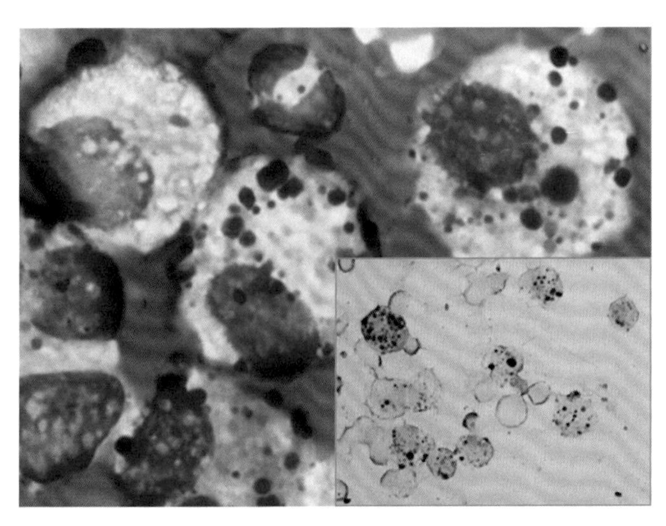

图 5.16 含铁血黄素巨噬细胞包含吞噬的血红蛋白降解产物。插图：含铁血黄素用普鲁士蓝染色为淡蓝色 - 黑色沉淀。来源：Dunn（2010）。经 BMJ Publishing Group Ltd 许可使用。

肿瘤（原发或转移）

细胞学诊断无法用于鉴别肺癌类型。一些原发性的肺肿瘤，如支气管肺癌，通常会涉及支气管树，在气管冲洗或支气管肺泡灌洗中，脱落大量细胞（图 5.17 和图 5.18）。血液淋巴性肿瘤，如淋巴瘤和恶性组织细胞增多症（组织细胞肉瘤），也可能会涉及肺实质，可通过支气管肺泡灌洗液细胞学检查做出诊断。相反，转移性肺肿瘤易侵入肺间质，罕见脱落的肿瘤细胞。在大多数病例中，怀疑肺肿瘤时，对独立的肺肿物进行细针穿刺细胞学检查更有诊断意义。

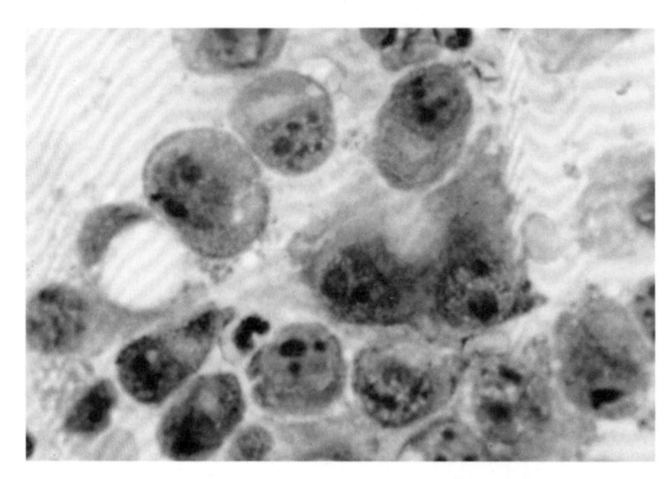

图 5.17　肺癌（犬）。在此支气管肺泡灌洗液样本中，细胞表现明显的恶性特征（细胞大小不等、核大小不等、核质比不一，每个核里的核仁大小、形态和数目也不一）。来源：Dunn（2010）。经 BMJ Publishing Group Ltd 许可使用。

图 5.18　肺癌的细针穿刺（犬）。上皮细胞显示明显的细胞大小不等、核大小不等和核质比不一。注意核周围的空泡化。来源：Niki Skeldon/Axiom Veterinary Laboratories Ltd。经许可使用。

6 体腔液生化和细胞学

Niki Skeldon and Emma Dewhurst

Axiom Veterinary Laboratories Ltd, Newton Abbot, Devon, UK

引言

体腔的脏面和壁面被覆间皮细胞，它们之间会存在体腔液。在犬猫健康时体腔液少量存在，但不同的病理学过程会引起其数量增多。对积液（effusions）进行分析可判断其形成机制。

样本的采集和处理

读者可以参考标准教科书（Bexfield and Lee, 2010）了解腹水、胸水和心包积液的采样技术。第 1 章中介绍了如何处理液体样本。

积液的分类

传统体系

传统上，根据有核细胞总数（TNCC）和蛋白浓度，将积液分为漏出液、改性漏出液或渗出液（表 6.1）（Rizzi et al., 2008）。此体系是有争议的：人医目前已弃用该分类方式，不表明病因学，而且术语“改性漏出液”存在误导，因为很多被归为此类型的体腔液由于随后的有核细胞总数和蛋白的变化不能称之为漏出液。

表 6.1 根据有核细胞总数和蛋白浓度的积液的传统分类[a]

项目	TNCC（× 10^9/L）	蛋白（g/L）
漏出液	<1.5	<25
改性漏出液	1.0~7.0	25~75
渗出液	>7.0	>30

[a] 作为一般原则，当区分漏出液和改性漏出液时，蛋白水平较重要，当区分改性漏出液和渗出液时，细胞计数更具参考价值。

来源：Rizzi et al. (2008)。© 2008 Elsevier。经许可使用。

细胞计数

参考实验室可提供自动化细胞计数。一些血液分析仪可提供较准确的有核细胞总数结果（Giannasi et al., 2013;Welles et al., 2011）。

总蛋白

临床上，可以用折光法测量总蛋白。许多折射仪标有相应的总蛋白浓度刻度。当样本混浊时，应离心后取上清液来测量，以免引起假性升高。

病原学体系

最近发布的文章将体腔液根据病原学来进行分类（Dempsey and Ewing, 2011; Stockham and Scott, 2008; Zoia et al., 2009）。作者支持这种方法，在下述的讨论中也应用此分类法。胸水和腹水的发病机制主要有六种。

- 漏出液：液体动力学的改变（+/- 血浆胶体渗透压降低）
- 渗出液：血管和/或间皮的通透性的改变
- 淋巴外溢或完整性受损
- 出血
- 内脏破裂（+/- 随后的炎症或渗出）
- 肿瘤：细胞脱落和/或上述任一机制

对积液进行体液分析时，若无其他具体的病因学机制，积液可分为“**蛋白缺少性漏出液**”、“**蛋白富含性漏出液**”或“**渗出液**”，若有明细的病因学机制应以此分类（如“乳糜液”、“胆汁液”）。表 6.2 列出积液的病因学分类标准。注意这些标准应与细胞学和其他临床病理学检查结果相结合来判断积液的形成机制；而不是绝对的判断标准。表 6.3 列出不同类型积液的形成原因。

表 6.2 积液的病因学分类标准[a]

项目	TNCC（$\times 10^9$/L）	蛋白（g/L）[b]
蛋白缺少性漏出液	<1.5	<20
蛋白富含性漏出液[c]	<5.0[d]	>20
渗出液	>5.0[e f]	>20[g]

[a] 注意这些标准只具指导性，而不是绝对的判断标准—见正文。

[b] 混浊（如乳糜液中的脂质）时不可用于解读。

[c] 形成的可能原因有：（1）少量细胞迁入［如猫传染性腹膜炎（FIP）、脉管炎］的低分化或蛋白富含性渗出液（炎症）或（2）蛋白富含性漏出液，继发轻微炎症（如充血性心衰）。

[d] 有核细胞总数 > 1.5×10^9 /L 且大多为中性粒细胞和 / 或巨噬细胞时表明炎性渗出液。

[e] 不包括 FIP 或其他脉管炎引起的渗出液，其 TNCC 经常 <5.0×10^9/L。

[f] 若绝大多数细胞不是中性粒细胞、巨噬细胞或嗜酸性粒细胞（如肿瘤性积液或乳糜性积液），不能归为渗出液；更可能为有核细胞总数相对比较低的低分化渗出液。

[g] 升高幅度受血浆蛋白浓度的影响；伴发低蛋白血症时可能会出现较少蛋白性渗出液。

来源：改自 Stockham and Scott (2008)。经 John Wiley and Sons 许可使用。

漏出液

液体动力学改变时会形成蛋白缺少性漏出液［参考标准参考书的 Starling' s Laws 内容（Hughes and Boag, 2006）］。两个主要的原因分别为严重的低蛋白血症（通常 <12 g/L）和淋巴管阻塞。晶体渗透压升高（如由门脉高压所致）可加重漏出液的形成，当出现血浆白蛋白高于 12 g/L 的蛋白缺少性漏出液时应考虑此病因。蛋白缺少性漏出液犬比猫更常见。

蛋白富含性漏出液形成于肺或肝的晶体渗透压升高，二者分别由于心衰或肝病引起的门静脉高压所致。肺泡毛细血管和肝窦的血浆蛋白通透性高于其他部位。

肉眼上较难以描述蛋白缺少性和蛋白富含性漏出液。颜色是从无色到黄色或橘黄色，而且透明至微浊均可能出现。

细胞学上，两种漏出液由不同数量的非退行性中性粒细胞、巨噬细胞、少量的小淋巴细胞和间皮细胞组成。巨噬细胞形态不一，从小圆形嗜碱性细胞到大圆形含苍白高度空泡化胞浆的形态（图 6.1）。反应性巨噬细胞的核通常表现为多形性。多数慢性积液可能继发形成炎症，出现多核巨噬细胞、浆细胞、肥大细胞、嗜酸性粒细胞和反应性间皮细胞（图 6.9）。

间皮细胞的形态取决于获得途径：自行脱落或间皮组织创伤性穿刺（图 6.2、 图 6.5 和图 6.12）。区分间皮细胞和巨噬细胞可能较困难；间皮细胞胞浆嗜碱性更强、核更圆、染色质聚集，有时核仁明显，而巨噬细胞胞浆偏白，空泡化明显，细胞核形态多样且染色质粗糙。当间皮细胞活化时，

表 6.3 漏出液和渗出液的特点

积液	病理机制	机理	病因
蛋白缺少性漏出液	漏出	晶体渗透压和胶体渗透压的改变或淋巴引流降低	● 低白蛋白血症[a] ○ 肝硬化（犬） ○ 蛋白丢失性肾病（PLN） ○ 蛋白丢失性肠病（PLE） ● 淋巴管阻塞 ○ 肿瘤、脓肿或其他原因引起的外部闭塞 ○ 血栓、炎症或肿瘤细胞引起的血管阻塞 ○ 淋巴结病 ○ 淋巴管扩张 ● 门脉高压（肝窦前和肝窦内） ○ 肝硬化 ○ 特异性门脉高压
蛋白富含性漏出液	漏出		● 充血性心衰（CHF） ● 门脉高压（肝窦后）
渗出液	渗出	血管/间皮通透性增强	● 感染性 ○ 细菌 ○ 真菌（如芽生菌、组织胞浆菌、念珠菌） ○ 病毒（如 FIP） ○ 原虫（利什曼原虫、弓形虫） ○ 寄生虫（中殖孔绦虫） ● 非感染性 ○ 肿瘤 ○ 异物 ○ 胆汁性或尿性腹膜炎 ○ 胰腺炎 ○ 脂肪组织炎 ○ 局部缺血
出血性	出血	内皮失去完整性	● 外伤 ● 肿瘤 ● 凝血病

续表 6.3

积液	病理机制	机理	病因
乳糜性	淋巴细胞积聚	淋巴液自淋巴管渗漏	● 生理性淋巴管阻塞 ○ 见蛋白缺少性漏出液 ○ 纵隔疾病 ○ 肺叶扭转 ● 功能性淋巴管阻塞 ○ 心血管疾病导致的静脉被动性充血 ● 淋巴管失去完整性 ○ 外伤 ○ 外科手术 ● 先天性异常 ○ 淋巴管扩张 ● 其他 ○ 咳嗽 ○ 呕吐 ○ 膈疝 ○ 特异性
胆汁性	内脏破裂和渗出	胆汁从胆管渗漏，继发炎症	● 外伤 ● 胆结石 ● 黏液囊肿 ● 胆管炎 +/- 胆道感染 ● 肿瘤 ● 外科手术或肝脏活检的并发症
尿腹	内脏破裂和渗出	尿液从尿道渗漏，继发炎症	● 外伤 ● 尿石症 ● 肿瘤 ● 医源性
肿瘤性	以上任何一个	多样性	● 上皮来源（原发或转移） ○ 癌 ○ 腺癌 ○ 间皮瘤[b]

续表 6.3

积液	病理机制	机理	病因
肿瘤性			● 圆形细胞来源 ○ 淋巴增殖性疾病 ○ 肥大细胞瘤 ○ 组织细胞恶性肿瘤 ● 间质来源 ○ 血管肉瘤
心包液	多样性	多样性	● 特异性 ● 肿瘤 ○ 血管肉瘤 ○ 化学感受器瘤 ○ 淋巴瘤 ● 外伤 ● 凝血病 ● 心脏病 ● FIP

[a] 血容量和晶体渗透压的升高可能也会引起肝硬化和 PLN。

[b] 间皮细胞起源于中胚层，后者显示上皮分化的特征。

来源：改自 Stockham and Scott (2008)。经 John Wiley and Sons 许可使用。

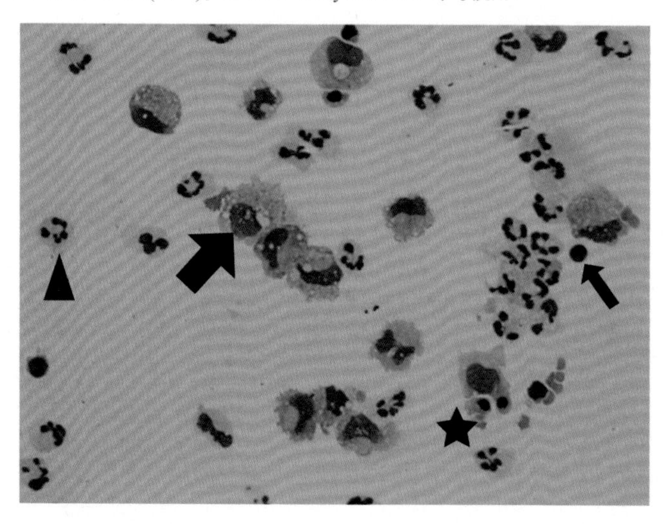

图 6.1 **蛋白富含性漏出液。猫腹水。大箭头：巨噬细胞；箭头头：中性粒细胞；小箭头：淋巴细胞；星号：固缩的细胞。**

胞浆嗜碱性和核仁变得更显著，常见多核。注意不要过度诊断恶性，尤其是存在炎症时。

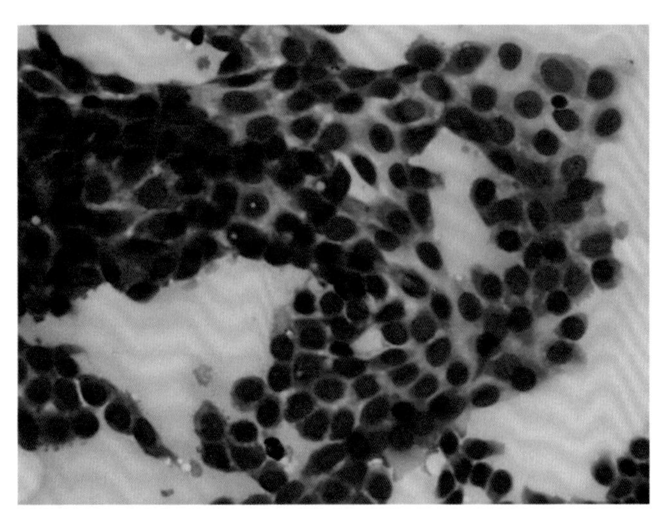

图 6.2 犬腹水的间皮细胞。注意扁平的、鱼鳞状形态提示间皮细胞由间皮组织创伤性穿刺而来。

渗出液

渗出液由于炎症引起的血管和／或间皮的通透性增强而形成。炎症可能为原发性的，或积液会继发炎症。肿瘤性和乳糜性的积液的有核细胞总数通常在渗出液的范畴内，但其发病机理不是渗出，因此将在下文中分别介绍。

渗出液用肉眼观察通常是混浊的；单纯地讲，混浊度增加表明有核细胞总数增多。主要可见中性粒细胞，在脓性渗出液中由于细菌毒素而有退行性表现；细胞核肿胀且分叶不明显，染色质淡染（图 6.3）。一些细菌（特别是诺卡氏菌和放线菌）产生的毒素毒性不强，因此退行性变化可能不明显。细胞内细菌的存在有助于鉴别感染和样品污染（但要知道白细胞吞噬细菌在体外偶尔也会发生）（图 6.3）。巨噬细胞可能会包含吞噬的中性粒细胞（吞噬白细胞）。

特定类型的积液

不同类型积液的病因和定性试验见表 6.3 和表 6.4。

出血性积液

出血性积液的血细胞压积（PCV）通常至少为 10%，但超过 3% 时提示有出血的可能（Stockham and Scott, 2008）。血管或内脏破裂导致的出血必须

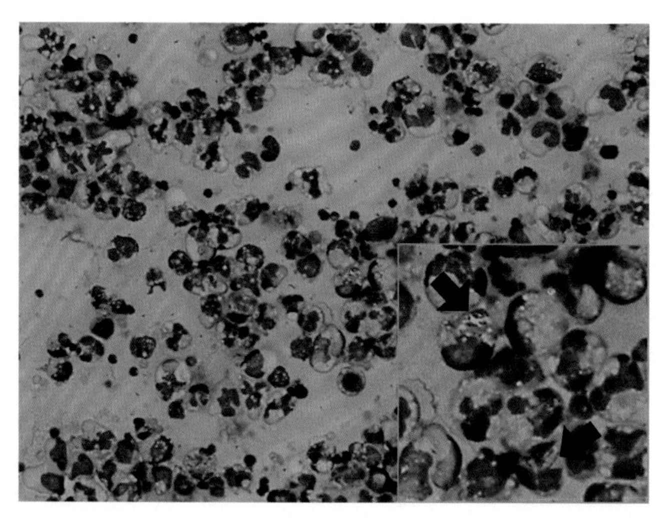

图 6.3 渗出液，猫胸水，退行性中性粒细胞。插图：注意细胞内细菌（箭头），一些是丝状的（提示放线菌／诺卡氏菌）。

与采集样本过程中导致的医源性出血加以区分。红细胞降解产物的存在，如含铁血黄素（普鲁士蓝染色可确定）或类胆红素结晶，提示慢性出血和陈旧性出血（图 6.4 和图 6.5）。

若在采样后立即进行涂片，巨噬细胞内有吞噬的红细胞可说明存在出血；延迟涂片时样品采集后会出现医源性的红细胞被巨噬细胞吞噬，因此难以判断“出血”的真伪。由于血小板会被迅速地从体腔液中去除，所以血小板的存在意味着最近或医源性出血。

乳糜性积液

乳糜性积液通常为胸水，但在腹腔中也可形成。由于富含乳糜微粒／甘油三酯的淋巴液渗漏而引起，提示位于小肠和胸腔后腔静脉之间的某处淋巴管有渗漏（可能的病因见表 6.3）。

典型的乳糜性积液有独特的外观（图 6.6），但并不是所有的乳糜性积液从肉眼上都容易辨别，尤其是在厌食的动物。“假性乳糜性积液”是医学术语，用来描述不是乳糜但外观白色的液体；这在动物罕见，术语有些不恰当。

细胞学上，通常可见小淋巴细胞，由于吞噬脂肪，巨噬细胞高度空泡化（图 6.7）。可能会见到微空泡化的背景（这一特点提示乳糜性积液的可能性高；图 6.8）。乳糜可引起炎症，在慢性乳糜性积液中可见中性粒细胞和少量的肥大细胞，嗜酸性粒细胞和浆细胞也可能存在（图 6.9）。由于乳糜抑制细菌，很少观察到细菌（若反复的引流导致感染，可能会见到细菌）。

表 6.4 **积液的辅助性检查。AGP, 酸性糖蛋白；RT-PCR，逆转录聚合酶链反应；PARR, 抗原受体重组 PCR；FeCoV, 猫冠状病毒。**

积液	检测项目	适应症	备注 / 检测结果
渗出液	培养和药敏试验	脓性渗出物 任何不明原因炎症	
	葡萄糖[a]	怀疑感染	血清葡萄糖浓度大于积液 1.1 mmol/L 提示败血症
	乳酸[a]		积液乳酸浓度至少大于血清浓度 1.5 mmol/L 提示败血症
	脂肪酶	怀疑胰腺炎	积液与血清的脂肪酶比率要大于 2（犬）
			积液脂肪酶浓度高于血清上限浓度 4 倍
出血性	PCV	肉眼观察呈血性的液体	通常 >10%
	普鲁士蓝染色	怀疑巨噬细胞里的含铁血黄素	铁被染为蓝色 / 绿色
乳糜性	甘油三酯	眼观奶油样，以小淋巴细胞为主	积液中甘油三酯浓度大于 1.14 mmol/L
			积液中甘油三酯浓度大于血清浓度
	胆固醇	眼观奶油样，以小淋巴细胞为主	积液中胆固醇浓度小于血清浓度（非乳糜性积液时结果会相反）
			胆固醇：甘油三酯 <1
胆汁性	胆红素	怀疑胆管破裂，绿色液体	积液胆红素浓度与血清浓度的比率至少为 2
尿腹	肌酐 / 钾	怀疑尿道破裂	积液肌酐浓度与血清浓度的比率要大于 1[b]
			积液中肌酐浓度至少为血清肌酐上限值的 4 倍（犬）
FIP	白蛋白和球蛋白	怀疑 FIP	积液中白球比小于 0.4 时高度怀疑；而大于 0.9 时则可能性较低（http://www.dr-addie.com /WhatIsFIP.htm#DiagnosisofFIP）

续表 6.4

积液	检测项目	适应症	备注 / 检测结果
FIP	李凡他试验		见框 6.1和 http://www.dr-addie.com/WhatIsFIP. htm#Diagnosisof FIP Specificity poor (Fischer et al., 2012)
	猫冠状病毒血清学		仅确定接触与否。滴度 >1：1600 支持曾经接触 (Hartmann et al., 2003)；阴性结果不能排除 FIP
	α1 AGP		>1500 μg/mL 支持 FIP (Bence et al., 2005)
	巨噬细胞中的 FeCoV 抗原的免疫荧光染色		生前确诊手段，敏感性中等
	FeCoV 的 RT-PCR		并未被广泛应用于临床
肿瘤性	特异性抗原标记流式细胞术	非典型圆形细胞的谱系鉴定	样本必须新鲜
	PARR	帮助区分肿瘤与非肿瘤性淋巴细胞	

[a] 需谨慎判读：肿瘤、局部缺血情况和陈旧的样本与败血性样本结果相似。

[b] 注意随着时间的推移，积液和血清的肌酐浓度会等同，因为肌酐会从积液向淋巴液和血液中扩散。

胆汁性积液

肉眼观，积液为典型的黄棕色至绿色，可能混浊（图 6.10）。

通常中性粒细胞占主导源自游离胆汁会引起腹膜炎。代表性特征为于细胞外和巨噬细胞里可见黄棕色的无定形物质（胆汁）；罕见情况下，巨噬细胞会含有胆红素结晶（图 6.11 和图 6.12）。

尿道破裂

尿道破裂通常是由外伤引起的。尿液的稀释作用会降低蛋白浓度；当积液中含有中等量的有核细胞，但蛋白浓度却不相称地过低时，可怀疑是尿腹。起初积液类似于蛋白缺少性漏出液，但随着时间的推移，会出现炎症。可能会见到精子和尿液结晶。

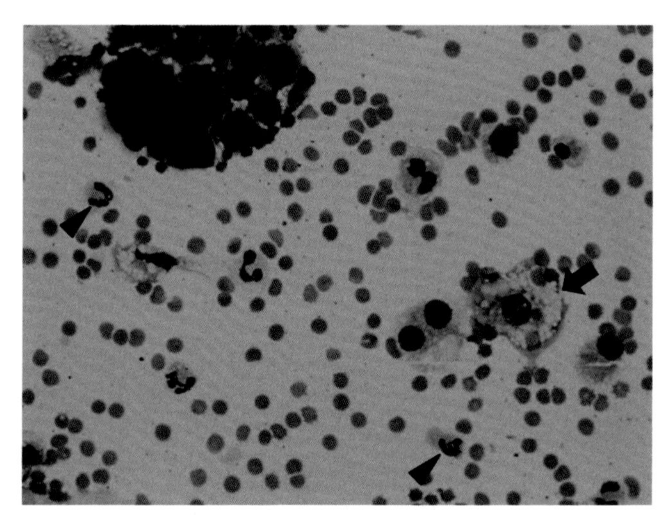

图 6.4 出血性积液（心包液），犬。注意巨噬细胞吞噬的红细胞（箭头）和中性粒细胞里的类胆红素结晶（箭头头），可见一大簇间皮细胞和大量红细胞。

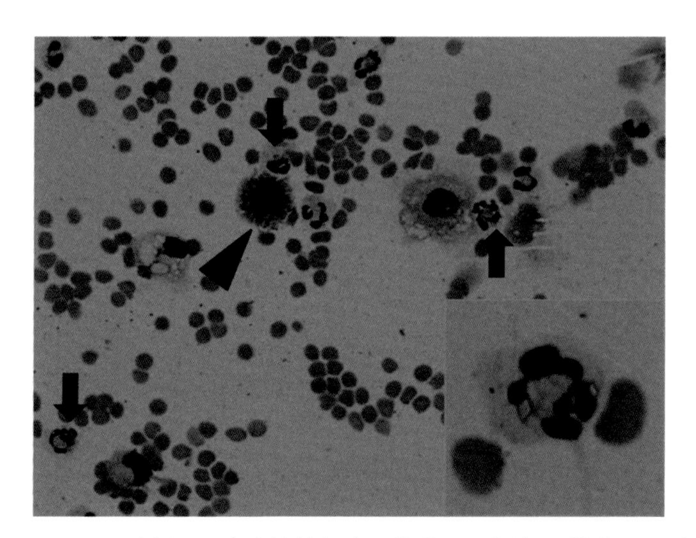

图 6.5 与图 6.4 同一病例。三个中性粒细胞里的类胆红素结晶（箭头），一个反应性间皮细胞显示胞浆“褶裥”（箭头头）。可见两个巨噬细胞。插图：一个中性粒细胞里的类胆红素结晶。

猫传染性腹膜炎（FIP）

FIP 会引起血管炎，从而导致蛋白富含性渗出液。细胞计数会不相称的低，因为炎症发生在血管壁上而不是在体腔内。FIP 引起的积液通常蛋白浓度大于 40 g/L，有核细胞总数为（2.0～6.0）$\times 10^9$/L（Rizzi et al., 2008）。

眼观液体为苍白至深黄色，含有纤维丝，当摇动时会有泡沫。细胞学上，

图 6.6　乳糜性积液，猫，肉眼观。

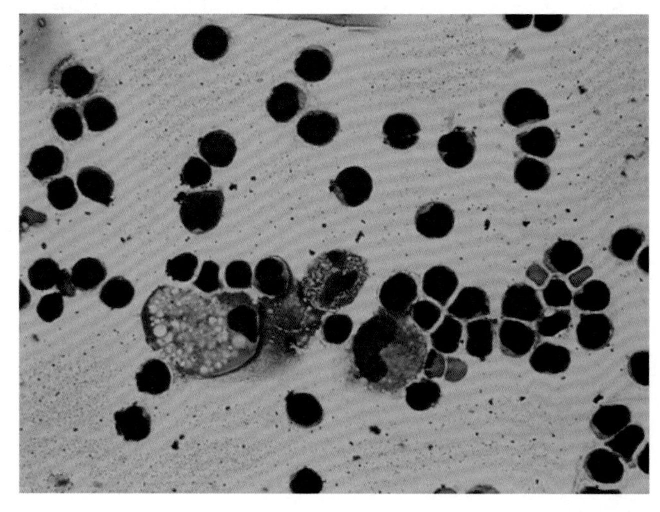

图 6.7　乳糜性积液，猫。小淋巴细胞占主导。还可见两个巨噬细胞（一个不完整），一个嗜酸性粒细胞，红细胞，以及一个无法分类的破裂的细胞。

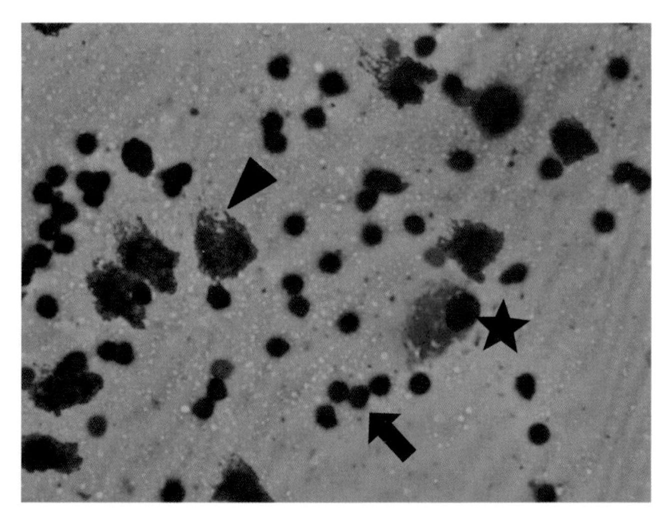

图 6.8 与图 6.7 同一病例。注意观察含有脂质的微空泡化背景。小淋巴细胞占主导（箭头）。一些细胞已破裂，无法分类（箭头头和星号）。

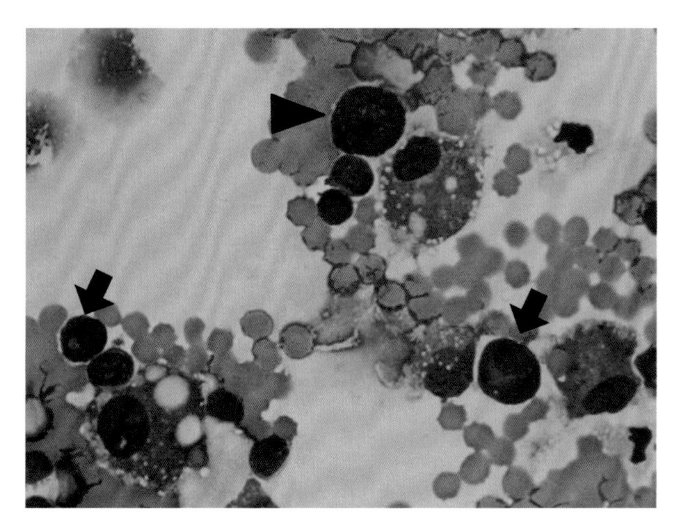

图 6.9 乳糜性积液（心包液），猫。除小淋巴细胞和巨噬细胞以外，可见浆细胞（箭头）及一个肥大细胞（箭头头）。浅粉色物质源自破碎的细胞。

可见异质性的白细胞，通常中性粒细胞占主导。还可见较多的巨噬细胞。细胞通常位于含有蛋白“新月”的斑点状背景中，蛋白“新月”为风干伪像，提示高蛋白浓度（图 6.13）。组织病理学依然为诊断的主要依据，通过免疫组化手段检测病灶中的病毒抗原为金标准（表 6.4 和框 6.1 的辅助性检查有助于诊断 FIP）。

图 6.10　胆汁性积液，犬，肉眼观。

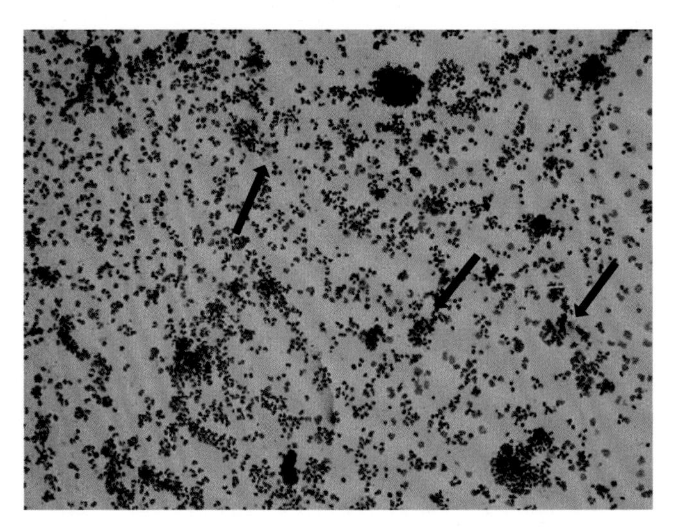

图 6.11　与图 6.10 同一病例。注意直接涂片的高细胞量，存在黄染的细胞外物质（胆汁）（箭头）。

嗜酸性积液

嗜酸性粒细胞有清晰的杆状（猫）或圆形的（犬）粉红色／橘红色的胞浆颗粒和分叶核。在积液中见到的嗜酸性粒细胞通常来自外周血。在炎症时

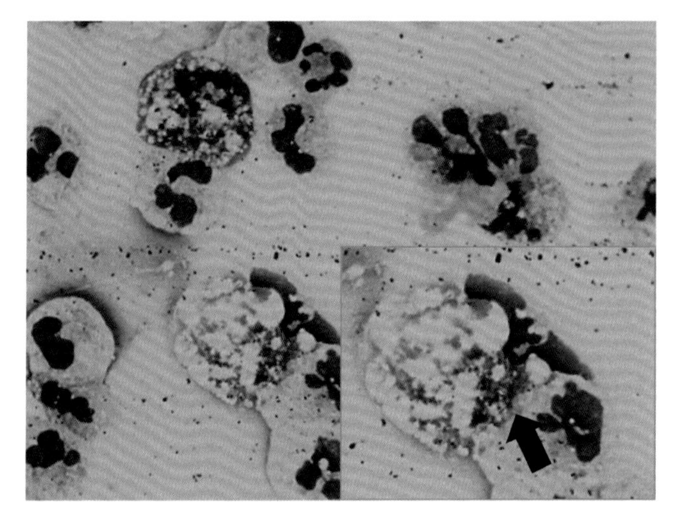

图 6.12 与图 6.10 同一病例。恶化的中性粒细胞、巨噬细胞、反应性间皮细胞和黄染的细胞外物质（胆汁）。插图：一个巨噬细胞包含一个针状的胆红素结晶（箭头）。

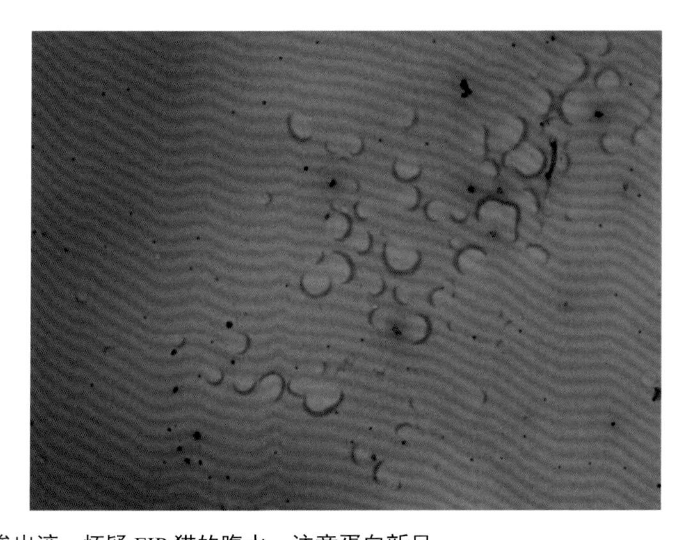

图 6.13 渗出液，怀疑 FIP 猫的腹水。注意蛋白新月。

框 6.1 **李凡他试验法**

- 将一滴 98% 的醋酸加入 5 mL 蒸馏水中。
- 轻柔地将一滴被检液体滴于上述液体表面。
- 阳性：被检液表面呈凝胶状或缓慢沉入底部。
- 阴性：分散溶解。

可少量出现。当数量较高时提示寄生虫病（如心丝虫感染）、过敏/超敏反应或副肿瘤综合征（大多与肥大细胞瘤或淋巴瘤相关）（图 6.14）。

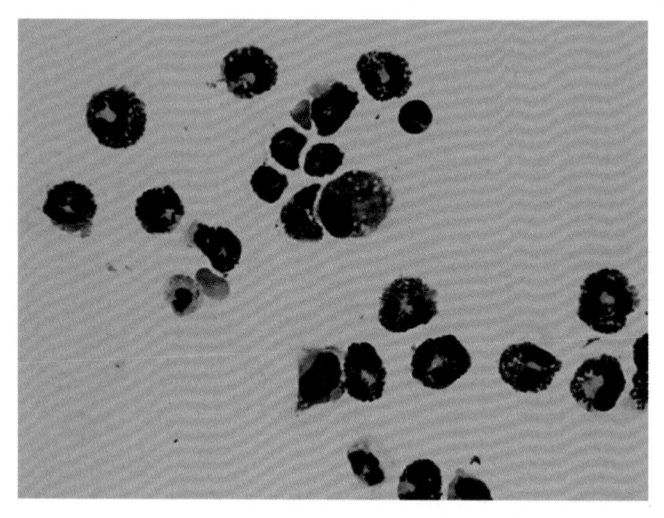

图 6.14 嗜酸性粒细胞性炎症，腹水，犬。可见两个巨噬细胞、一个中性粒细胞和一个固缩的细胞。嗜酸性粒细胞性炎症与寄生虫病（如心丝虫感染）、过敏/超敏反应和肿瘤（如淋巴瘤或肥大细胞瘤）有关。

肿瘤性积液

积液中可能会存在来源于实质性肿瘤或白血病的细胞；同时，为发现罕见的肿瘤细胞需要先离心。通过沉渣细胞学诊断最常见的肿瘤是癌（原发性或转移性）和圆形细胞瘤，如肥大细胞瘤、淋巴增殖性疾病和组织细胞肉瘤（图 6.15、图 6.16、图 6.17、图 6.18、图 6.19 和图 6.20）。极少数情况下，来自血管肉瘤的细胞脱落进入积液中。

将癌和腺癌的细胞与有恶性特征的反应性间皮细胞进行区分会很困难。间皮细胞瘤是罕见的间皮细胞的肿瘤性增殖，由于与反应性间皮细胞和癌难以区分，细胞学诊断几乎是不可能的；需进行组织病理学检查。

为确定非典型圆形细胞瘤，可能会需要进行特殊的辅助性检查（见表 6.4）。数量较低的肥大细胞可见于炎症，但数量较高时提示内脏肥大细胞瘤（猫比犬多见）。肿瘤肥大细胞与正常细胞相比胞浆颗粒不是那么明显且更细小，尤其在猫和/或使用快速染色时。

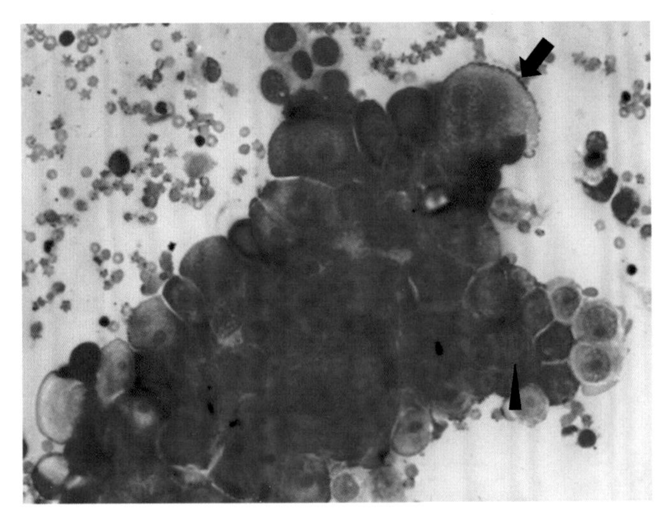

图 6.15 胸水，犬，癌。注意细胞核大小不等，不同大小的明显的核仁，双核（箭头）和核塑形（箭头头）。

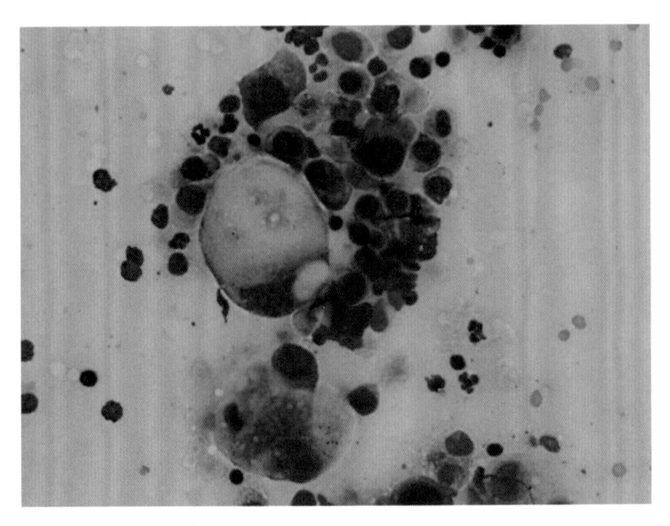

图 6.16 与图 6.15 同一病例。可见一个癌细胞的胞浆呈“气球样”（常被称为印戒细胞）。注意炎症，常伴发于癌。

心包积液

在犬约 50% 为特异性的，剩余的多数为肿瘤。在猫，心包积液常常与充血性心衰和 FIP 有关。关于慢性和近期 / 医源性出血的鉴别详见于前文中（见出血性积液）。在心包积液中脱落的间皮细胞常为反应性的，与肿瘤细胞难以区分（图 6.21）。

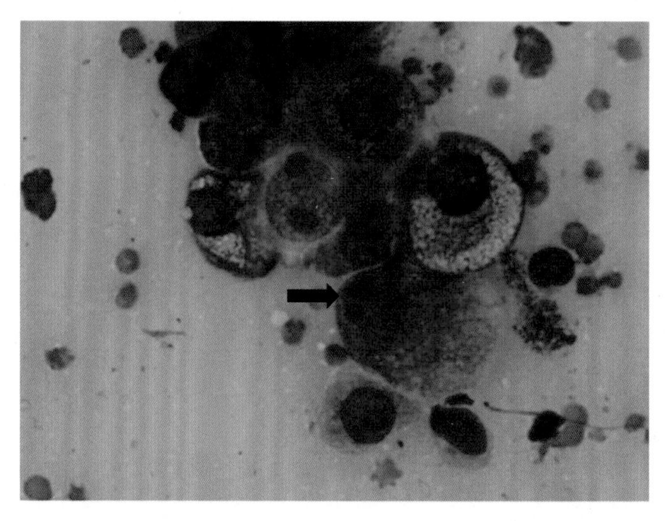

图 6.17 与图 6.15 同一病例。可见核仁形状奇异（箭头），空泡化的胞浆提示分泌物生成。

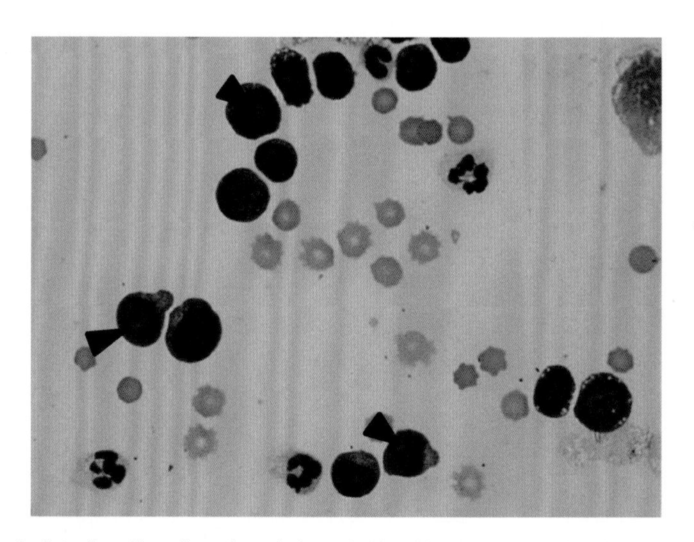

图 6.18 胸腔积液，猫，淋巴瘤。注意非典型大淋巴样细胞，胞浆稀少、有的空泡化，染色质粗糙，大多为单个的大核仁（箭头头）。

伪像

- 常见
  - 来自手套的淀粉颗粒（见图 1.20）。
  - 耦合剂（见图 1.19）。
  - 溶解的细胞（尤其在败血性和乳糜性积液中常见，由细胞脆性增加而引起）（见图 6.8）。

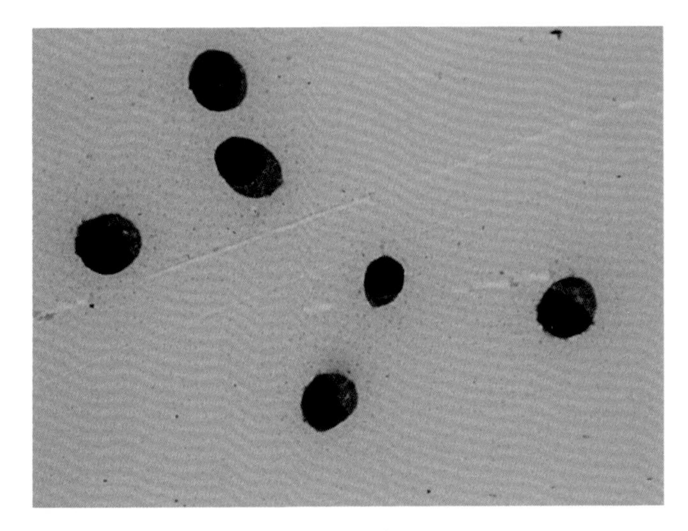

图 6.19　腹腔积液，猫，大颗粒淋巴细胞淋巴瘤。

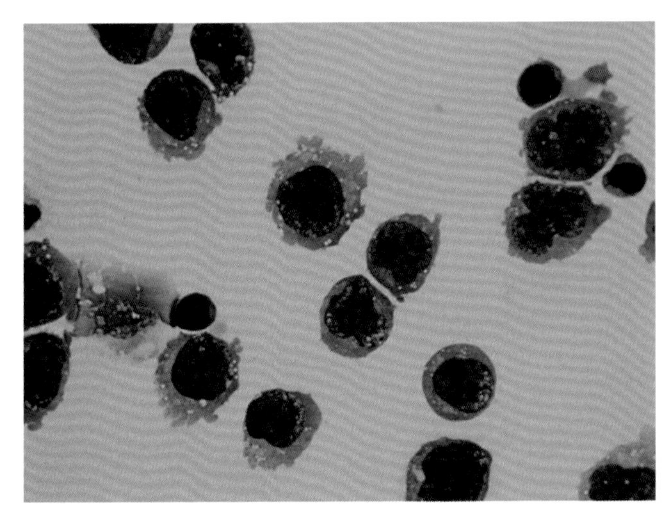

图 6.20　胸腔积液，猫，圆形细胞瘤。大而非典型的圆形细胞，胞浆较丰富、空泡化，核形状不一，染色质粗糙且核仁明显。细胞形态提示淋巴样或组织细胞起源，但需要辅助性检查来进行谱系确定。可见三个小淋巴细胞。

- 不常见
  - 外周血污染引起的恶丝虫微丝蚴（地域性）。
  - 大量细菌但没有炎症提示偶然穿刺到肠道或样本污染。

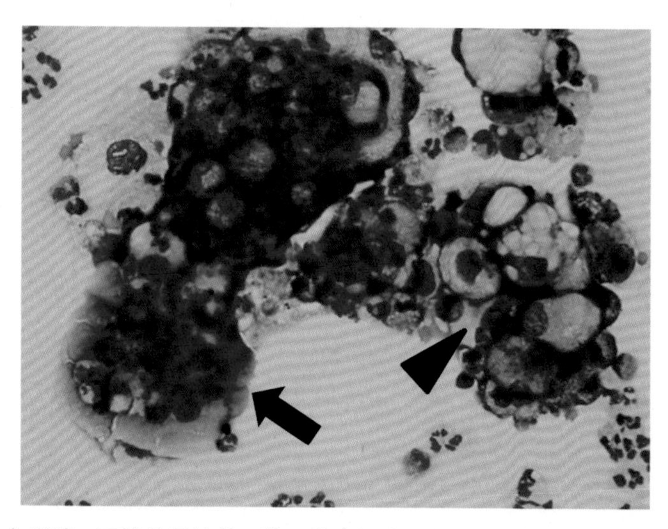

图 6.21　心包积液，可能是恶性的，猫。注意细胞量大。一些区域细胞形态提示反应性间皮细胞（箭头）。不可确定这些高度空泡化的细胞（箭头头）是否属于同一群；它们可能是巨噬细胞、反应性或肿瘤性间皮细胞或癌细胞。还可见炎性细胞。此猫有大的胸腔肿物涉及心包。

结论

积液检查在临床中很实用，大多数能提供确定性诊断。最好为新鲜样本。需要细胞学专家检查或辅助性检查时，可选择商业实验室。

致谢

作者要感谢 Dr. Mike Scott 评审此章节，特别是提供表 6.2 的注释。他富有洞察力的注解是无价的。

参考文献

Bence, L.M., Addie, D.A. and Eckersall, P.D.（2005）An immunoturbidimetric assay for rapid quantitative measurement of feline alpha-1-acid glycoprotein in serum and peritoneal fluid. *Veterinary Clinical Pathology*, **34**（4）, 335–340.

Bexfield, N. and Lee, K.（2010）*BSAVA Guide to Procedures in Small Animal Practice*, British Small Animal Veterinary Association, Quedgeley Gloucester.

Dempsey, S.M. and Ewing, P.J.（2011）A review of the pathophysiology, classification and analysis of canine and feline cavitary effusions. *Journal of the American Animal Hospital Association*, **47**, 1–11.

Fischer, Y., Sauter-Louis, C. and Hartmann K.（2012）Diagnostic accuracy of the Rivalta test for feline infectious peritonitis. *Veterinary Clinical Pathology*, **41**（4）, 558–567.

Giannasi, C., Brown, A. and Skeldon, N.（2013）*Evaluation of HemoCue WBC as a bedside analyser in characterising abdominal effusions*. BSAVA Congress Scientific Proceedings Abstracts. British Small Animal Veterinary Association, Quedgeley, Gloucester, p. 558.

Hartmann, K., Binder, C., Hirschberger, J. et al.（2003）Comparison of different tests to diagnose feline infectious peritonitis. *Journal of Veterinary Internal Medicine,* **17**（6）, 781–790.

http://www.dr-addie.com/WhatIsFIP.htm#DiagnosisofFIP（accessed 23 August 2013）.

Hughes, D.H. and Boag, A.（2006）Fluid therapy with macromolecular plasma volume expanders, in *Fluid, Electrolyte and Acid–base Disorders in Small Animal Practice*, 3rd edn（ed. S.P. DiBartola）, Saunders Elsevier, St. Louis, MO, pp. 627–634.

Rizzi, T.E., Cowell, R.L., Tyler, R.D. et al.（2008）Effusions: abdominal, thoracic and pericardial, in *Diagnostic Cytology and Haematology of the Dog and Cat*, 3rd edn（eds R.D.Tyler, J.H. Meinkoth, D.B. DeNicola et al.）, Mosby Elsevier, St. Louis, MO, p. 244.

Stockham, S.L. and Scott, M.A.（2008）Cavitary effusions, in *Fundamentals of Veterinary Clinical Pathology,* 2nd edn（eds S.L. Stockham and M.A. Scott）, Blackwell Publishing, Ames, IA, pp. 831–867.

Welles, E.G., Oller, E., Spangler, E.A. et al.（2011）*Validation of an in-office automated haematology instrument, the Heska CBC-Diff, for total nucleated cell counts in body cavity effusions and comparison of differential cell counts with manual observations from prepared smears.* ASVCP Annual Meeting Abstracts, December 3–7, 2011, Nashville, TN, p. 597.

Zoia, A., Slater, L.A., Heller, J. et al.（2009）A new approach to pleural effusions in cats: markers for distinguishing transudates from exudates. *Journal of Feline Medicine and Surgery*, **11**, 847–855.

7 关节液细胞学

Kate Sherry

Axiom Veterinary Laboratories Ltd, Newton Abbot, Devon, UK

引言

关节液是由内膜下层的有孔毛细血管的超滤作用形成的血浆透析液（因此除去了大蛋白质如纤维蛋白原），再加关节组织分泌物改良而形成的。内膜有两种主要细胞群：A 型滑膜细胞（固有组织巨噬细胞衍生的）和 B 型滑膜细胞（分泌成纤维细胞相关的）。B 型细胞分泌关节液成分如胶原、纤连蛋白、透明质酸和润滑素（lubricin）。关节液的黏性是由于含有透明质酸。关节液有两个主要功能：作为营养物质如葡萄糖的运输媒介，有助于关节软骨的营养；通过润滑关节表面，有助于关节的机械功能。

关节液的分析有助于关节疾病的诊断。其适应症包括僵硬、虚弱、关节疼痛、发热、四肢和关节的肿胀（图 7.1）或关节变形。需要注意的是，关节液分析仅是关节疾病诊断的一部分，需要与其他临床和实验室检查结果相结合，包括培养、血清学检查、X 线和其他影像检查。在某些情况下，关节穿刺是禁忌的，如关节上方组织存在蜂窝织炎或皮炎，或动物存在菌血症或患有凝血病。

采样

采样前下面的几个方面值得考虑和准备：

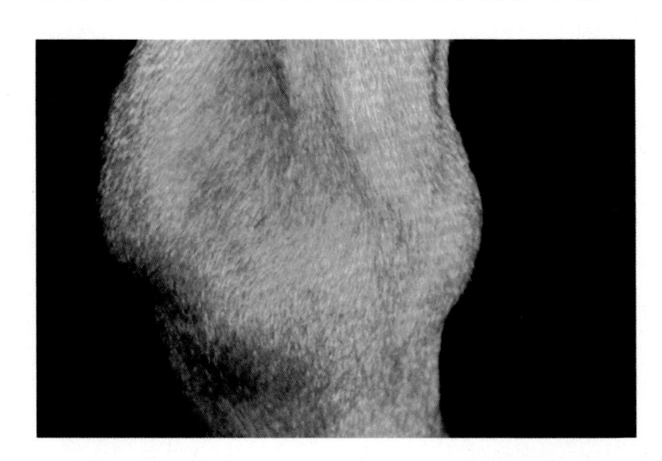

图 7.1　**关节液渗出引起的关节肿胀**。来源：John Dunn, Axiom Veterinary Laboratories Ltd。经许可使用。

保定

由兽医师的临床判断来决定是否要进行物理保定、镇静或麻醉。

无菌术

因正常关节间隙是无菌的，需进行常规无菌操作。

仪器设备

- 剪毛剪，无菌手套，无菌的擦洗液和酒精。
- 无菌的一次性 3 mL 注射器。
- 1.5 英寸(1 英寸 =2.54 cm)22 G 针(大型犬)或 1 英寸 25 G 针(小型犬和猫)。对肘关节、肩关节或髋关节可能需要更长的针。
- 带磨砂面的显微镜载玻片。
- 无菌空白管和 EDTA 管：最好提前标记动物名字和采样的关节。

方法

关节液采样时动物通常侧卧，且有问题的关节朝上。关节弯曲和伸展情况下进行触诊有助于辨别关节腔(图 7.2)。为避免对关节软骨的损伤，采样针需缓慢前行。采集到的样本量因关节而异，如膝关节液易采集，而腕关节和跗关节不易采集。肿胀的关节关节液尤其多。为将血液污染减少到最低，在针退出关节腔之前，应放开注射器的活塞。

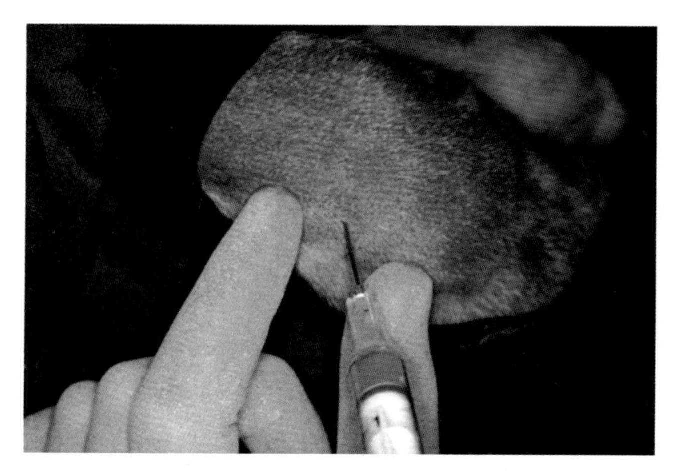

图 7.2 **腕关节的采样方法**。来源：John Dunn, Axiom Veterinary Laboratories Ltd。经许可使用。

读者应参考合适的骨科教科书来了解对特殊关节采样的详细方法。

样本处理

关节液的采集量会有所不同，因此合理安排检测的优先顺序很重要。样本在注射器中时应记录其容量、颜色和混浊度，当样本置于载玻片时应评估黏稠度。也要注意在采样过程中的任何明显的血液污染。应立即进行直接涂片，风干后进行细胞学检查，包括对细胞结构的评估及有核细胞种类计数（在第 1 章中讨论过如何制备涂片）。根据剩余的样本量，进一步的检测可能包括有核细胞总数和蛋白浓度（EDTA 管或无菌空白管；无菌空白管的样本若因被血液污染或炎症而凝集则不能检测蛋白浓度）以及培养（无菌空白管或培养基中样本）。不管采集到的样本量，应立即进行直接涂片，以便更好地保存细胞形态。玻片在染色之前不应该冷藏。

关节液的性质

体积

关节液量取决于患病动物的大小、所采样的关节和关节渗出的程度。正常动物能采集到的关节液的量在犬为 1 滴到 1.0 mL，猫 1 滴到 0.25 mL。

颜色和混浊度

正常关节液透明且无色或淡黄色或秸秆色。当关节液带血时，应区分关节积血与医源性血液污染。关节积血时在整个采样过程中关节液都带血。若关节液开始没有血，但在某点看到血液蔓延进入到样本中意味着污染。深黄色或黄色关节液表明慢性出血和红细胞降解和血红蛋白降解产物的形成。总体来讲，关节液越混浊所含细胞量就越多（图 7.3）。

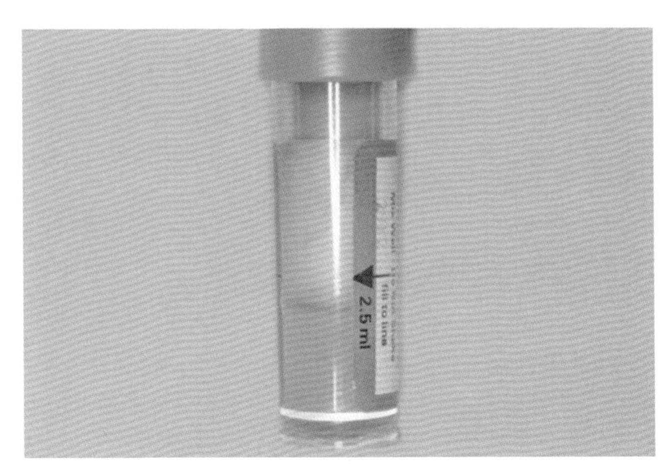

图 7.3　炎性关节的关节液。注意采集到的样本量增多和中等程度的混浊。细菌培养首选无菌空白管或培养基。来源：John Dunn, Axiom Veterinary Laboratories Ltd。经许可使用。

黏度

由于透明质酸的含量很高，正常的关节液很黏稠。虽然黏度可以通过黏度计测量，但实际上，最好在样本采集时通过视觉评估来完成。当缓慢从针头出来时，正常关节液在从针头掉下之前会形成至少 2.5 cm 长的丝线。将一滴关节液放在拇指和食指之间再分开两指间会形成丝桥。

正常关节液不会凝集，但可能会展现触变性（这是某些凝胶的特性，当摇晃时会变成液体）。当静置于室温时，正常的关节液呈明胶样外观，但当摇晃时再变成液体。

黏蛋白定性

若样本量足够，可以用黏蛋白凝集试验来进行评估。若不能立即进行，含肝素的样本优于含 EDTA 的样本，因为 EDTA 降解透明质酸。一份关节液滴加四份 2.5% 冰醋酸，冰醋酸会引起黏蛋白沉淀，有时会引起凝集。可以在试管或载玻片上完成。在炎症状况下，来自中性粒细胞的蛋白酶会降解透明质酸，黏稠度会降低。

有核细胞总数

使用血细胞计数器或电子微粒计数器进行定量。含 EDTA 的样本适用于有核细胞计数和细胞学检查，因为有较好的细胞保存性。可添加透明质酸酶将细胞凝集降到最低。

虽然因关节而异，但一般正常关节的有核细胞总数少于 3000/μL，多数猫少于 1000/μL。

总蛋白

最好通过定量生化分析来检测，因为折射仪会测量到其他溶质和蛋白。若静置几个小时，关节液会变成易触变凝胶；正常关节液在轻摇时凝集会消失并随之恢复液体状。采集后若样本凝集，表明关节内出血或炎症伴发血管通透性增加和蛋白渗出物（如纤维蛋白原）进入关节腔。正常关节液蛋白浓度较低，小于 2.5 g/dL。在炎性疾病蛋白浓度会增加。

细胞学

正常的关节液主要由单核样细胞组成，含有少量的红细胞。“单核样细胞”包括单核细胞、巨噬细胞、淋巴细胞和从形态上不易识别的滑膜内衬细胞。伴随炎性过程可见中性粒细胞甚至嗜酸性粒细胞。对非新鲜样本进行细胞形态判读时需谨慎，因为接触到 EDTA 或延长储存时间导致细胞形态发生改变，如胞浆空泡化。通过细胞学检查可主观评估细胞量。一般地，在正常涂片中，每个 400 倍视野大约有 2 个细胞（图 7.4）。由于关节液的高黏滞性，细胞易成排排列（所谓的 windrowing，图 7.5）。这种特性提示正常的黏滞度，但要注意细胞较少时不能看到此特征。细胞一般位于关节液沉积物的粉色颗粒状蛋白背景中（图 7.6 和图 7.7）。正常关节液中性粒细胞含量少于 5%~12%。

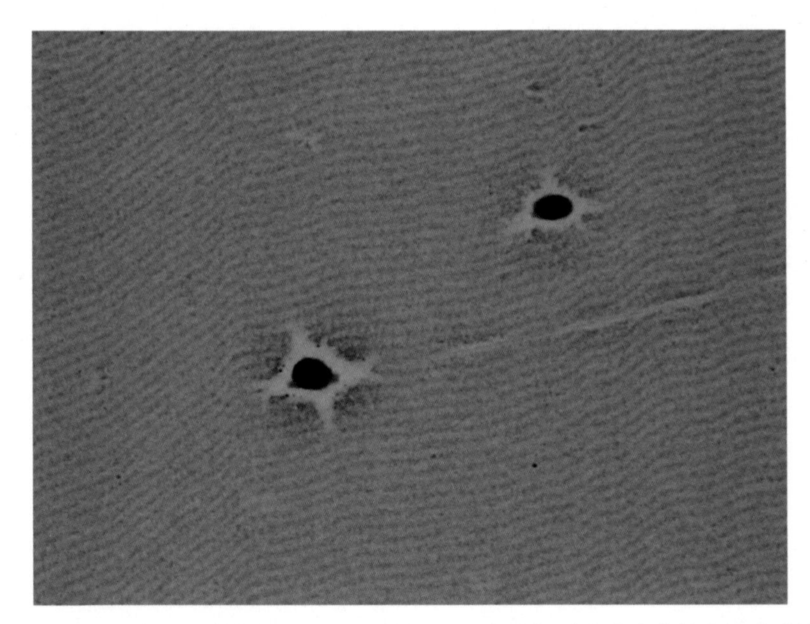

图 7.4　注意正常犬关节液的低细胞量，深染的单核样细胞，胞浆含有中等量的嗜碱性颗粒。细胞位于斑点状嗜酸性关节液沉积物中。

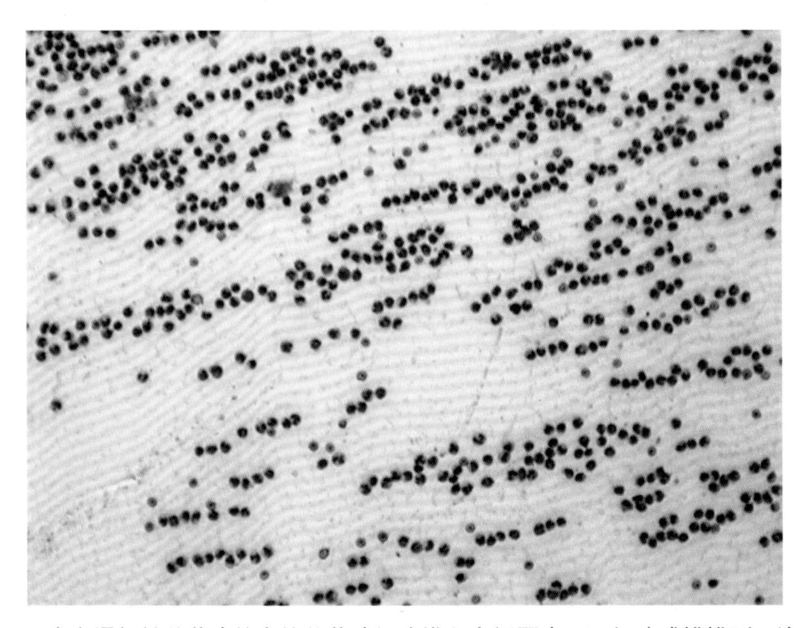

图 7.5　患有退行性关节病的犬的关节液细胞堆积在视野中可见细胞成排排列。这种特性是由于关节液的黏稠性。来源：John Dunn, Axiom Veterinary Laboratories Ltd。经许可使用。

图 7.6 犬的关节液。注意厚颗粒至黏丝状的背景物质，提示高黏蛋白含量。

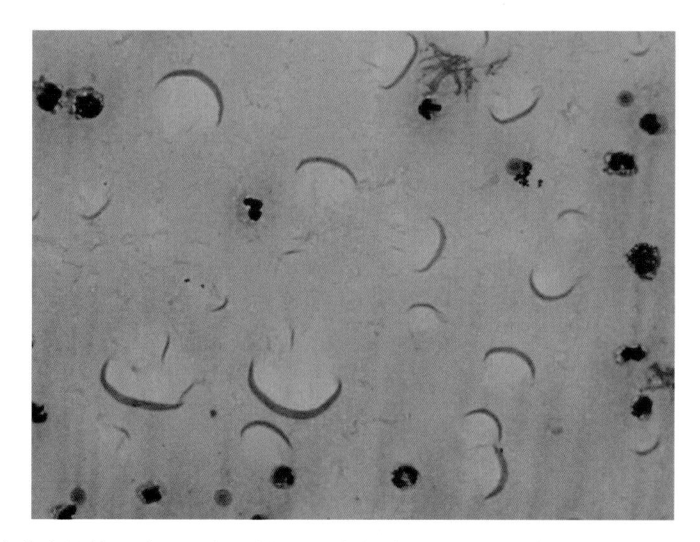

图 7.7 注意中性粒细胞和蛋白“新月”(它们常见于高蛋白液体，此病例与炎症有关)的数量增多。

培养

可通过将液体样本采集到无菌空白管或血液培养基上来完成。液体血液培养基可培养较大量的关节液，而且培养基内含有树脂，可降低抗生素和关节液内在的抑制物质的抑制作用。同时也含有溶解因子，可释放吞噬到炎性细胞里的微生物。在关节液采集时应接种到血液培养管或瓶中，

37℃孵育 24 h 后再转接到适宜的培养基中。在一些病例，有必要对滑膜活检样本进行培养，以得到阳性结果。

辅助诊断试验

抗核抗体（ANA）

ANA 是检测系统性红斑狼疮（SLE）的关键。在类风湿性关节炎也可见低阳性或一过性 ANA 滴度。在肿瘤、炎性或感染性疾病甚至在临床健康动物中也可检测到低滴度 ANA，同时，并不是所有患 SLE 的动物都能检测到 ANA。

类风湿因子

这是针对自体抗体 IgG 的 Fc 片段的抗体（通常为 IgM）。此诊断应用有限，其他原因也可导致阳性结果，阴性结果也不能排除此病。

关节病的分类

关节液分析的目的是区分炎性关节病与退行性关节病（DJD）。偶尔也能鉴别出关节积血和肿瘤。疾病的进一步鉴别诊断需要与病史、实验室和影像检查相结合。关节病的分类总结见表 7.1 。

炎性关节病

可以是感染性或非感染性（如外伤性或免疫介导性）。一般地，炎性反应越大，关节液变得越混浊且变色越严重，黏滞性越低。炎性关节病的特点为关节液中的中性粒细胞中等程度到大量增加。

感染性关节炎

感染性关节炎可由细菌或真菌引起，一般出现大量的有核细胞（多数为中性粒细胞）。中性粒细胞的退行性变化和吞噬细菌（图 7.8）通常不可见，因此不能借此来判断败血症。微生物可以经血液或直接接种进入关节，如继发于刺伤。感染性关节炎通常单个关节发病，经常急性发作。因为在败血性关节病中经常检测不到感染原（infectious agent）和中性粒细胞的退行性变化，建议对所有炎性关节病进行培养。还要记住阴性结果也不能排除感染，因为病原微生物可能位于滑膜层上。关节培养的常见细菌包括中间型葡萄

表 7.1 关节疾病的分类

种类	眼观	黏度	有核细胞总浓度	蛋白	分类	病因
正常	清亮至稻草色	高	<3 000/μL	<2.5 g/dL	中性粒细胞 <5%，单核样细胞 >95%	
退行性关节病	清亮至稻草色	正常或降低	1 000～10 000/μL	正常或降低	中性粒细胞 <10%，单核样细胞 >90%	DJD 可能是先天性的，或与关节薄弱、创伤或者肿瘤有关
炎性关节病	絮状，黄色至灰白或红棕色	轻微至明显降低	5 000～>100 000/μL	正常或升高	10%~90% 是中性粒细胞	败血性，免疫介导性
关节积血	红色，絮状或黄色的	降低	红细胞增多	升高	红白细胞比例与血液相似	创伤，凝血病，肿瘤

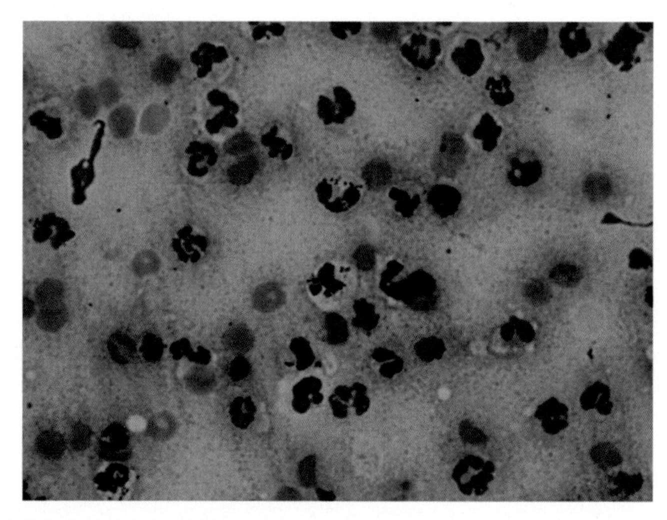

图 7.8 新鲜样本涂片中可见胞浆内球菌提示脓毒症。

球菌、金黄色葡萄球菌和 β－溶血性链球菌。在猫败血性关节炎最常见的是埃希氏大肠杆菌或多杀性巴氏杆菌的溶血性菌株。真菌性关节炎不常见，但曾被报道过，为骨髓炎的继发病或由芽生菌、新型隐球菌、曲霉菌、球孢子菌、荚膜组织胞浆菌和孢子丝菌的弥散性感染引起。其他病原微生物包括支原体、细菌 L－型、螺旋体（疏螺旋体）、原虫（杜氏利什曼原虫）、病毒（杯状病毒、冠状病毒）和立克次氏体（犬埃里希体、立氏立克次体）。

非感染性关节炎

除了外伤，非感染性关节炎为免疫介导性过程，是III型超敏反应。临床症状是免疫复合物沉积在关节囊的结果。多个关节同时或相继发病；然而，偶尔能看到只有单个关节发病。除了关节疼痛／跛行外，系统性疾病的其他症状包括发热、全身僵硬或难以描述的疼痛、外周血细胞减少、颈部和背部疼痛、淋巴结肿大或蛋白尿。患病动物会表现出“转移性”跛行，建议穿刺多个关节。

非侵蚀性关节病

这些免疫介导性关节炎大部分是非侵蚀性的。免疫介导性多发性关节炎可能是自发性的和药物诱导的，或继发于感染或肿瘤。其他原因包括伯氏疏螺旋体病（莱姆病）、埃里希体病、品种特异性多发性关节病（如伯恩山犬、拳师、柯基、德国波音达犬、纽芬兰犬或魏玛犬的多发性关节炎 - 脑膜炎综合征，秋田犬的幼年多发性关节炎，沙皮犬的滑膜炎 - 淀粉样变性）和系统性红斑狼疮。虽然有些系统性红斑狼疮的病例 ANA 血清学检查结果阳性，但这不是必然的，在特发性关节炎的病例也会检测到阳性的结果。在少数红斑狼疮病例中可能会看到红斑狼疮细胞（LE 细胞）。结晶引发的关节炎（如痛风）在犬猫罕见。

细胞学上，可见非退行性的中性粒细胞数量增多（图 7.9），但在少数病例中可见淋巴细胞和浆细胞数量增多（主要在膝关节伴前交叉韧带断裂）。免疫介导性疾病的诊断不仅要靠证明关节炎症的依据，还要通过培养、血清学和 / 或治疗性诊断来排除感染。

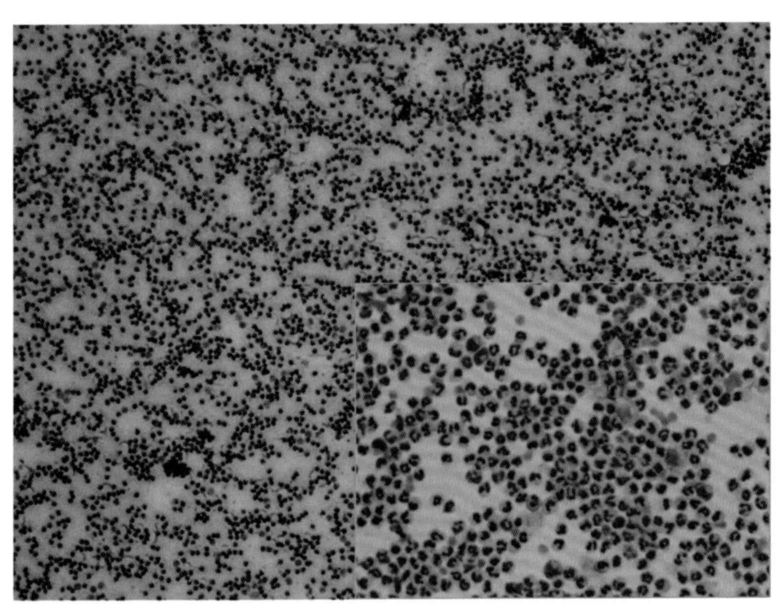

图 7.9 犬特异性免疫介导性多发性关节炎的直接涂片。注意蛋白新月和细胞数量明显增多。插图：较高倍数。

侵蚀性关节病

在犬猫所描述的侵蚀性关节炎的类型包括类风湿性关节炎、灰猎犬的多发性关节炎和猫的渐进性多发性关节炎。当软骨下骨（subchondral bone）有半透明的囊状的区域，提示侵蚀性关节炎，这是由于滑膜连结的关节软骨和软骨下骨渐进性受到侵蚀，会导致关节软骨的丢失和关节间隙的坍塌，影像学显示关节间隙变窄或变宽。患病关节的软骨下骨会出现变形及结构破坏。腕关节、跗关节和指关节为好发关节，在肘关节和膝关节则少见。其他临床特征包括晨起僵硬，在 3 个月中出现多于一个关节的肿胀，关节对称性肿胀，滑膜活检可观察到单核样细胞浸润和阳性的类风湿因子（RF）滴度。然而，有些特异性病例也会出现 RF 血清学阳性，这不是一个特定的发现。感染或肿瘤也会引起侵蚀性关节疾病。

退行性关节病

退行性关节病（DJD）的特征为关节软骨的退化继发相关关节结构改变。常继发于骨软骨病、髋关节发育不良、关节不稳定、外伤、营养紊乱或肿瘤。细胞学异常先于 X 线检查异常。与炎性疾病相比细胞学上不会发生剧烈变化，显著特征为单核样细胞的数量轻微增多（图 7.10 和图 7.11），其中大于 10% 的细胞中等至明显的空泡化（图 7.12）或发生吞噬（图 7.13）。这些细胞可能是巨噬细胞（组织细胞）和滑膜细胞的混合。关节随后的损伤会导致短暂的轻微炎症和出血同时出现。若关节软骨的损坏严重，破骨细胞（图 7.14）、成骨细胞（图 7.15）和软骨细胞可能会剥落进入关节液。

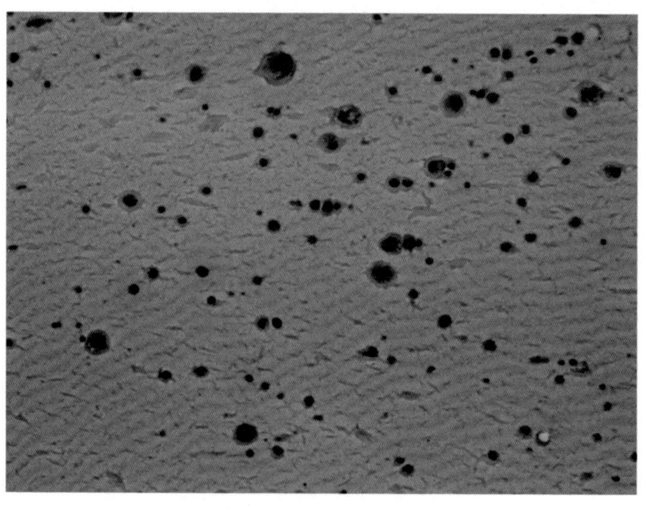

图 7.10 在退行性关节病，可看到小簇或单个的大单核样细胞。

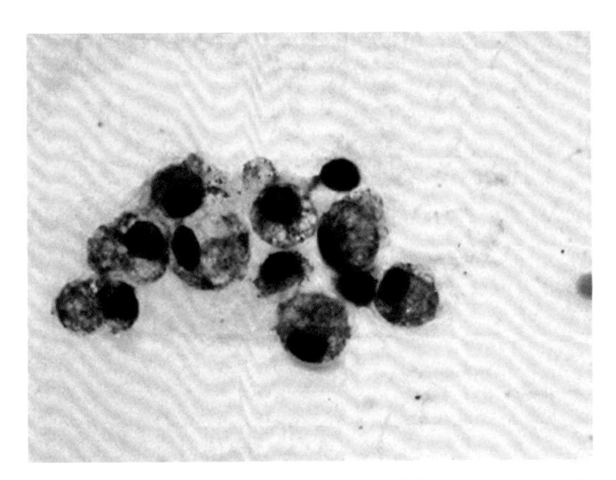

图 7.11 注意这些大的单核样细胞的大部分展现胞浆空泡化。来源：John Dunn,Axiom Veterinary Laboratories Ltd。经许可使用。

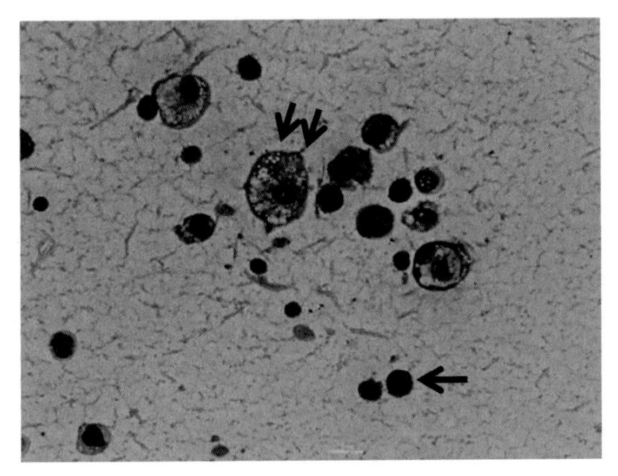

图 7.12 患退行性关节病的犬的直接涂片，显示大的单核样细胞或巨噬类细胞（双箭头）和小淋巴细胞（单箭头）。反应性滑膜细胞与反应性巨噬细胞难以区分。

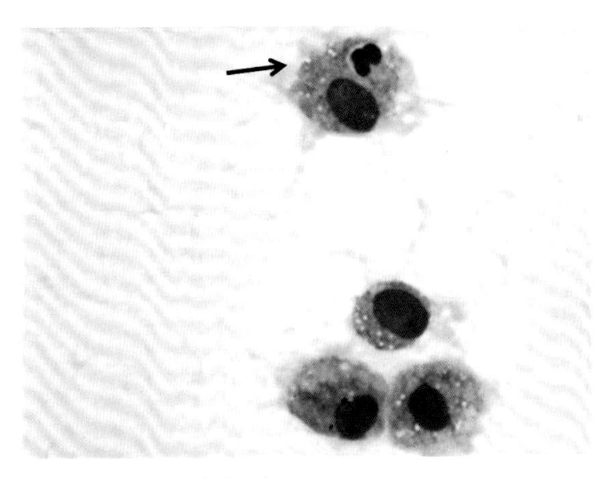

图 7.13 大的单核样细胞吞噬中性粒细胞。

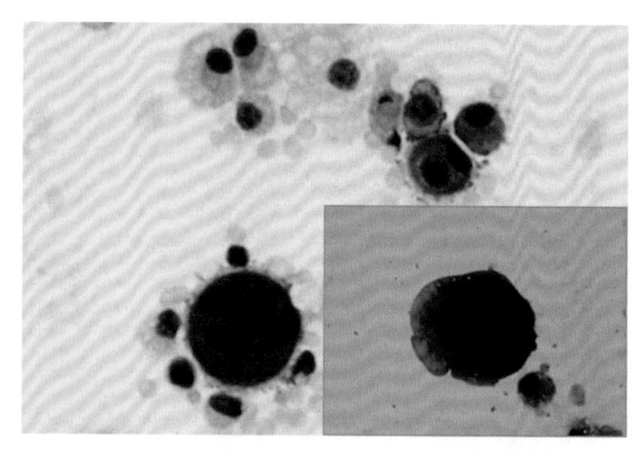

图 7.14 患退行性关节病的犬的关节液的破骨细胞。这些细胞表明关节软骨受到侵蚀且软骨下骨已暴露（500×）。插图：同一样本放大倍数下的另一破骨细胞（高倍镜）。

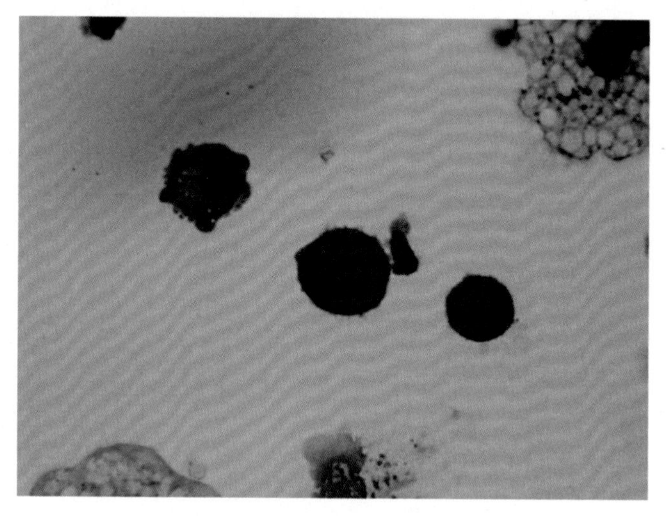

图 7.15 与图 7.14 相同关节液的成骨细胞 / 软骨细胞。

关节积血

近期的外伤会导致关节出血。同其他细胞学病例一样，真正的出血必须与血液污染相区分，而后者更为常见。这最好在采集样本过程中完成。若之前发生的出血，关节液表现黄色或均匀的红色且呈云雾状。细胞学上，可能会见到巨噬细胞吞噬红细胞和 / 或血红蛋白降解产物（如含铁血黄素或类胆红素结晶）（图 7.16）。除了外伤，关节液出血的其他原因包括凝血功能障碍和肿瘤。在幼犬或幼猫出现反复的关节出血不论有或无外伤病史，应考虑先天性凝血因子缺乏。

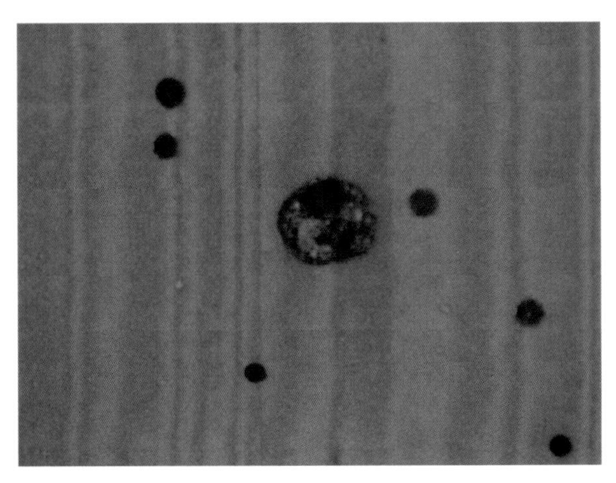

图 7.16 关节穿刺常引起血液污染。为了鉴别真正的出血与污染，应检查新鲜涂片，看有无血小板、被吞噬的红细胞和含铁血黄素或类胆红素结晶。巨噬细胞内含有许多的小的金黄色类胆红素结晶。

肿瘤

犬猫滑膜的肿瘤很罕见。虽然滑膜肉瘤常被认为是最常见的肿瘤，但研究证明在犬上大部分实际是组织细胞起源。其他类型包括滑膜黏液瘤、纤维肉瘤、软骨肉瘤和其他未分化的肉瘤。在猫也曾报道过组织细胞和滑膜细胞肉瘤。在关节穿刺液中可能会见到恶性肿瘤的细胞学特征（图 7.17），然而确定肿瘤需要对活检样本进行组织学检查，或在一些病例，需要通过免疫组化标记来辨别细胞谱系。

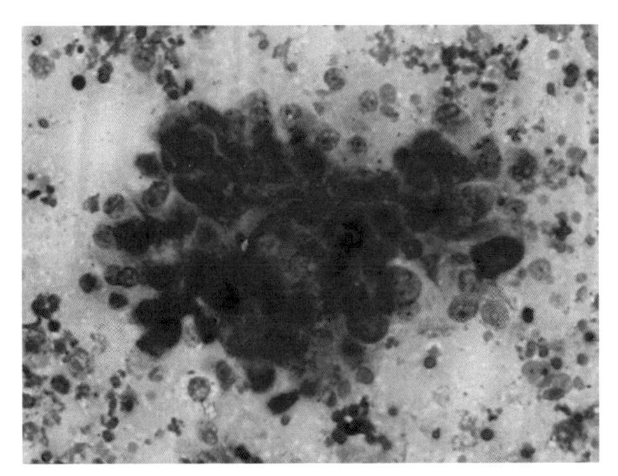

图 7.17 猫肿胀掌关节穿刺后直接涂片。成簇的细胞呈现细胞大小不等、核大小不等和明显的核仁提示肿瘤（怀疑滑膜细胞或组织细胞肉瘤）。

8 脑脊液生化和细胞学

Kate English[1] *and Holger Volk*[2]

[1] *Department of Pathology and Pathogen Biology, The Royal Veterinary College, North Mymms, Hatfield, Herts, UK*

[2] *Department of Clinical Science and Services, The Royal Veterinary College, North Mymms, Hatfield, Herts, UK*

脑脊液（CSF）的采样和实验室分析适用于诊断脑膜、神经根或中枢神经系统（CNS）的疾病。虽然 CSF 分析是种灵敏的检测手段，有助于缩小鉴别诊断列表，但很少能确定诊断。脑脊液分析结果应与临床表现和影像学诊断结果相结合来判读。

当进行脑脊液采样时，应考虑以下几点：

- 主人的许可：脑脊液采集是一种侵入性操作，需要全身麻醉，对动物来说有潜在风险。不当的采样技术可能会增加下方中枢神经系统的医源性损伤。
- 应对动物进行插管，二氧化碳分压需维持在 30 ～ 35 mmHg（1 mmHg = 133.322 Pa）。

禁忌症

- 血小板减少症（血小板计数 $<50\times10^9$/L）或其他凝血病，这会增加医源性出血的风险。
- 颅内压（ICP）升高；在脑脊液采集之前，应考虑诊断性影像的发现和 / 或神经学检查结果。

脑脊液采样部位及技术

脑脊液一般从小脑延髓池（图 8.1、图 8.2、图 8.3 和图 8.4）或从 L5—L6 间蛛网膜下腔（图 8.5 和图 8.6）进行采集。一般原则上，脑脊液从病灶后方且靠近病灶部位采集。然而，腰椎采集的脑脊液样本多数伴有医源性的血液污染。因此尽管病灶位于颈段脊髓的后方，也常常需要从小脑延髓池采集脑脊液样本。

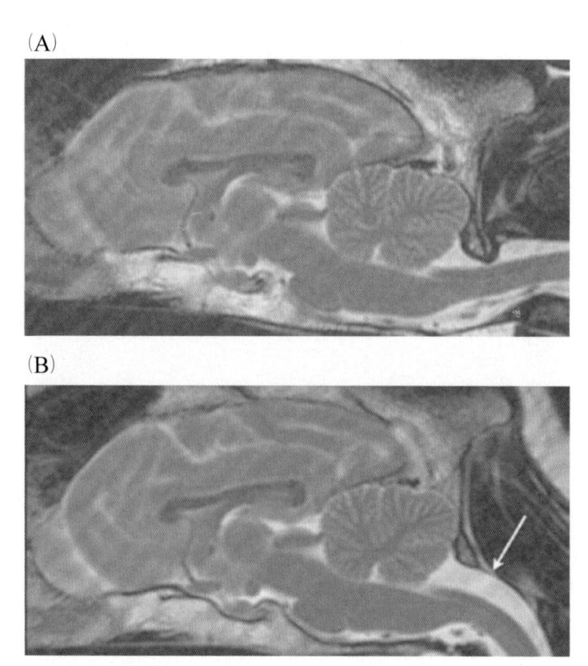

图 8.1 拉布拉多犬脑部核磁共振矢状面 T2 加权像：伸展位 (A) 和腹侧弯曲位 (B)。对小脑延髓进行采样时，头部需要向腹侧弯曲来增加蛛网膜下腔的大小 (箭头)。来源：Holger Volk, RVC。经许可使用。

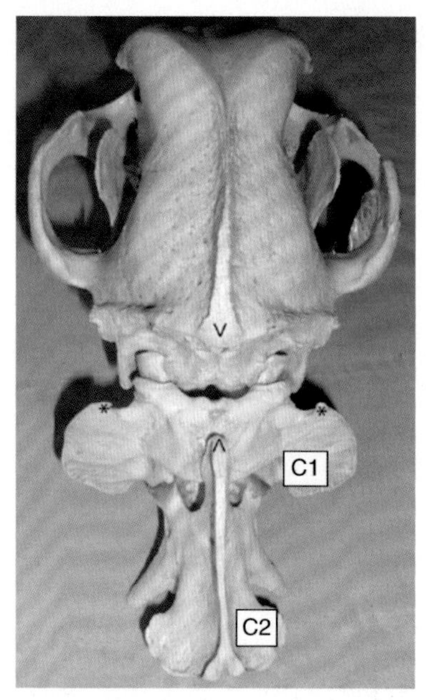

图 8.2 小脑延髓池脑脊液采样部位的骨界标。中线的界标是枕外隆突 (“V”) 和枢椎的棘突 (C2, “Λ”)。将针头的斜切面从寰椎翼 (C1) 中线前缘插向头侧，想象一条两侧寰椎翼 (“*”) 前缘的连线，该连线与中线的交点就是进针部位。当针刺穿背侧寰枕关节硬膜进入蛛网膜下腔时，能感觉到阻力的轻微消失。来源：Holger Volk, RVC。经许可使用。

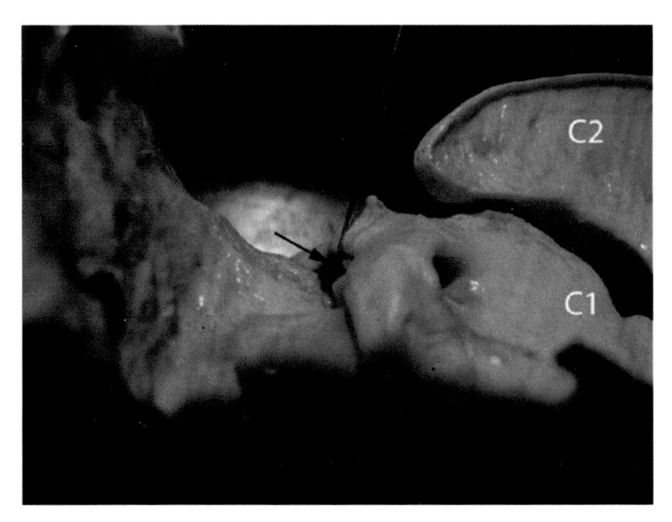

图 8.3　图片显示脑脊液采样时脊髓穿刺针尖与寰椎弓的相对位置。箭头指示脊髓穿刺针尖。来源：Holger Volk, RVC。经许可使用。

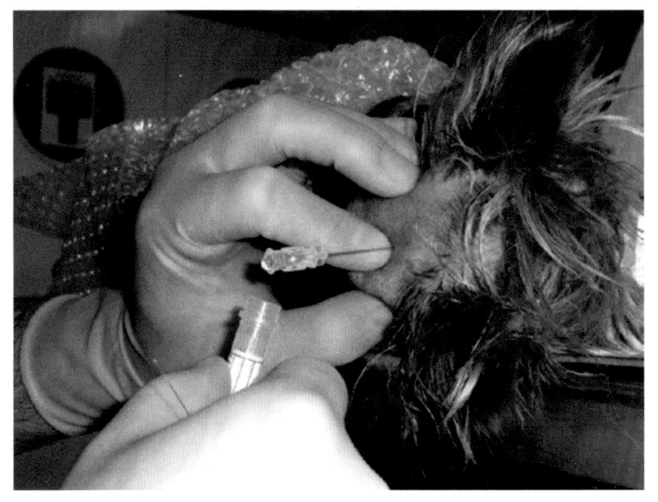

图 8.4　脑脊液的无菌采集。一旦刺穿寰枕关节硬膜，去除套管，将流出的脑脊液接入无菌管中。尤其对于无经验的采样者来说，一旦穿入皮肤后就去除套管会更容易些。之后将针头继续往前推直至采集到脑脊液。脑脊液样本至少分成两等份收集到不同管中。起始样本可能会被血液污染。来源：Holger Volk, RVC。经许可使用。

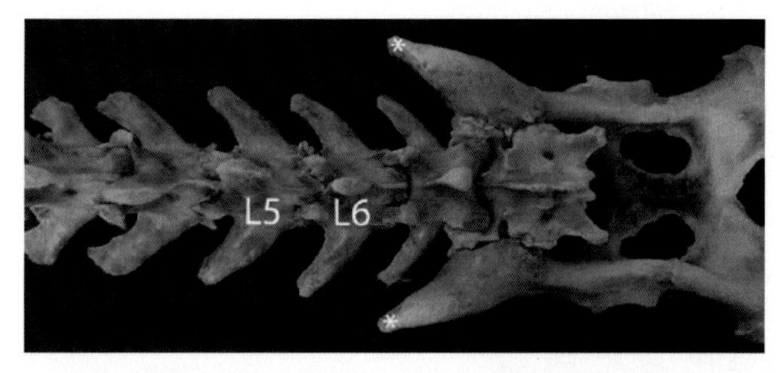

图 8.5 L5—L6 脑脊液采样部位的骨界标。中线的界标是 L5 和 L6 的棘突。在两侧髂骨前缘（“*”）连接线的前端可找到 L6 棘突。从 L6 棘突前缘中线进针，再向腹侧前行。来源：Holger Volk, RVC。经许可使用。

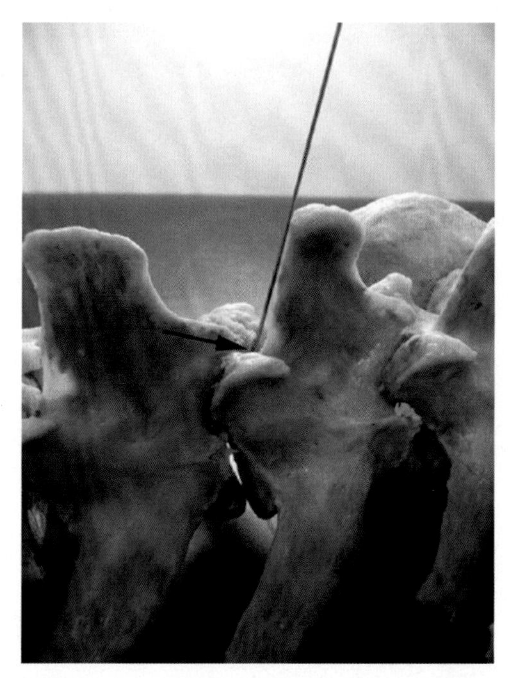

图 8.6 图片显示脊髓穿刺针与 L6 棘突的相对位置。当针穿透背部弓间韧带时，感到阻力轻微消失。后肢会轻微震颤。去除套管，使液体从针孔流出。箭头指示针与 L6 棘突的相对位置 。来源：Holger Volk, RVC。经许可使用。

对右 / 左手习惯的操作者来说，犬或猫相应地取右 / 左侧卧位。剃去被毛，皮肤进行无菌准备。对大多数小动物，能使用到的最短的针为（1.5～3.5 英寸）22 G 脊髓穿刺针（带有探针）。较大动物偶尔会用 20 G 脊髓穿刺针。

脑脊液的处理

脑脊液采样后在 20 min 到 1 h 内进行处理较为理想。在第 1 章里介绍了在没有离心机的情况下如何制备沉渣涂片。即使脑脊液中细胞量显著增多，也要离心沉淀细胞，因为与其他部位的液体样本相比细胞数量还是相对较少。虽然近期文章指出储存 24~48 h 后有核细胞总数不会发生显著变化，但细胞比例会受到明显影响，由此会对样本判读产生影响。如果样本处理的延迟无法避免，可加入 10% 的自体血清以保存细胞形态，但会明显稀释细胞，而且还会使样本蛋白浓度升高。若有足够的脑脊液，可将其分成两等份，向其中一份滴加自体血清留作细胞学检查，第二份留作细胞计数和蛋白测定。

眼观

正常的脑脊液透明、无色且不混浊。采样时若被血液污染则可能呈现血性。通常，若在采样前脑脊液中已混有血液，样本显示黄色（与黄疸相似）。若样本显得混浊，则可能是脑脊液细胞增多，需要细胞学评估来确定细胞种类。

脑脊液蛋白浓度

正常脑脊液的蛋白浓度很低（通常延髓池的样本小于 0.25 g/L，腰椎的样本小于 0.45 g/L，但实际参考范围取决于各实验室）。如此低的蛋白浓度范围无法用折射仪或院内生化分析仪来测量。需要特殊的检测方法测量脑脊液的蛋白总量。蛋白浓度的升高可见于任何使脑脊液细胞增多的鉴别诊断中（见下文）。蛋白浓度的升高也可能不伴随细胞数量的升高。这被称为细胞白蛋白分离，此现象也可见于椎间盘疾病（IVDD）、肿瘤、退行性脊髓病，或偶尔见于感染性疾病，需鉴别诊断。非典型细胞如巨噬细胞可能出现或不出现。

细胞计数

细胞计数通过血细胞计数器来完成（图 8.7）。其上方放置盖玻片确保在两侧形成纽鲍尔环（Neubauer ring），然后将脑脊液滴入至覆盖表面。在开始有核细胞和红细胞计数前，血细胞计数器要静置 5 min。通常对四角和中央的大正方形进行计数，然后乘以一定系数，此系数与计数室的深度相关。对计数器两边进行计数再取平均值其结果可能更为理想。在一些样本区分

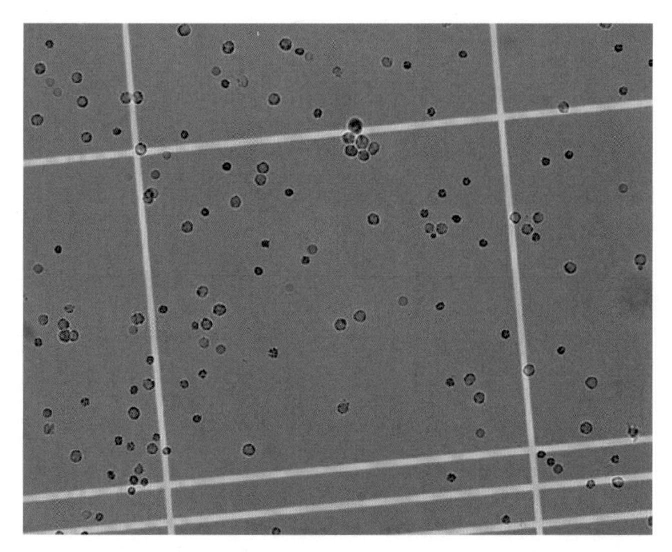

图 8.7 血细胞计数器。显示大正方形边缘的一个小正方形，图片底部的三条线表示大正方形的边缘。这是患有类固醇反应性脑膜炎 - 动脉炎（SRMA）的犬的样本。注意脑脊液细胞增多。来源：Kate English, RVC。经许可使用。

有核细胞和红细胞是有难度的。一般地，在高倍镜下有核细胞具有颗粒感，将聚光器往下移，更容易看清未染色的细胞，而且红细胞的双凹形变得更明显（图 8.8）。有核细胞计数一般少于 5 /μL, 但一些猫的研究表明细胞计数可高达 8 / μL（mm^3）。红细胞正常情况下是罕见的。若发生医源性出血，可见中等数量的红细胞。大量的红细胞（>500/ μL）可能会使有核细胞计数增多。之前一些研究试图使用公式来评估严重血污染导致的有核细胞数目的增多；然而这些逐渐被认为是不可靠的。

脑脊液细胞学

即使没有足够的样本来完成其他的试验，细胞量也可通过细胞学进行半定量评估。对脑脊液染色镜检很有用，因为即使样本量很少，细胞学检查也可能发现非典型细胞。在正常的脑脊液可见少量的大、小单核样细胞（图 8.9）。小的单核样细胞经常是小淋巴细胞。巨噬细胞和大的反应性或颗粒性淋巴细胞很罕见，如若出现，可能提示先前存在过炎性刺激。

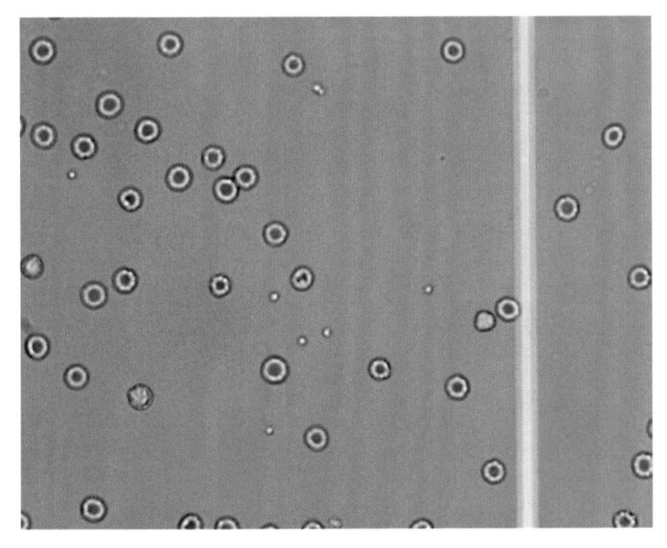

图 8.8 血细胞计数器。将聚光器下移提高对比度，可清晰地看见红细胞的双凹形。来源：Kate English, RVC。经许可使用。

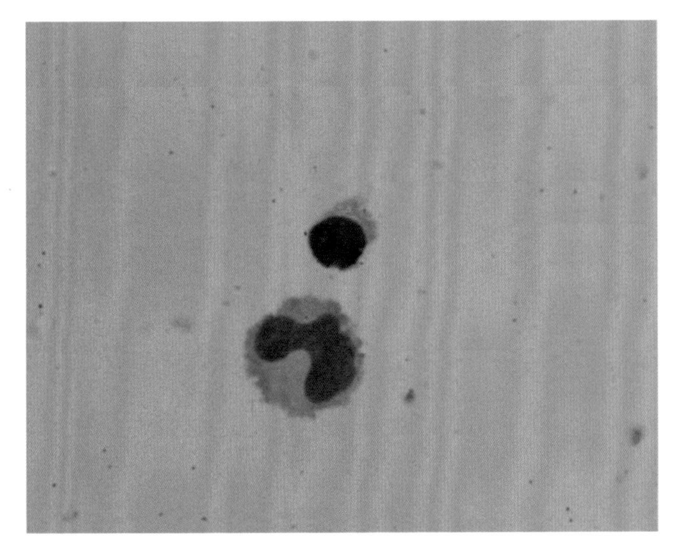

图 8.9 犬正常脑脊液的一个大的单核样细胞（下面）和一个小淋巴细胞（上面）。来源：Kate English, RVC。经许可使用。

出血

在新鲜处理的脑脊液样本中，发现吞噬红细胞现象或细胞包含血红素表明是之前的出血。细胞学检查之前，样本长时间未处理也会发生体外吞噬红细胞现象（图 8.10 和图 8.11）。

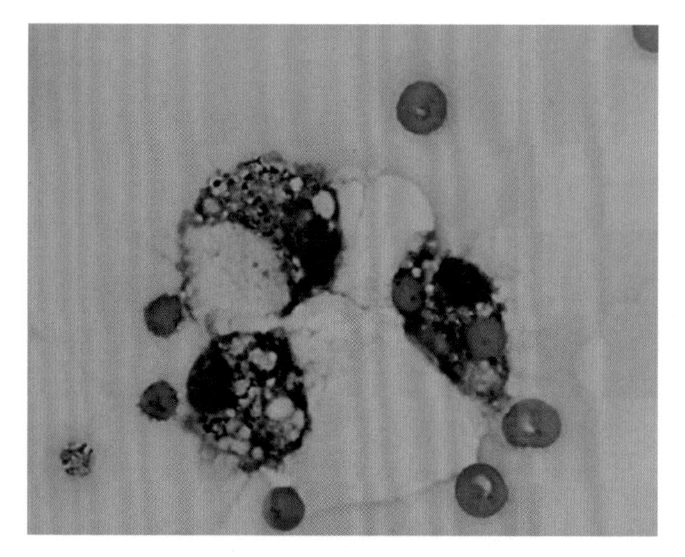

图 8.10 吞噬红细胞的巨噬细胞。可见巨噬细胞。其中一个吞噬红细胞，这是在采样之前血液进入脑脊液中。来源： Kate English, RVC。经许可使用。

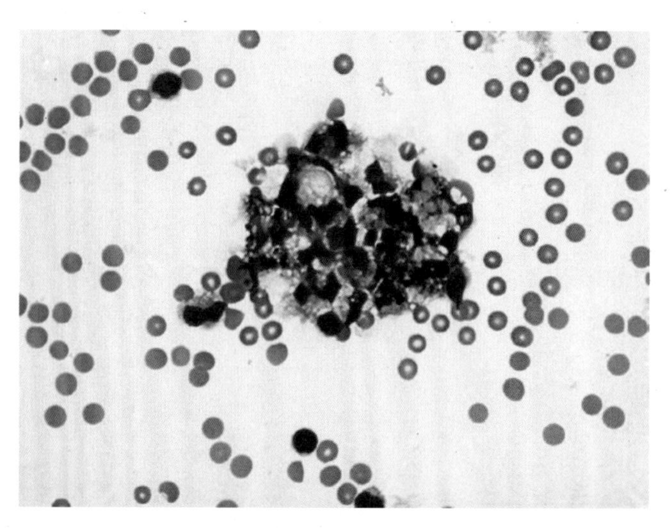

图 8.11 含有血红蛋白降解产生色素的巨噬细胞。取自脊椎手术后的犬脑脊液样本，巨噬细胞含有蓝黑色色素颗粒。来源： Kate English, RVC。经许可使用。

非炎性细胞

偶尔能看到单个的或小簇的脑膜内衬细胞。一般为采样伪像，不能说明为病理过程。然而，在患有脑膜瘤的动物中偶尔能看到大簇的细胞（图 8.12）。

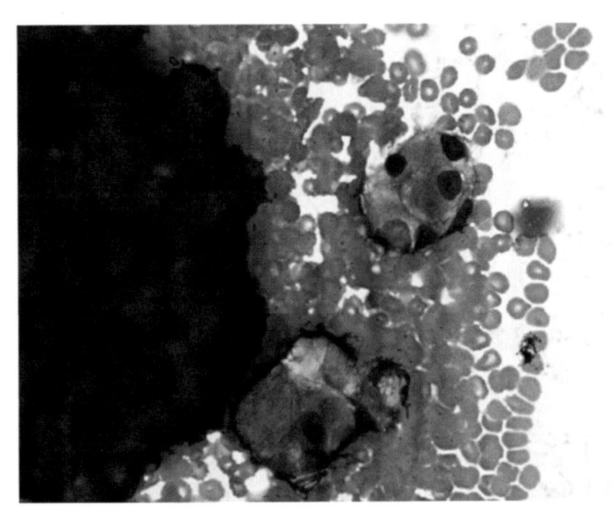

图 8.12　**脑膜细胞。在成簇的细胞里可见丰富的嗜酸性胞浆和小且致密的偏心卵圆形的核。**来源：Kate English, RVC。经许可使用。

中性粒细胞增多

一般脑脊液中可见少量的中性粒细胞（通常少于有核细胞总数的 7%），尤其是在医源性血性污染样本中。当中性粒细胞的数量增多，比例大于有核细胞总数的 50% 时提示脑脊液中性粒细胞增多（图 8.13）。在犬，常见于类固醇反应性脑膜炎 – 动脉炎（SRMA），常表现为颈部疼痛和关节积液。在猫，鉴别诊断包括猫干性传染性腹膜炎。其他的原因包括外伤和急性的椎间盘疾病。偶尔也可见于对肿瘤的反应，如脑膜瘤。犬猫的细菌性脑膜炎非常罕见（图 8.14）。其他的感染原和肉芽肿性脑膜脑脊髓炎（GME）罕见地也会表现中性粒细胞增多。其他罕见的鉴别诊断包括一些品种特异性疾病。

单核样细胞增多

单核样细胞增多症的特征为大单核样细胞和 / 或小淋巴细胞的数量增多。在犬， GME 是脑脊液单核样细胞增多症常见的原因。鉴别诊断包括 FIP（猫）和其他的感染因素，如弓形虫（猫和犬）、犬新孢子虫（犬）和真菌。这些病因可能还会引起脑脊液混合性细胞增多，其中单核样细胞的分布与前述一致，但脑脊液中中性粒细胞也不同程度地增多（图 8.15）。

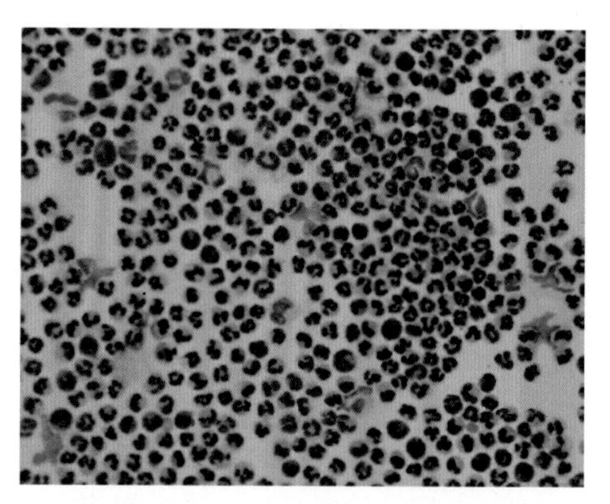

图 8.13 脑脊液中中性粒细胞增多。样本取自患有 SRMA 的犬。注意大量的非退行性中性粒细胞。来源：Kate English, RVC。经许可使用。

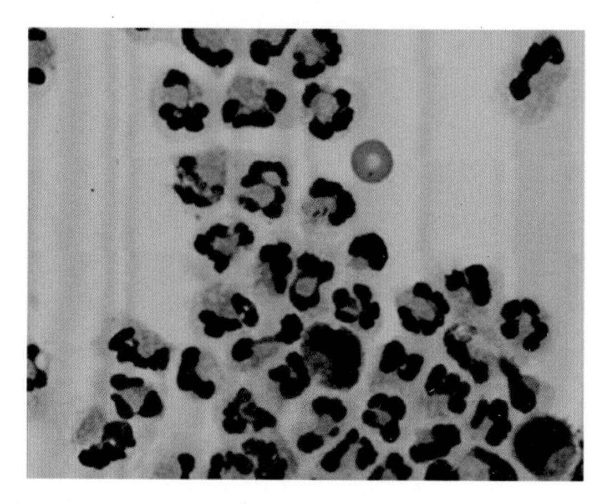

图 8.14 细菌性脑膜炎。注意红细胞旁边的中性粒细胞内的球菌。来源：Kate English, RVC。经许可使用。

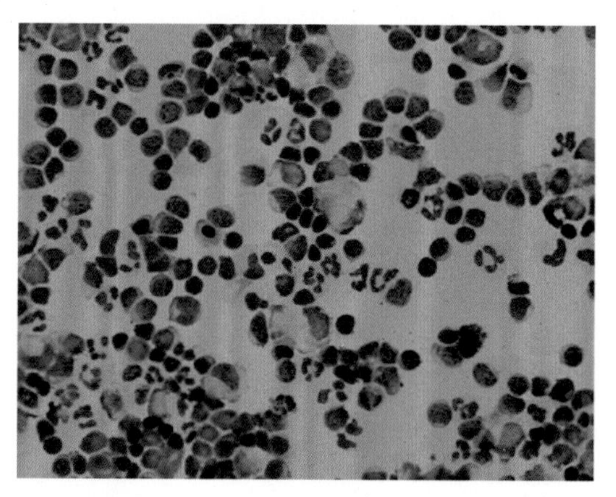

图 8.15 脑脊液混合性细胞增多。来自患有 GME 犬的脑脊液样本。可见非退行性中性粒细胞、淋巴细胞和形似巨噬细胞的大单核样细胞混合在一起。来源：Kate English, RVC。经许可使用。

小型犬的坏死性脑膜脑炎和慢性犬瘟热可能会出现脑脊液单核样细胞增多，以淋巴细胞为主。其他罕见的鉴别诊断包括一些品种特异疾病。消退的细菌性脑膜炎（经抗生素治疗）可能也会表现出淋巴细胞为主的脑脊液细胞增多。偶尔非典型淋巴细胞群可见于患淋巴瘤的动物（图 8.16）。中枢神经系统淋巴瘤细胞不会经常脱落至脑脊液中（所以在脑脊液中没见到非典型淋巴细胞也不能排除此疾病）。中枢神经系统的原发性淋巴瘤罕见，常牵涉其他部位。

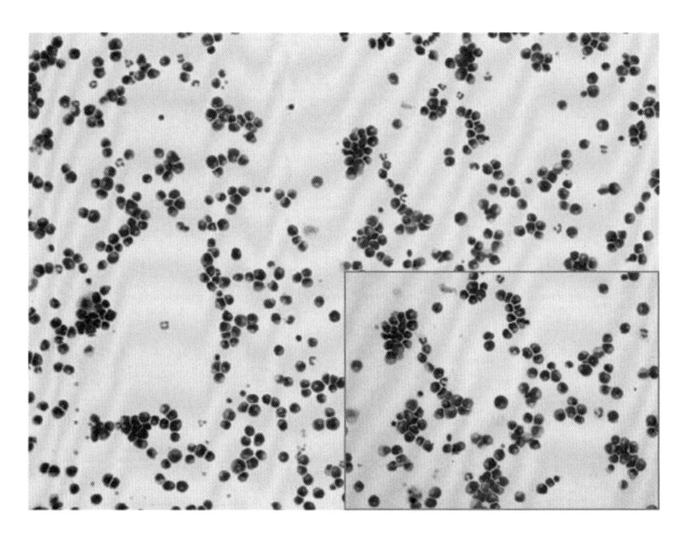

图 8.16 **中枢神经系统淋巴瘤（犬）。可见大量的非典型淋巴细胞。插图：高放大倍数下的相同细胞。这些圆形的淋巴样细胞有少量至中等量的胞浆和偏心不规则形状的核。注意核周围胞浆的"透明化"**。来源：Kate English, RVC。经许可使用。

嗜酸性粒细胞增多

脑脊液嗜酸性粒细胞增多不常见（图 8.17），犬猫偶尔发生类固醇反应性嗜酸性粒细胞性脑膜炎。其他潜在的原因包括原虫和真菌感染和移行的寄生虫。曾在椎间盘疾病中有过报道。

髓磷脂

髓磷脂多见于脑脊液样本（图 8.18）。可表现为嗜酸性泡沫状物质或纤维丝、纤维带（用 Luxol fast blue 染色时这些物质呈阳性反应）。髓磷脂更常见于采自腰椎的样本。可能提示采样伪像，不能说明中枢神经系统的疾病。

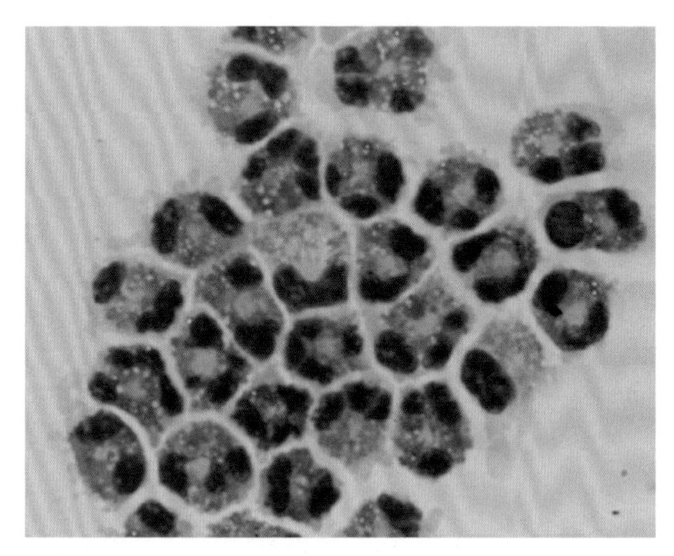

图 8.17 诊断为全身性念珠菌病的犬脑脊液的嗜酸性粒细胞增多。来源：Kate English, RVC。经许可使用。

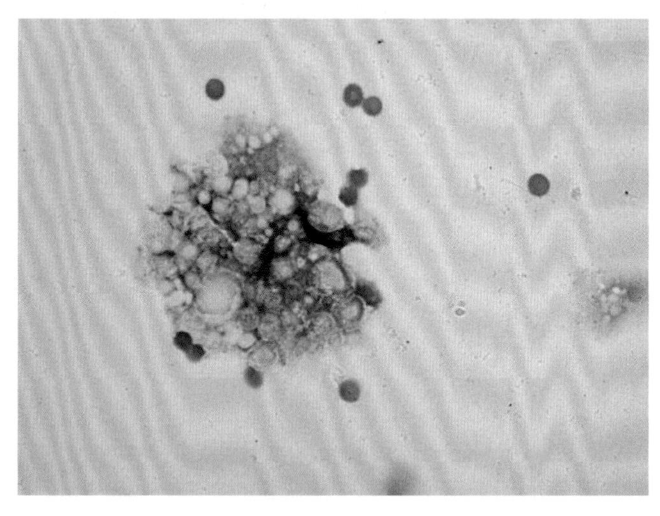

图 8.18 髓磷脂。髓磷脂染色为泡沫状嗜酸性物质。来源：Kate English, RVC。经许可使用。

其他检测

目前认为常规生化或酶标记物检查意义不大。在炎性疾病中，曾对免疫球蛋白组分进行测定，试图更好地判断潜在病因。对脑脊液进行抗体或抗原检测或 PCR 来检测某些特定的感染原。

9 眼及其附属器细胞学

Roger Powell[1] *and David Gould*[2]

[1]*PTDS Ltd,Hitchin,Herts,UK*
[2]*Davies Veterinary Specialists,Hitchin,Herts,UK*

眼睑

细胞学检查的适应症

从细胞学检查获益的眼睑情况包括感染性、免疫介导性和肿瘤性眼睑炎（表 9.1）。不是所有的这些情况皆可通过细胞学检查确定诊断，但是细胞学检查可能足以做出某些疾病的诊断（如蠕形螨、皮肤癣菌病、淋巴瘤、肥大细胞瘤）或有助于排除其他的疾病。

采集技术

除眼睑活检外，大多数的采集技术可在神志清醒的动物上完成。

拔毛

应从眼睑的不同区域采集一定量的毛发样本，包括靠近眼睑边缘的毛发。挤压皮肤，然后轻轻地用装有衬垫的镊子顺着毛发生长的方向拔毛。理想的情况下，用油固定毛发，再加盖盖玻片，并在低倍镜下观察，检查毛干寻找螨和孢子。

眼睑皮肤刮片

涂一滴油于皮肤或小的手术刀片。轻轻挤压食指和拇指之间待采样的皮肤，挤出毛囊和腺体的物质。用刀片顺着毛发生长的方向刮，直到毛细血管渗血，以确保达到深层寄生虫例如疥螨的深度。

表 9.1 眼睑炎的病因

<table>
<tr><th colspan="2">病因</th><th>举例</th></tr>
<tr><td rowspan="4">传染性</td><td rowspan="2">病毒</td><td>犬乳头瘤病毒（图 9.1），猫瘟病毒，猫疱疹病毒 I 型</td></tr>
<tr><td> 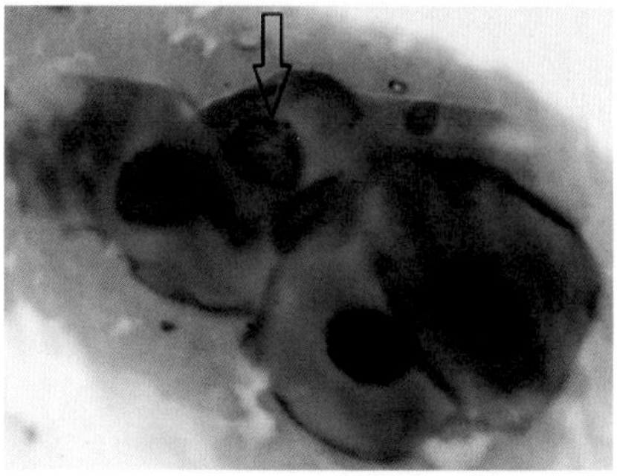图 9.1 图中的四个有核鳞状上皮细胞带有核内乳头瘤病毒包涵体——不清晰的透明样化轻度嗜碱性的卵圆形结构（箭头）。来源：Roger Powell，PTDS Ltd。经许可使用。</td></tr>
<tr><td rowspan="2">细菌</td><td>葡萄球菌，链球菌，假单胞菌（图 9.2），其他</td></tr>
<tr><td> 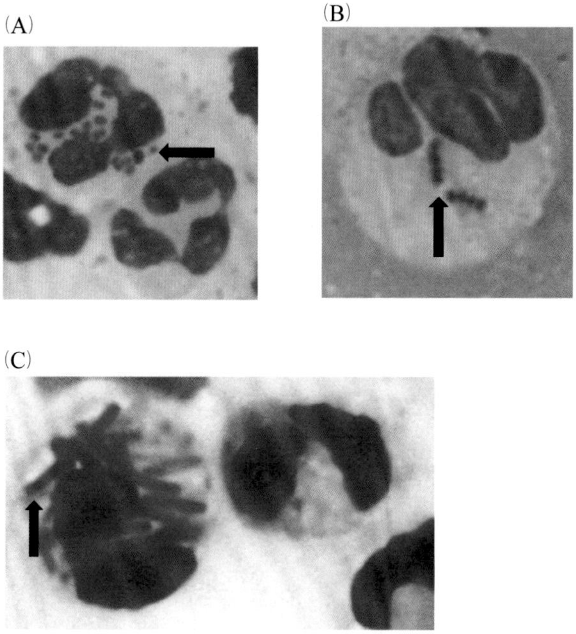(A)
(B)
(C)
图 9.2 核溶解的中性粒细胞内含：（A）双球菌（葡萄球菌）。（B）两条呈链状排列的球菌（链球菌）。（C）吞噬的大的杆菌（假单胞菌）。来源：A和B，Roger Powell, PTDS Ltd；C，David Gould, Davies Veterinary Specialists。经许可使用。</td></tr>
</table>

续表 9.1

病因		举例
传染性	原虫	利什曼原虫（图 9.3）
		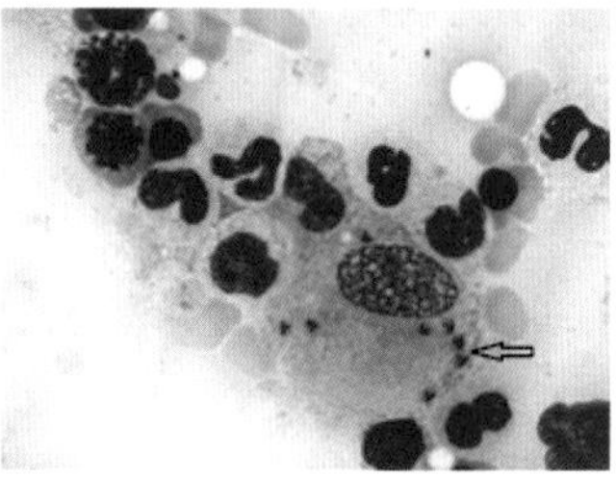 图 9.3 巨噬细胞（最大的细胞）吞噬 8 个利什曼原虫无鞭毛体（箭头）。来源：Roger Powell，PTDS Ltd。经许可使用。
	真菌	皮肤癣菌（图 9.4）
		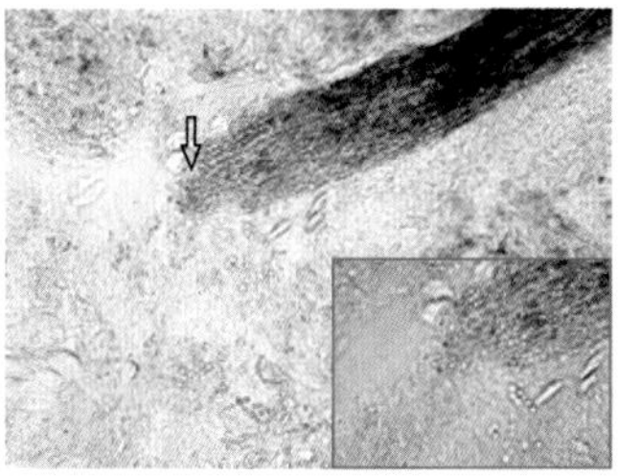 图 9.4 毛干显示链状的圆形折光性结构（箭头）提示分生孢子（皮肤癣菌病——未染色的 KOH 刮片）。来源：Roger Powell,PTDS Ltd。经许可使用。（犬小孢子菌，须毛癣菌，石膏样小孢子菌）
	寄生虫	蠕形螨，疥螨（图 9.5）
		（A） （B） 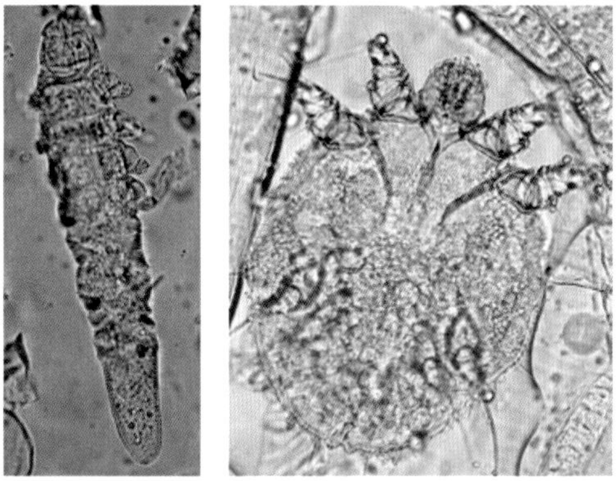 图 9.5 单个犬蠕形螨（A）和疥螨（B）（未染色的 KOH 刮片）。来源：Roger Powell, PTDS Ltd。经许可使用。

续表 9.1

病因	举例
免疫介导性	天疱疮(图 9.6)，全身性红斑狼疮，葡萄膜皮肤病综合征(uveodermatological syndrome)，异位/过敏性疾病
	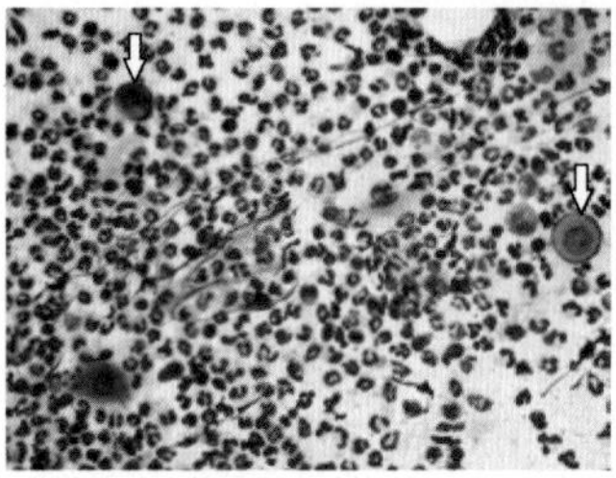 图 9.6 炎性细胞伴有两个深度嗜碱性较大的棘层松解细胞(箭头)，与落叶型天疱疮一致。来源：Roger Powell,PTDS Ltd。经许可使用。
肿瘤性	皮脂腺瘤，组织细胞瘤(见图 4.23)，淋巴瘤(见第 2 章和图 4.26)，鳞状细胞癌(见图 4.13)，肥大细胞瘤(图 9.7)，腺癌，黑色素瘤，乳头状瘤，猫大汗腺囊瘤，等等
	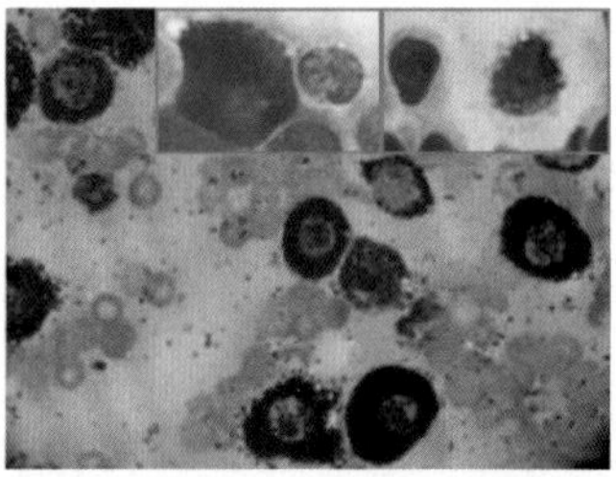 图 9.7 新鲜血中有几个分散的颗粒完好的肥大细胞和两个嗜酸性粒细胞。左侧插图：颗粒完好的肥大细胞。右侧插图：相同细胞迪夫快速(“Diff-Quik”)染色，看不到颗粒。来源：Roger Powell, PTDS Ltd。经许可使用。
其他	睑板腺嵌塞或肉芽肿(睑板腺囊肿；图 9.8)
	(A) (B) 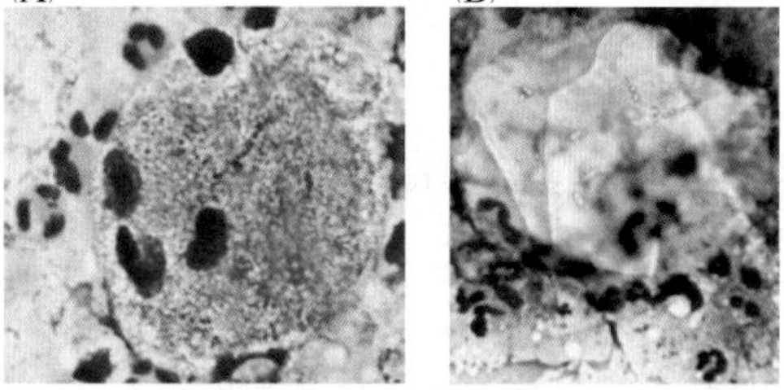 图 9.8 (A)多核巨噬细胞带有密集空泡化的胞浆(脂肪和黄色的胆红素)，被成熟的中性粒细胞包围。(B)几个重叠的有刻痕的矩形结晶裂口表明细胞退化和囊性结构(例如睑板腺囊肿)中的胆固醇沉积。来源：Roger Powell,PTDS Ltd。经许可使用。

续表 9.1

病因	举例
其他	组织细胞增多症 结节性筋膜炎 猫嗜酸性眼睑炎 异物（图 9.9） 继发于眼睑内翻或眼表面疾病
	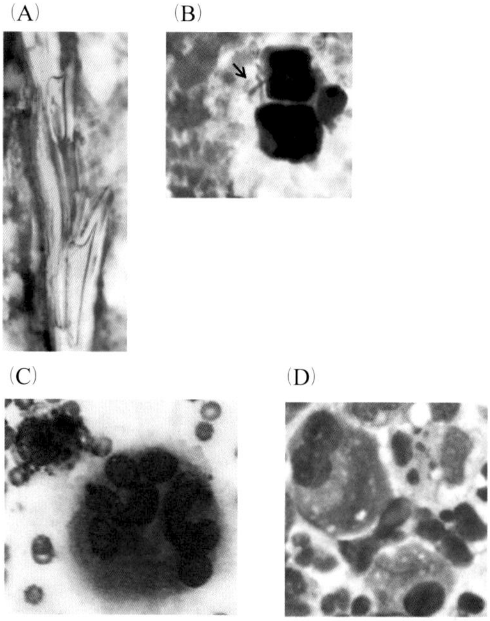 (A) (B) (C) (D) 图 9.9 (A) 异物反应中带刺的植物成分。(B) 植物的三个正方形碎片，旁为起泡的嗜碱性线形真菌 / 酵母菌（箭头）。(C) 一个空泡化的多核巨噬细胞。(D) 两个浆细胞，一个双核细胞（左上）。来源：Roger Powell, PTDS Ltd。经许可使用。

将采取的病料轻柔地涂抹在带有标记的玻璃载玻片上，尽可能薄和均匀。

将待检样本盖上盖玻片有助于检查。可以使用油，当螨四处移动时可被发现。若抹片太厚，鳞屑会隐藏螨。KOH（1%~10%）代替油可以使角化物质透明化，更容易看到螨。KOH 应小心地应用于盖玻片下面的物质上，检查之前至少留有 30 min 给予透明化。值得注意的是，10% KOH 溶液可以杀死螨，螨虫不会出现活动迹象。应在毛干之间和毛干的边缘寻找寄生虫（图 9.5）。检查毛的基部寻找分生孢子（图 9.4）。

睑板腺挤压

- 操作之前，对睑结膜进行局部麻醉有助于动物依从。
- 从睑板腺采集的样本（图 9.10）应呈送细菌培养和药敏试验。
- 也可在低倍视野检查寻找蠕形螨（图 9.5）。若风干，可检查细菌（图 9.2）。

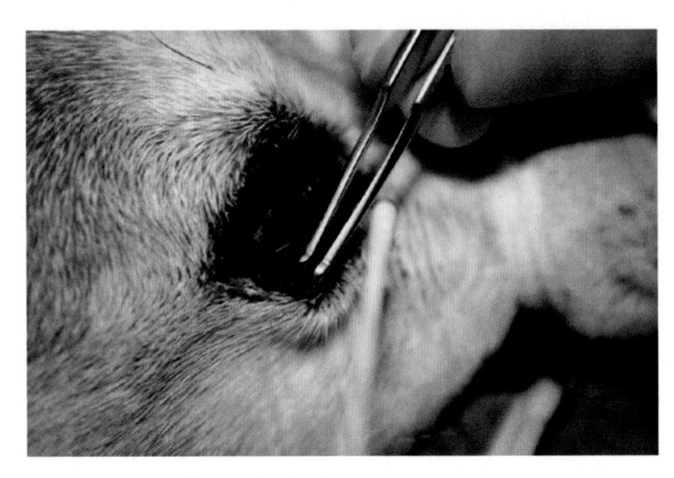

图 9.10 **使用拇指镊子进行睑板腺挤压操作。**来源：David Gould,Davies Veterinary Specialists。经许可使用。

眼睑活检

- 应在全身麻醉状态下完成。
- 眼睑活检（图 9.11）的样本应防腐固定，送检进行组织病理学检查。然而，在固定之前，对活检组织进行触片细胞学检查，可进行早期的诊断判读。确保涂片没有接触到福尔马林，因为其可使细胞变形，妨碍详细的检查。
- 若怀疑感染性病原，眼睑活检样本应送检进行细菌和真菌培养。

正常细胞类型

- 角质化的鳞状上皮细胞（图 9.12）可见于眼睑外侧具有毛发的外表面。
- 皮脂腺上皮细胞有清晰且细微空泡化的胞浆，位于中央的深染的核（图 4.12）。这些细胞位于眼睑外表面和内表面之间的表皮层。
- 眼睑内表面可见柱状上皮细胞。为带有蓝色空泡化胞浆的较细长的细胞，可能内含清晰的不规则的嗜酸性小球。有位于极侧或基部的圆形核和小的核仁（图 9.13）。

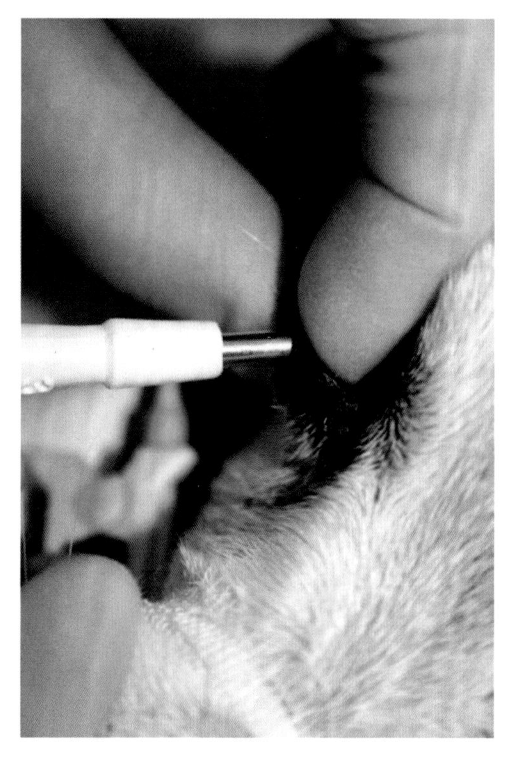

图 9.11 眼睑钻孔活检的操作。来源：David Gould, Davies Veterinary Specialists。经许可使用。

图 9.12 单个无核有角多边形的角质化鳞状上皮细胞，胞浆浅蓝色 — 蓝绿色。来源：Roger Powell, PTDS Ltd。经许可使用。

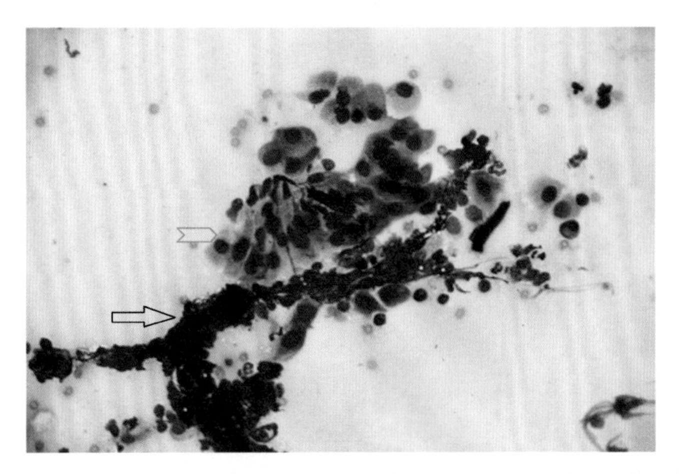

图 9.13 小的栅栏样粘连成带的单一形态的柱状上皮细胞（箭头头），旁边为溶解的细胞物质（箭头）和分散的混合性的炎性细胞。来源：Roger Powell, PTDS Ltd。经许可使用。

- 从真皮和皮下组织能穿刺到骨骼肌碎片。表现为带有精细条纹的深蓝绿色细胞，细胞核为致密的带状（图 9.14）。

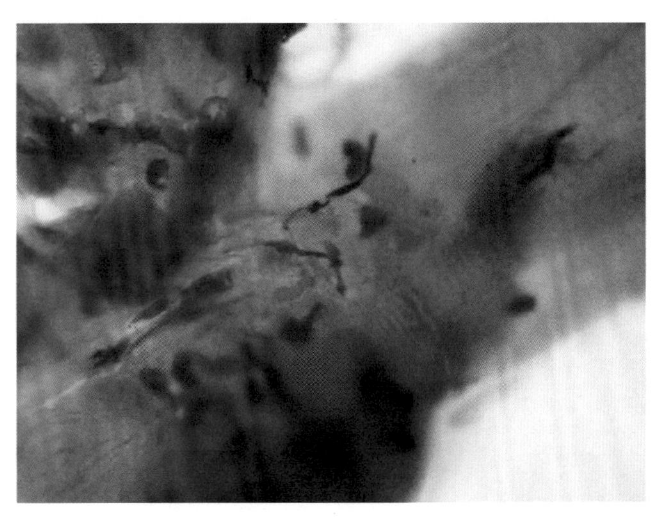

图 9.14 骨骼肌碎片。来源：Roger Powell, PTDS Ltd。经许可使用。

异常细胞

炎症

- 细菌，最常见球菌或杆菌，通常会引起化脓性中性粒细胞性炎症反应。中性粒细胞通常表现核溶解（图 9.2）。异物和较高级的细菌例如分枝杆菌更倾向于引发混合的脓性肉芽肿至肉芽肿性反应，以单核样细胞（如淋巴细胞、浆细胞和巨噬细胞）的数量增加为特征。有些巨噬细胞可能为多核的（图 9.9）。在巨噬细胞里可见的分枝杆菌为透明未染色，线形或曲线的结构（图 2.5、图 5.11 和图 15.2E）。该微生物也可能位于胞外。异物会引入环境的条件致病性真菌或酵母菌（图 9.9B）。更为长期的病变会引起血管新生和结节性淋巴滤泡增生（图 9.15）。偶尔会采集到免疫介导性的病灶（图 9.6）。

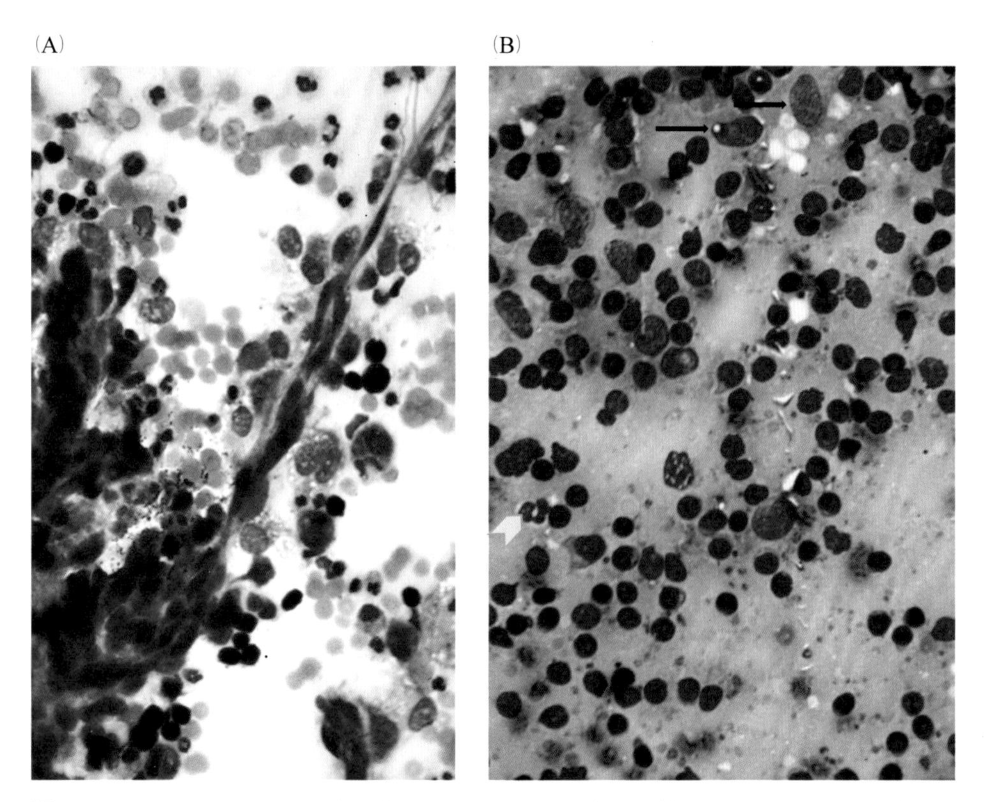

图 9.15 （A）密集排列的纤维血管球向右上方延伸出新生血管。（B）混合的淋巴细胞，主要是小淋巴细胞，带有少量的中淋巴细胞和可见核仁的大淋巴细胞，旁边是慢性炎症时形成的淋巴样滤泡中偶见的中性粒细胞（箭头头）和树突状细胞（箭头）。来源：Roger Powell, PTDS Ltd。经许可使用。

其他感染原

- 病毒包涵体通常位于胞核内，表现为清晰度不等的圆形至较卵圆形或弯曲的嗜酸性或嗜碱性的轮廓光滑的“团块”，并将染色质挤压至黑色颗粒样丝状外观（图 9.1）。

- 利什曼原虫无鞭毛体由居中的圆形至卵圆形且致密的核和与核成直角排列的线形棒状的动基体共同组成（图 9.3），可在细胞内（在巨噬细胞里）或细胞外。
- 皮肤癣菌病。在毛干的基部可看到分生孢子，为链状的圆形折光性结构（图 9.4）。当着色后，分生孢子呈现为深蓝色圆形结构，可见于巨噬细胞内或毛干内。

肿瘤

较常见的眼睑肿瘤有：

- 皮脂腺瘤
- 顶浆（基底）腺瘤或毛母细胞瘤
- 鳞状细胞癌
- 组织细胞瘤
- 淋巴瘤
- 肥大细胞瘤

关于这些肿瘤的图像和细胞描述请参考第 4 章。

结膜和角膜

细胞学检查的适应症

在表 9.2 列出犬猫结膜和角膜疾病的病因。在严重的、渐进性或复发的以及经验治疗无效的结膜炎和角膜炎应使用细胞学诊断。

采集技术

在下文中列出结膜和角膜检查时正确的采集技术。

结膜和角膜的拭子

- 拭子应送检进行细菌培养或药敏试验。局部麻醉会抑制细菌培养，因此在使用局部麻醉之前，应先取细菌培养的样本。为降低污染的风险，应小心避免拭子接触到唇的边缘或面部皮肤。
- 若怀疑支原体感染，使用专门的传递用培养基（transport medium）。
- 某些特定病原（例如疱疹病毒、衣原体和支原体）的 PCR 试验可使用空白拭子。

表 9.2 结膜或角膜疾病的病因

病因		举例
感染性	病毒	猫疱疹病毒 I 型，犬瘟热病毒，犬腺病毒，犬疱疹病毒 I 型
	细菌	猫衣原体（图 9.16），假单胞菌（图 9.2），链球菌（图 9.2），支原体，其他
	原虫	利什曼原虫（图 9.3）
	真菌	真菌性角膜炎（曲霉菌，其他）（图 9.17）
免疫介导性		慢性浅表性角膜炎（血管翳；图 9.18），角结膜干燥症，嗜酸性角结膜炎（图 9.19A 和 B），结节肉芽肿性外巩膜角膜炎，异位 / 过敏性疾病
肿瘤		淋巴瘤，肥大细胞瘤，黑色素瘤，乳头状瘤，鳞状细胞癌，其他（见第 4 章）
其他		猫角膜坏死，角膜上皮囊肿，异物，结膜下眼眶脂肪脱出，继发于眼睑、泪腺、眼球内或眼眶的疾病 继发于外源性刺激

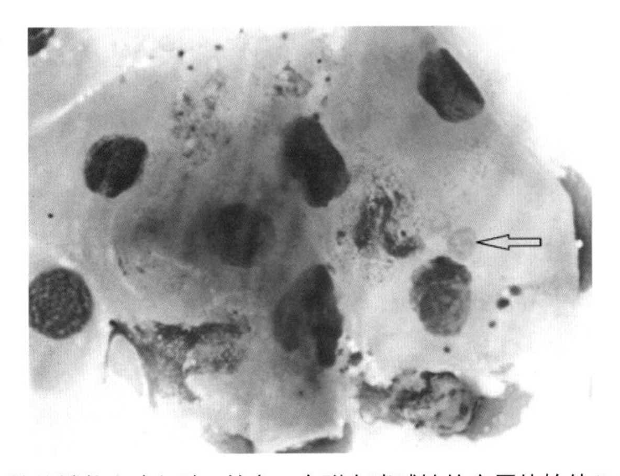

图 9.16 几个有核的鳞状上皮细胞，其中一个附有嗜碱性的衣原体始体（initial body）（箭头）。来源：Roger Powell, PTDS Ltd。经许可使用。

脱落细胞学

● 理想地，细胞学检查的样本应用细胞刷进行采集（图 9.20）。与拭子采集的样本相比，可获得优良的细胞质量和数量。为提高动物的依从性，应在采样前进行局部麻醉。

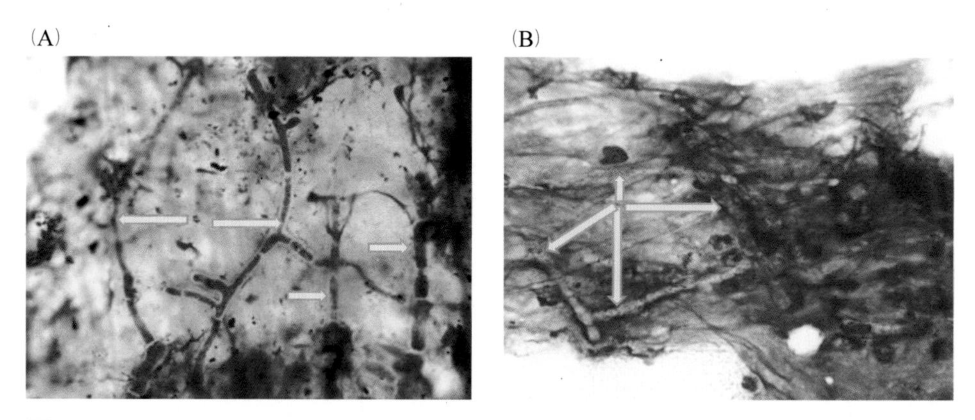

图 9.17 (A) 真菌呈直角分枝的嗜碱性菌丝(箭头)。(B) 着色较浅、较不规则颗粒状的分枝真菌菌丝(箭头),基因测序确定为尖端赛多孢子菌。来源:Roger Powell, PTDS Ltd。经许可使用。

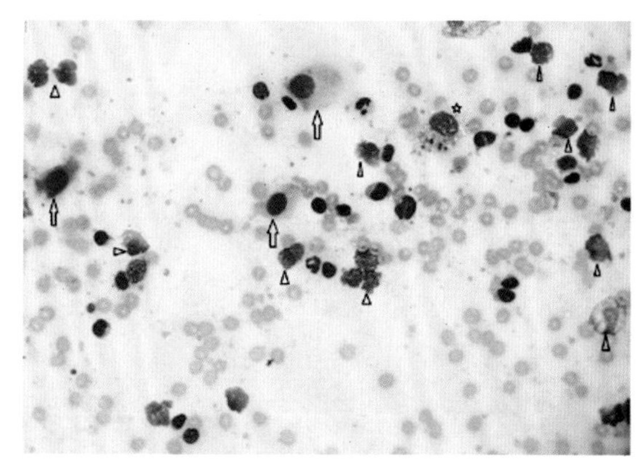

图 9.18 上皮细胞(箭头)及残余的溶解裸核(箭头头),以及混合性的炎性细胞,主要是小淋巴细胞,散在的成熟的中性粒细胞和一个巨噬细胞(☆)。来源:Roger Powell, PTDS Ltd。经许可使用。

- 结膜的剪取活检可在局部麻醉、轻度镇静或全身麻醉下进行(图 9.21)。固定和递送组织病理学检查之前,在确保样品没接触到福尔马林的情况下,对样本触片进行细胞学检查,可对样本进行早期诊断判读。

正常细胞类型

- 有核的鳞状上皮细胞在形态上为圆形至立方形(图 9.22A)。可看到杯状细胞和柱状上皮细胞(图 9.22B)。
- 若之前已完成超声检查,采样时应确保耦合剂不会污染玻片以致样本的形态细节变得模糊(见图 1.19)。

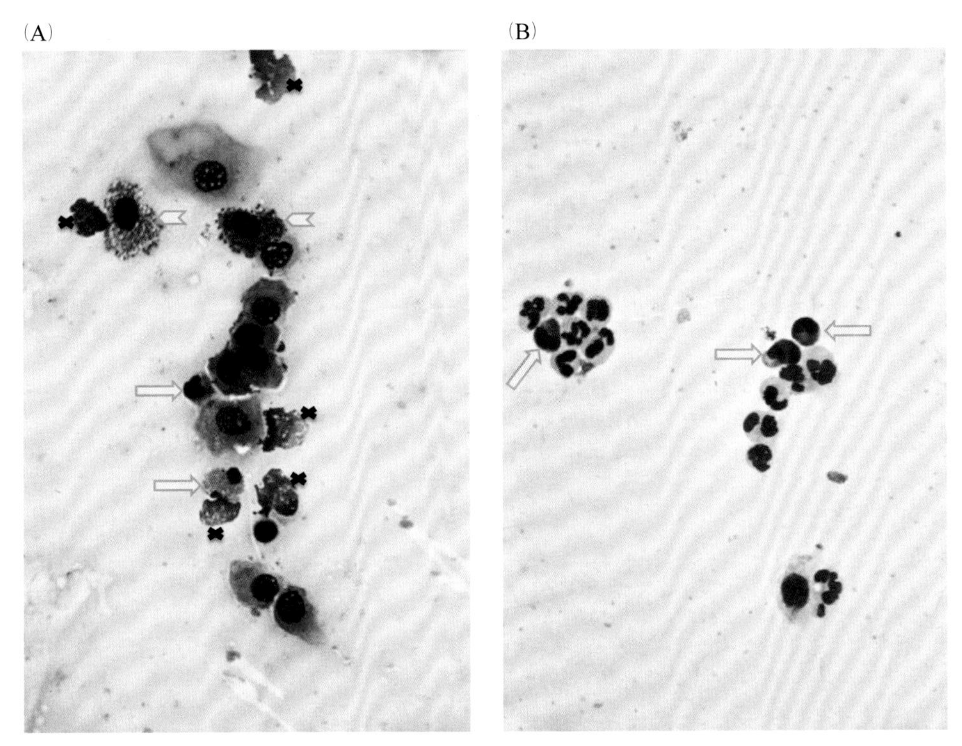

图 9.19 (A) 有核的鳞状上皮细胞，溶解的细胞 (✖)，两个嗜酸性粒细胞 (箭头) 和两个肥大细胞 (箭头头)。(B) 成簇的中性粒细胞和三个嗜酸性粒细胞 (箭头)，嗜酸性粒细胞并不总是在嗜酸性角膜炎的病例中占主导，因为它们可能处于不同深度或者存在于多个病灶中。来源：Roger Powell, PTDS Ltd。经许可使用。

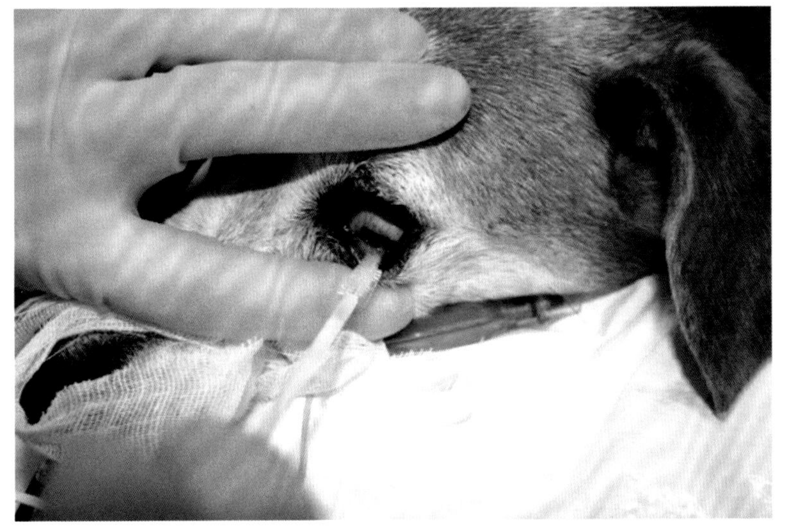

图 9.20 用细胞刷采集结膜样本。来源：David Gould, Davies Veterinary Specialists。经许可使用。

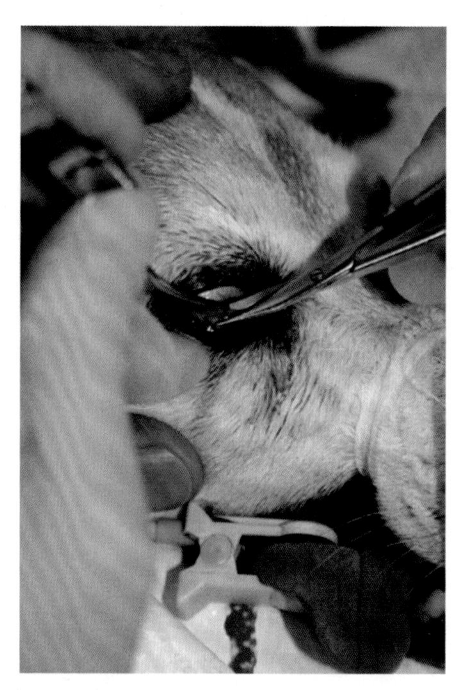

图 9.21　结膜剪取活检技术。来源：David Gould, Davies Veterinary Specialists。经许可使用。

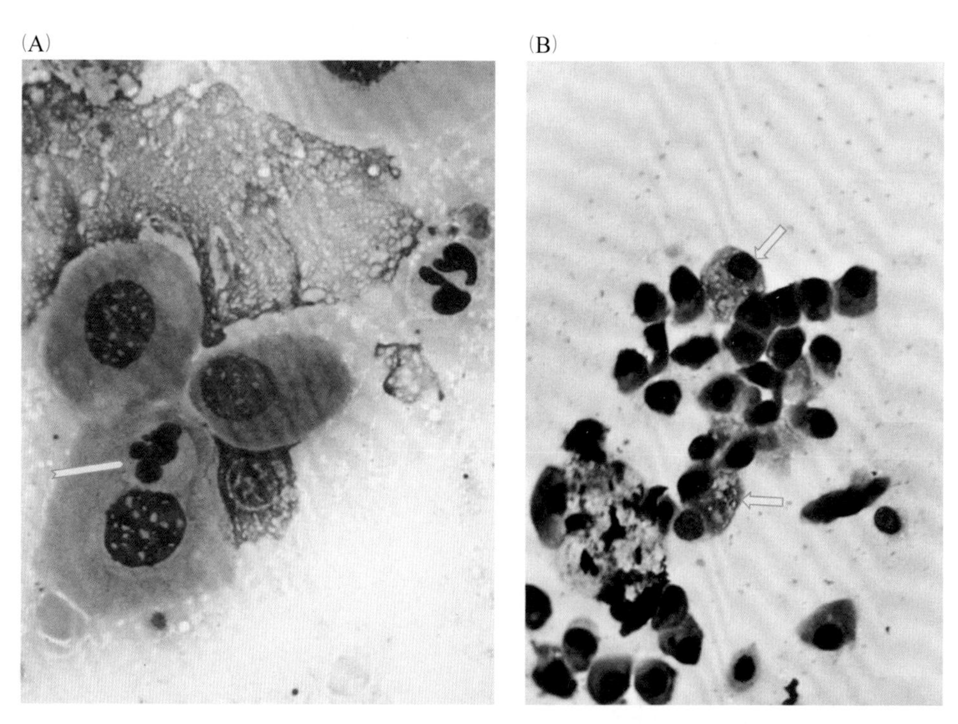

图 9.22　(A) 位于有核鳞状细胞胞浆内进行转运的中性粒细胞（箭头头）——称为伸入运动——见于炎症。(B) 杯状细胞（箭头），与柱状细胞看上去相似，但更圆，带有空泡化胞浆，可为球状和嗜酸性，尤其是在较慢性的病灶中。来源：Roger Powell, PTDS Ltd。经许可使用。

异常细胞学

炎症

- 中性粒细胞性炎症可能是由于急性细菌或病毒感染引起的，但也应考虑免疫介导性疾病或创伤性溃疡，尤其当培养（和／或 PCR）结果为阴性时。血管翳表现为更为慢性的混合性或脓性肉芽肿性炎性反应（图 9.18）。慢性炎症可导致上皮发育不良和在鳞状上皮细胞核周出现黑色素颗粒（图 9.23A）。若炎症长期存在，也可能造成营养不良性钙化（图 9.23B）。

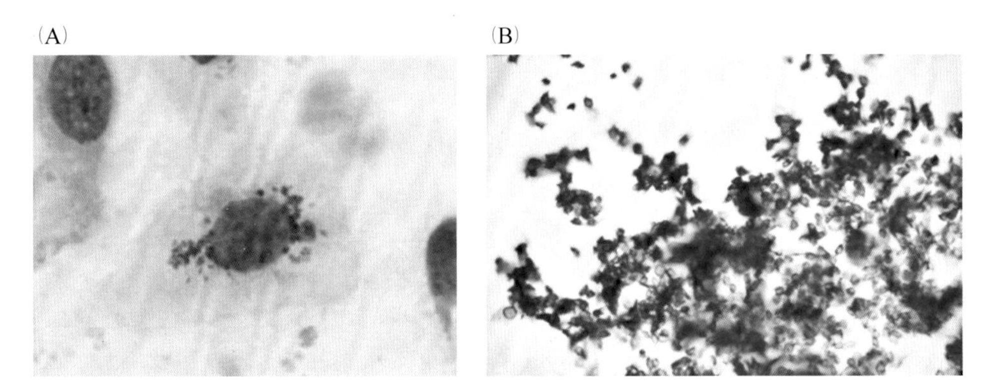

图 9.23 （A）在慢性炎症，浅表有核鳞状上皮细胞核周可见黑色素颗粒。（B）带有嗜碱性光晕的不规则折光性透明结晶样物质，符合慢性角膜炎所见钙盐沉积。来源：Roger Powell, PTDS Ltd。经许可使用。

猫中，嗜酸性角膜炎通常与疱疹病毒的感染相关，或为免疫介导性。该炎性反应由数量不等的肥大细胞和嗜酸性粒细胞，以及少量的中性粒细胞和小淋巴细胞组成（图 9.19）。

其他感染原

- 猫衣原体在鳞状上皮细胞里表现为模糊的嗜碱性至浅紫色的始体和／或胞浆内的原体（图 9.16）。
- 在鳞状上皮细胞上，支原体表现为小的不清晰的嗜碱性小点（见图 15.2H）。
- 真菌性角膜炎。真菌菌丝染色成胞壁相互平行的线形具隔膜的结构。菌丝分枝呈不同的角度。子实体（分生孢子）的存在，或通过培养和基因测序可对真菌的种类进行鉴定（图 9.17）。

肿瘤

- 肿瘤类型与涉及眼睑的肿瘤相似。

前房

正常的前房基本上是无细胞的，但在前葡萄膜炎，炎性细胞可透过血-房水屏障进入房水，引起房水闪辉。表 9.3 列出了前葡萄膜炎的病因。

表 9.3 犬猫葡萄膜炎的病因

感染性	病毒（犬腺病毒和犬疱疹病毒；猫传染性腹膜炎，猫免疫缺陷病毒，猫白血病病毒，猫疱疹病毒 I 型）
	细菌（如巴尔通体，钩端螺旋体，伯氏疏螺旋体，犬埃里希体，眼球穿透伤或败血症传播）
	原虫（弓形虫病，新孢子虫病，利什曼原虫病）
	真菌／藻
	寄生虫（如脉管圆线虫）
非感染性	外伤
	晶状体诱发
	系统性疾病（如毒血症，出血紊乱，糖尿病，高脂血症，系统性高血压，肉芽肿性脑脊膜脑脊髓炎，系统性组织细胞增多症）
	肿瘤（多数见于淋巴瘤）
	自体免疫性／免疫介导性疾病
	特发性

多数前葡萄膜炎的病例不需要进行前房的细胞学检查。若临床上经检眼镜或裂隙灯检查看不到房水闪辉，则不需进行房水穿刺。

采集技术

- 房水穿刺需要动物全身麻醉或深度镇静。在采样之前，应用局部麻醉，眼球表面需使用 1∶50 稀释的聚维酮碘进行无菌准备。
- 一个带有注射器的25~30 G 的针通过角膜缘进入前房。在进针的过程中，需要镊子协助固定眼球（图 9.24）。在进针时，保证针尖随时可见是很重要的，需确保针进入了前房而没有损伤虹膜或晶状体。在缓慢地抽出约 0.1~0.2 mL 房水后，将针迅速从前房撤出。若抽出容量多于 0.2 mL，应用平衡盐溶液或无菌的生理盐水将前房重新充盈。

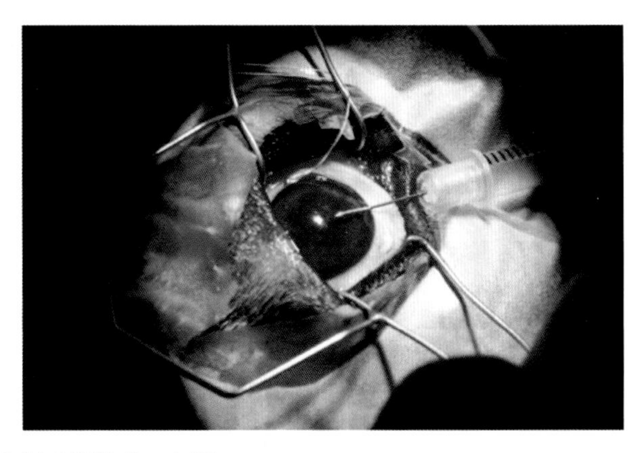

图 9.24 **房水穿刺采样技术**。来源：David Gould, Davies Veterinary Specialists。经许可使用。

细胞学检查的适应症

当怀疑显著的房水闪辉由淋巴瘤引起时，应进行房水穿刺。鉴于眼内的其他类型的肿瘤不能脱落足够量的细胞进入房水，故房水穿刺在这些肿瘤的诊断上通常是帮助不大的。更少数情况下，会通过房水穿刺采集样本进行培养，或对感染性葡萄膜炎的某些病例进行 PCR 或抗体检测。

前房采样存在一些风险，包括细菌污染、对眼内结构（尤其是虹膜和晶状体）的医源性损伤和视网膜脱落。因此房水穿刺应由有经验的兽医外科医师来完成。

正常细胞类型

正如前文提及的，房水基本上是无细胞的（偶尔仅有小淋巴样细胞出现）。因此任何细胞类型的增多都被认为是异常的。

异常细胞学

炎症

- 前葡萄膜炎的大多数病例是特异性的。表 9.3 列出了感染的原因。炎性反应从中性粒细胞性至淋巴细胞性、混合性或脓性肉芽肿性均可能呈现（图 9.25）。这些不同的炎症模式也可能反映出同一疾病随着病程延长而发生的变化。由于水肿变性或样本离心，中性粒细胞可出现核过度分叶及核固缩（图 9.25C）。巨噬细胞常含有吞噬的黑色素颗粒（图 9.26A 和 B），也会吞噬白细胞（图 9.26C），若发生前房出血，巨噬细胞内可能会含有

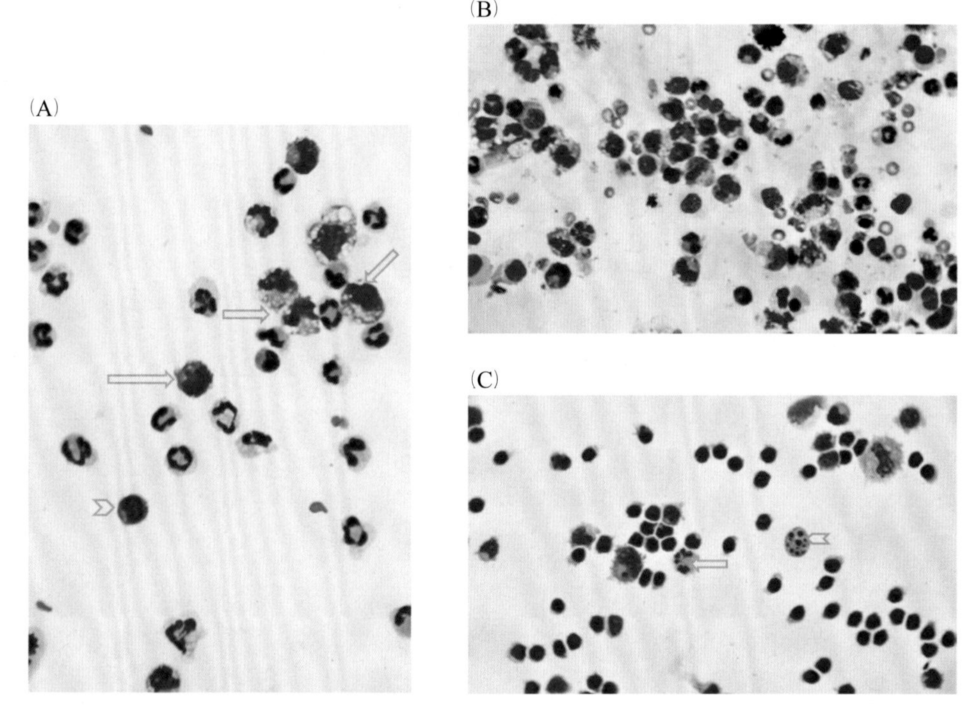

图 9.25 (A)中性粒细胞性混合葡萄膜炎，伴有巨噬细胞(箭头)和一个小淋巴细胞(箭头头)。(B)小淋巴细胞、巨噬细胞和成熟中性粒细胞混合的脓性肉芽肿性炎症。(C)混合型炎症，主要是淋巴细胞，掺杂一个过度分叶的中性粒细胞(箭头)和一个核破裂固缩的中性粒细胞(箭头头)。来源：Roger Powell, PTDS Ltd。经许可使用。

吞噬的红细胞或降解的血红蛋白产物，如含铁血黄素(图 9.26D)。淋巴细胞也会变大并呈现反应性(图 9.27)。

肿瘤

- 肿瘤类型与涉及眼睑和结膜的肿瘤类似，淋巴瘤最常见。肿瘤通常伴随中性粒细胞性或(脓性)肉芽肿性炎症。

尽管细针穿刺(FNA)对于某些肿瘤病例的诊断有用，其他眼内肿瘤例如黑色素瘤或腺瘤/腺癌很少有脱落细胞进入前房。由于眼内肿瘤的 FNA 具有很大的风险，包括出血和损坏眼内的结构，所以采样之前，应采纳有经验的兽医眼科专家的意见。

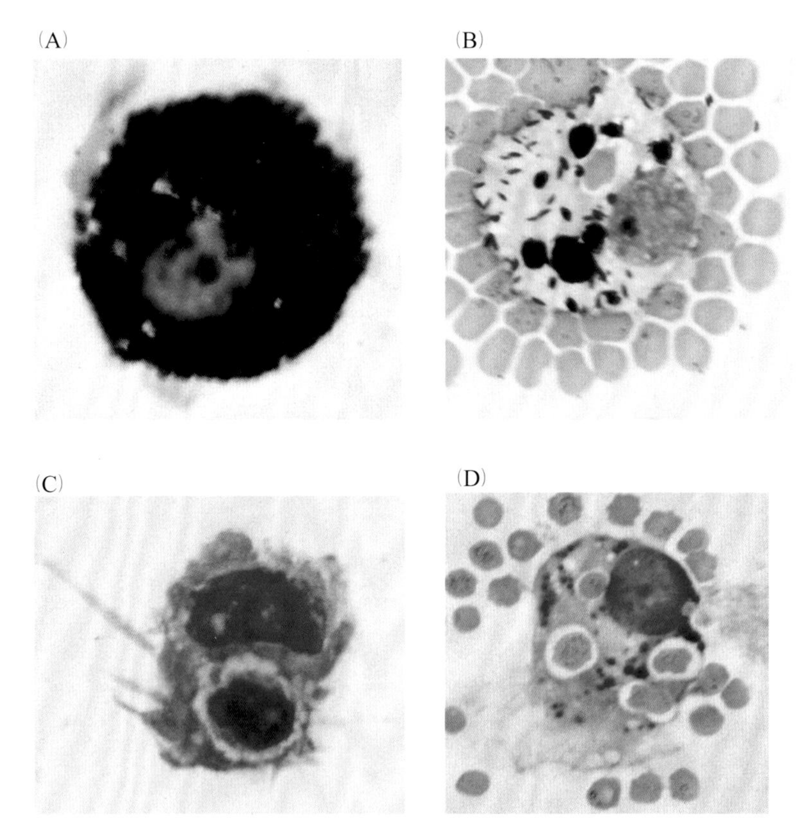

图 9.26 (A)“经典的”巨噬细胞含有不规则致密的黑色素吞噬体，使浅紫色的核变得模糊。(B) 含有黑色素的巨噬细胞，胞浆内含与细菌相似的趋近线形的吞噬体，但为黑色、非分裂的且大小不等。(C) 在慢性炎症和炎症恢复期都可见巨噬细胞吞噬中性粒细胞。(D) 巨噬细胞吞噬红细胞和内含不完全降解的血红蛋白吞噬体，后者常为蓝黑色且形状不规则(含铁血黄素)。来源：Roger Powell, PTDS Ltd。经许可使用。

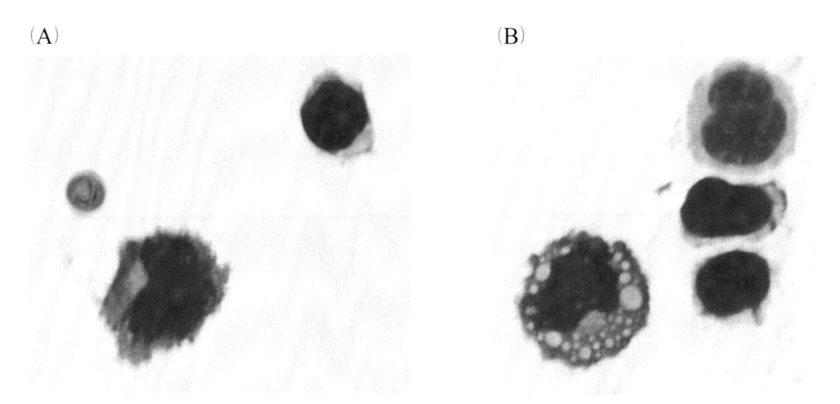

图 9.27 (A)“变形的”反应性淋巴细胞(左)，被炎性过程和循环的细胞因子激活。(B) 激活的反应性淋巴细胞(左)在产生抗体，包裹在浅蓝色空泡内，称为拉塞尔小体。来源：Roger Powell, PTDS Ltd。经许可使用。

玻璃体

细胞学检查的适应症

很少对玻璃体进行细胞学采样。因为此操作对视网膜和晶状体有严重的医源性损伤风险，所以仅能由有经验的兽医眼科专家来完成。

玻璃体穿刺的主要适应症是眼内结构感染(眼内炎)。更少见的情况下，是怀疑玻璃体存在肿瘤浸润的病例。

采集技术

玻璃体穿刺需要在动物全身麻醉的情况下来完成。采样之前，应用局部麻醉，眼球表面使用 1∶50 稀释的聚维酮碘进行无菌准备。

使用镊子固定眼缘，附有注射器的 23~27 G 针经巩膜进入玻璃体(图 9.28)。进针点在犬眼球背外侧缘后 7 mm。注意避免对晶状体、睫状体和视网膜的医源性损伤。样本采集后，迅速从玻璃体退出针。

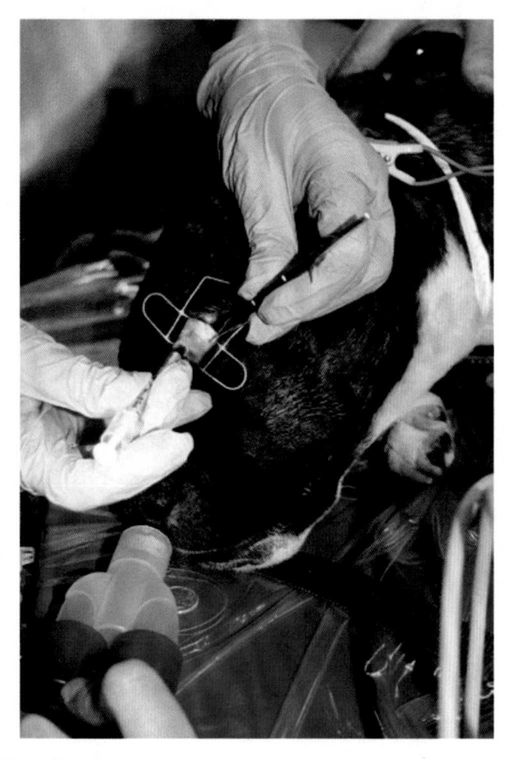

图 9.28 玻璃体穿刺采样。来源：David Gould, Davies Veterinary Specialists。经许可使用。

正常细胞类型

由于玻璃体基本上是无细胞的，所以当玻璃体样本内多于几个细胞时（尤其是非淋巴样的），即被认为是异常的。所见的细胞类型与房水的细胞相似。

眼眶

细胞学检查的适应症

犬猫眼眶疾病的病因主要包括：

- 脓肿／蜂窝织炎／异物
- 肿瘤
- 囊肿（如颧腺囊肿、泪管囊肿）
- 炎性疾病（如肌炎）

采集技术

眼眶 FNA 需要在动物全身麻醉下进行。需要经口腔或眼周来完成。在采样时 B 超引导可大大提高采集速度，并且可以降低对眼睛的医源性损伤（图 9.29）。

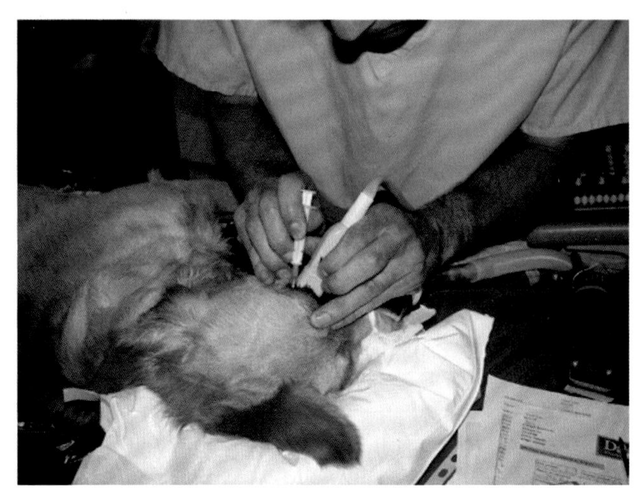

图9.29 **超声引导的眼眶FNA。**来源：David Gould, Davies Veterinary Specialists。经许可使用。

正常细胞类型

细胞类型因采样位置不同而不同。穿刺物经常包括上皮细胞（角化的鳞状上皮细胞，有核的鳞状上皮细胞），皮脂腺或唾液腺成分，另外可能还包括骨骼肌纤维（图 9.14）。

异常的细胞学

炎症

眼球后脓肿穿刺液可见大量核溶解的中性粒细胞，内含吞噬的细菌。也可见散在的细菌斑块或成排的细菌。

肿瘤

癌是较常见的，虽然其组织起源可能不论通过细胞学还是组织学都不能确定。唾液腺癌的细胞会显示明显的恶性特征，它们会形成腺泡样或管状结构，与位于其他位置的癌相似。

10 泌尿道细胞学

Joy Archer

Department of Veterinary Medicine, Queen's Veterinary School, University of Cambridge, Cambridge, UK

影响泌尿系统最常见的三种情况分别是感染、肾病和肿瘤。泌尿系统（尿道、膀胱、输尿管和肾）紊乱的相关指征可通过尿沉渣的显微镜检查，以及尿比重（SG）获得。再结合最近一段时间的病史和体格检查，就可以决定进一步的检查和／或治疗方案。然而，需要注意的是：仅有30%左右的泌尿道肿瘤可以通过尿沉渣分析被检出。同样地，不是所有的感染仅通过尿沉渣分析就可以发现。

采样方法

尿液

尿液可通过自主排尿、导尿或膀胱穿刺获得。若需要进行细菌培养，则应选择后者。

膀胱和尿道

通过导尿管用温的生理盐水冲洗膀胱，然后回收冲洗液可获得细胞学样本。若超声检查时看到肿物且肿物易接近，在镇静或浅麻之下，可通过导尿管顶端对肿物进行吸引活检，收集小的组织碎片（此操作此后称作导尿管顶端吸引活检）。若肿物不易经尿道接近，则可在镇静或麻醉下进行超声引导的细针穿刺（FNA）或“Tru-Cut”活检。

肾脏

通常在镇痛或麻醉下进行超声引导的 FNA 或“Tru-Cut”活检。除细胞学检查外，若组织病理学检查需“Tru-Cut”活检或楔形活检，则可以采取锁孔腹腔镜或剖腹探查操作。肾脏是血管非常丰富的器官，活检后出血并不少见，因此止血操作需要特别注意。

若通过超声引导获得的活检样本被诊断为恶性肿瘤，则应考虑种植性转移的潜在可能性；此种情况在犬的移行上皮细胞癌（TCC）中偶有报道。

样本制备

尿液

尿液混合均匀，以 1 000 r/min 离心 5 min。通常使用的尿液量为 5 mL 或 3 mL。离心后上清液用于尿条化验或者直接丢弃。用剩余的尿液轻轻地悬浮管底的沉渣，然后取一滴悬浮液滴于载玻片上，可选择滴加一滴染液，如改良的 Sternheimer–Malbin 染液（沉渣染色液 , Becton Dickinson Co. Ltd），也可以不滴加染液，随后盖上盖玻片。另外，还可以使用专用的一次性塑料计数板装置。

冲洗液

冲洗液的样本制备方法可参照前列腺冲洗液或支气管肺泡灌洗液。或者可取少量的液体（100～200 μL）在专门的细胞离心涂片器里进行旋转浓缩，然后风干，用专门用于细胞学染色的罗曼诺夫斯基类染液进行染色。

细针穿刺

将一滴组织或液体的穿刺物排出于载玻片上，制备薄的细胞涂片。风干后用罗曼诺夫斯基类染液按常规程序进行染色。

活检（导尿管顶端吸引活检、“Tru-Cut”或楔形活检）

通过在干净的载玻片上轻轻按压组织的表面来制备触片（事先应将组织切面多余的血液轻轻擦拭掉）。依照第 1 章的描述，将触片风干、染色以进行细胞学检查。剩余的样本固定于福尔马林中，进行组织学检查处理。

细胞学评估

尿沉渣细胞学

尿液应在采集后 30 min 内进行评估，或者经冷藏后恢复至室温再进行样本的制备。另外，了解尿比重（SG）和尿液的采集方式对于细胞学评估也是有用的。

正常的尿液产生的尿沉渣很少（图 10.1A 和 B），可能包含：

- 每个高倍镜视野（hpf）少于 5 个白细胞（WBC）。
- 每个高倍镜视野（hpf）少于 5 个红细胞（RBC）。
- 每个高倍镜视野（hpf）少于 5 个浅表膀胱上皮细胞或尿道鳞状上皮细胞。
- 少量结晶（见下文）。
- 其他物质可包括脂滴、精子和无定形的细小颗粒性物质。

（A）

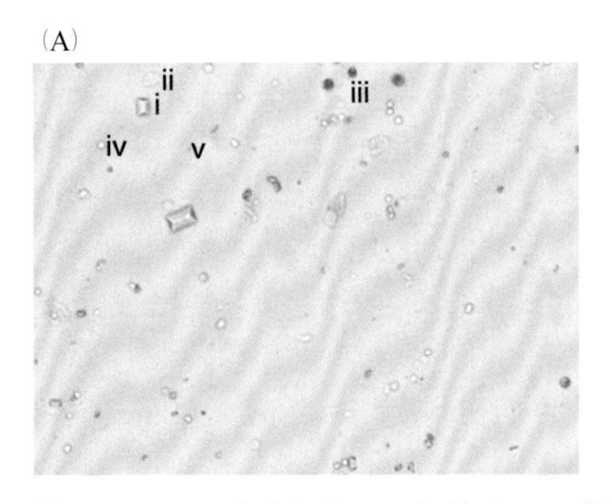

（B）

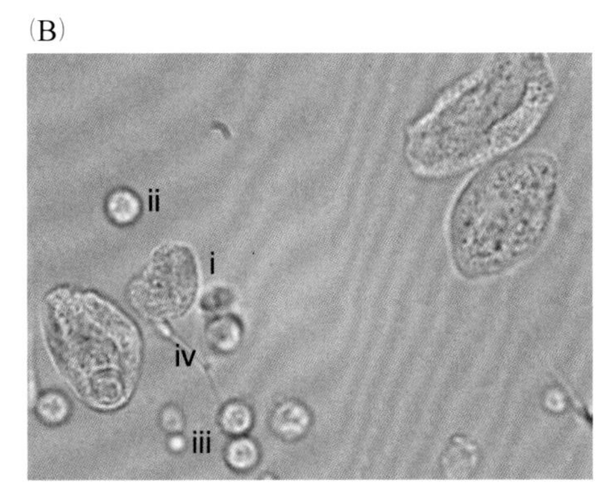

图 10.1 （A）未染色的尿沉渣（使用 40× 物镜，降低显微镜聚光器以观察细胞）。（i）在正常浓缩的尿液中可见鸟粪石结晶；（ii）大细胞是从膀胱黏膜脱落的上皮细胞；（iii）较小的有内部结构的细胞是中性粒细胞；（iv）小的无内部结构的圆形细胞是红细胞；（v）非常小的圆形物体是细小的微粒物质，可表现布朗运动，易与球菌混淆。（B）未染色的尿沉渣（50× 油物镜）。（i）四个大的上皮细胞；（ii）中等大小的白细胞；（iii）小而圆的红细胞；（iv）可见少量精子。

“自主排尿”的尿液可能含有来自下泌尿道的上皮细胞和污染的微生物、细菌、真菌和肠内寄生虫（非常罕见）。在未染色的玻片中，脂滴很容易和红细胞混淆（图 10.2A、B 和 C）。

在染色的玻片上，染料沉渣和耦合剂可能被误认为细菌类微生物（球菌；图 10.9B）。结晶也可能出现，最常见的为鸟粪石或草酸盐结晶（图 10.1A 和图 10.3）。

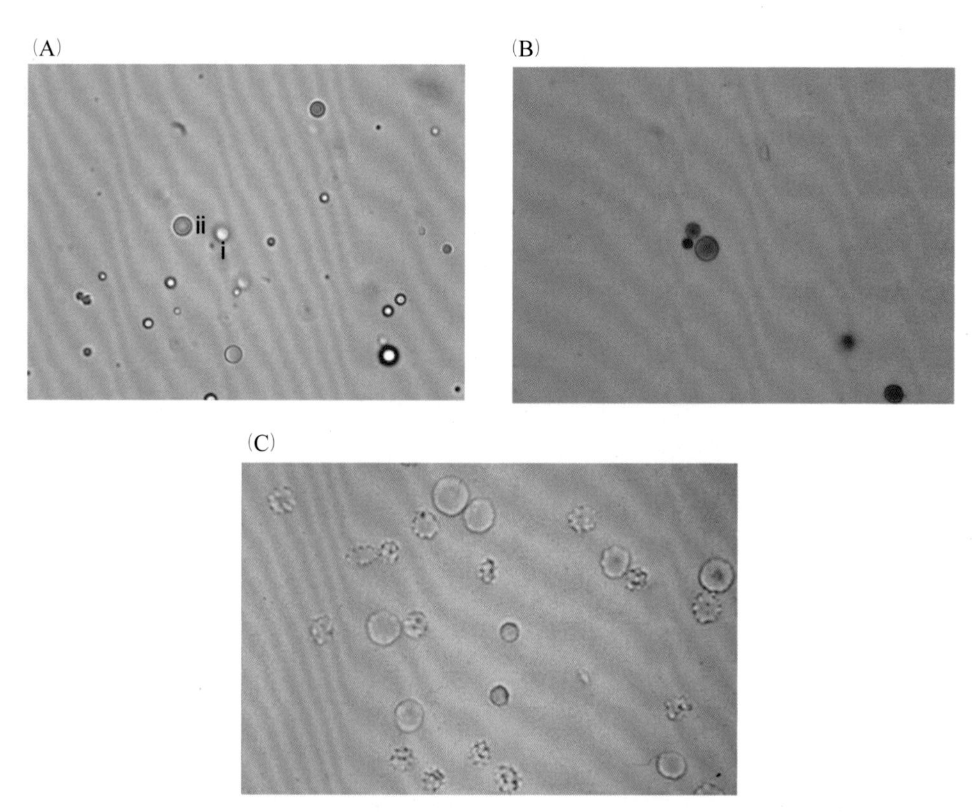

图 10.2 (A) 猫的尿沉渣。大量折光性的脂滴 (i) 大小不等。这些脂滴在猫尿常见，在未染色的玻片上，易与红细胞 (ii) 混淆。(B) 相同的尿液样本用油红 O (ScyTek Laboratories Inc.) 染色，脂肪染成橙色 / 红色。(C) 尿沉渣 (未染色样本)。白细胞为较大的细胞；红细胞较小；许多表现为锯齿状。另外可见两个较小的折光性的脂滴。

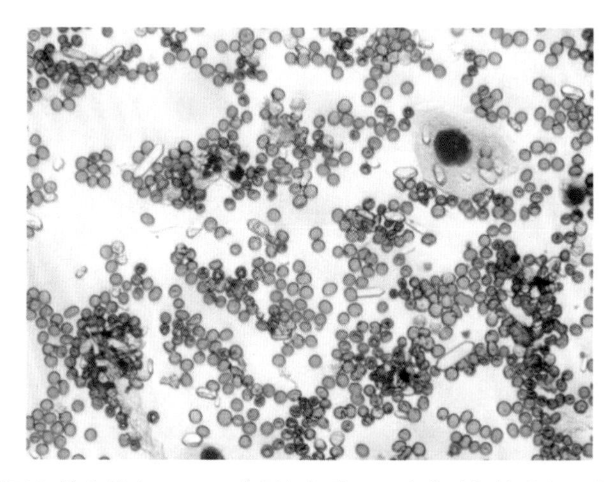

图 10.3 猫尿沉渣 (染色样本)。可见大量红细胞、一水草酸钙结晶和一个大的上皮细胞。这些结晶可在健康猫的尿液中发现，但也可见于摄入乙二醇 (防冻剂) 后，或者更多见于摄入有毒的植物如百合后。

泌尿道感染

下泌尿道经常被上行的细菌感染；涉及肾的感染也会由于上行的细菌或血源性感染引起。若怀疑泌尿道感染，那么用于细菌学检查（培养和药敏试验）的最佳样本为盛于无菌容器的膀胱穿刺液。泌尿道感染的特征为存在大量中性粒细胞，且其胞浆内常存在微生物（以杆菌和球菌最为常见）。其中包含革兰氏阴性菌大肠杆菌、葡萄球菌、链球菌和不常见的克雷伯氏菌、变形杆菌和假单胞菌（图 10.4 A、B 和图 10.5）。

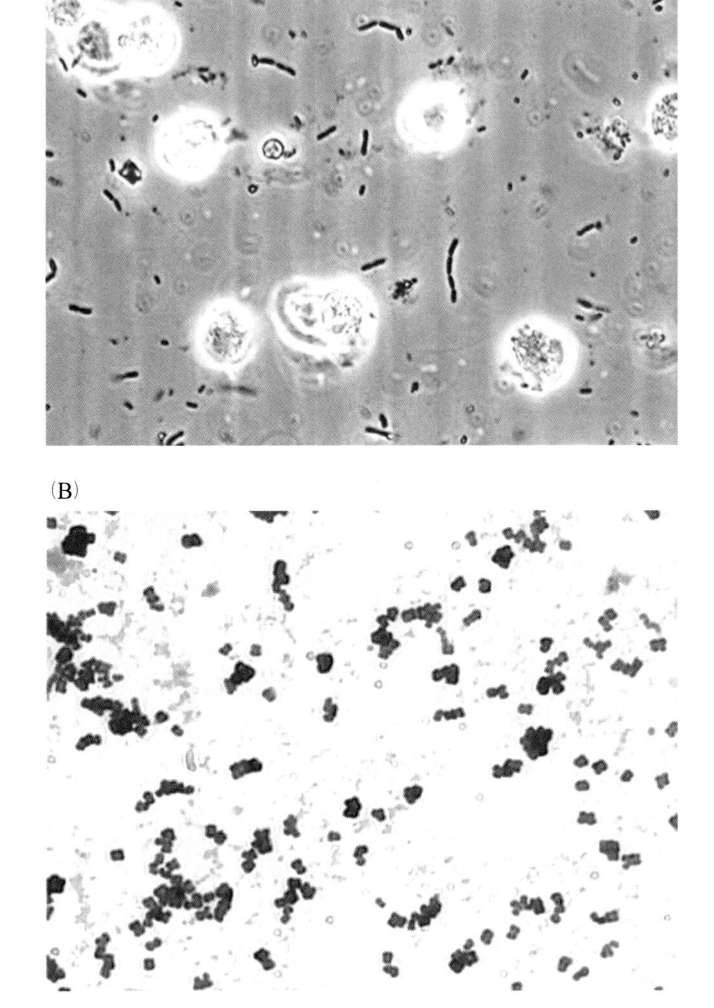

图 10.4 （A）尿沉渣（未染色样本）于相差显微镜下观察。背景中可见白细胞和深色的链状杆菌，以及圆形的灰白色小球菌。（B）沉渣染色液（Becton Dickinson Co. Ltd）染色的尿。可见大量的红细胞和成簇／成堆着色的球菌。

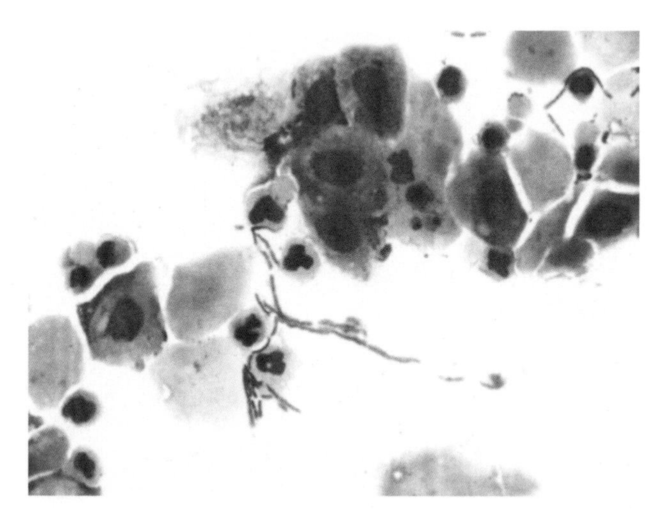

图 10.5 泌尿道感染。尿沉渣中可见大的上皮细胞、中性粒细胞和杆菌（大肠杆菌）。

另外，尤其在一些免疫功能不全或长期应用抗生素治疗的动物，可偶然看到酵母菌类微生物（图 10.6）。当细菌数量达到每毫升 10 000 个杆菌或每毫升 100 000 个球菌时，才能在尿沉渣中可见；然而，对于细菌培养来说，每毫升仅需 1~10 个细菌，即可培养出阳性结果。因此，稀释尿样本的尿沉渣微生物镜检阴性结果并不能排除泌尿道感染的存在。而沉渣中微粒的布朗运动也可与球菌混淆。

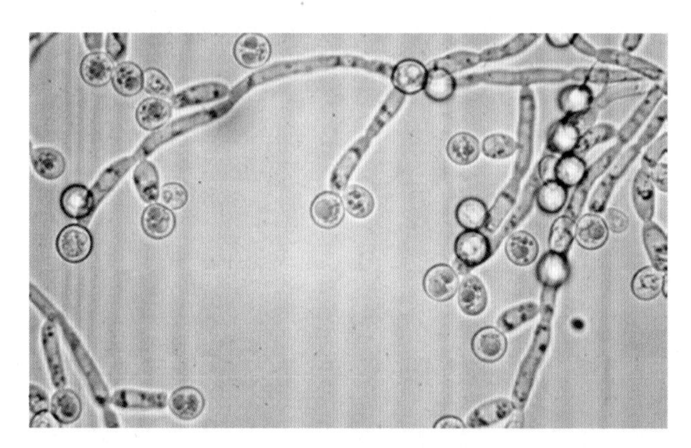

图 10.6 未染色的沉渣。大量正在生长的酵母菌（念珠菌）。这些为尿常见的污染菌，是泌尿道感染的罕见原因，可发生于免疫功能不全的动物。

若泌尿道感染严重或感染时间较长，膀胱或尿道黏膜也会发生炎症，导致尿沉渣中出现大量成片浅表性上皮细胞和大量红细胞。若泌尿道感染存在已久，这些上皮细胞会表现出发育不良或鳞状上皮化生的特征（图 10.7）。

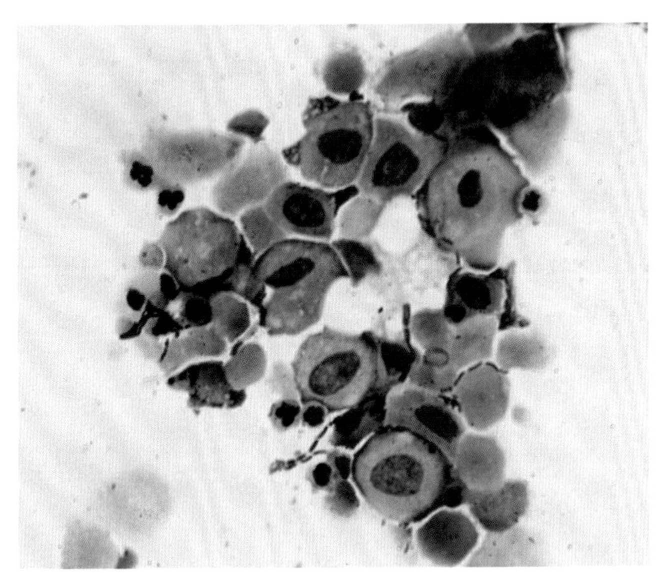

图 10.7 尿沉渣。注意大的上皮细胞表现出发育不良的变化；可见中性粒细胞和细菌(杆菌)。

肿瘤

若动物出现血尿和／或尿液样本混浊，而在沉渣中仅有很少的中性粒细胞或细菌存在，应怀疑肿瘤。若发现大量上皮细胞，尤其是细胞形态上出现变化，则应提高对肿瘤的怀疑(良性息肉脱落的上皮细胞形态应更为典型)。然而，值得注意的是，对于上皮细胞来说尿液是一个不适环境，许多细胞形态变化可能是细胞变性和衰老的结果。

膀胱冲洗、细针穿刺和触片的细胞学

炎症和感染的细胞学特征与前面描述的相似。肿瘤则更可能通过 FNA、膀胱或尿道肿物的触片被检测到，而非通过尿沉渣镜检。对于犬猫来说，最常见的肿瘤是移行上皮细胞癌(TCC)(图 10.8 A、B、C、D 和 E)。在猫，15% 的膀胱或尿道肿瘤为鳞状细胞癌。息肉和良性的肿物相对少见，可通过触片镜检与癌进行区分(图 10.9 A 和 B)。其他罕见的肿瘤包括平滑肌瘤、平滑肌肉瘤和葡萄状肿瘤(botryoid tumour)。

由于大多数样本是在超声引导下获得的，所以耦合剂很容易污染样本，从而影响对细胞形态细节的观察，因此应注意穿刺针的放置(图 10.9 B 和图 1.19)。

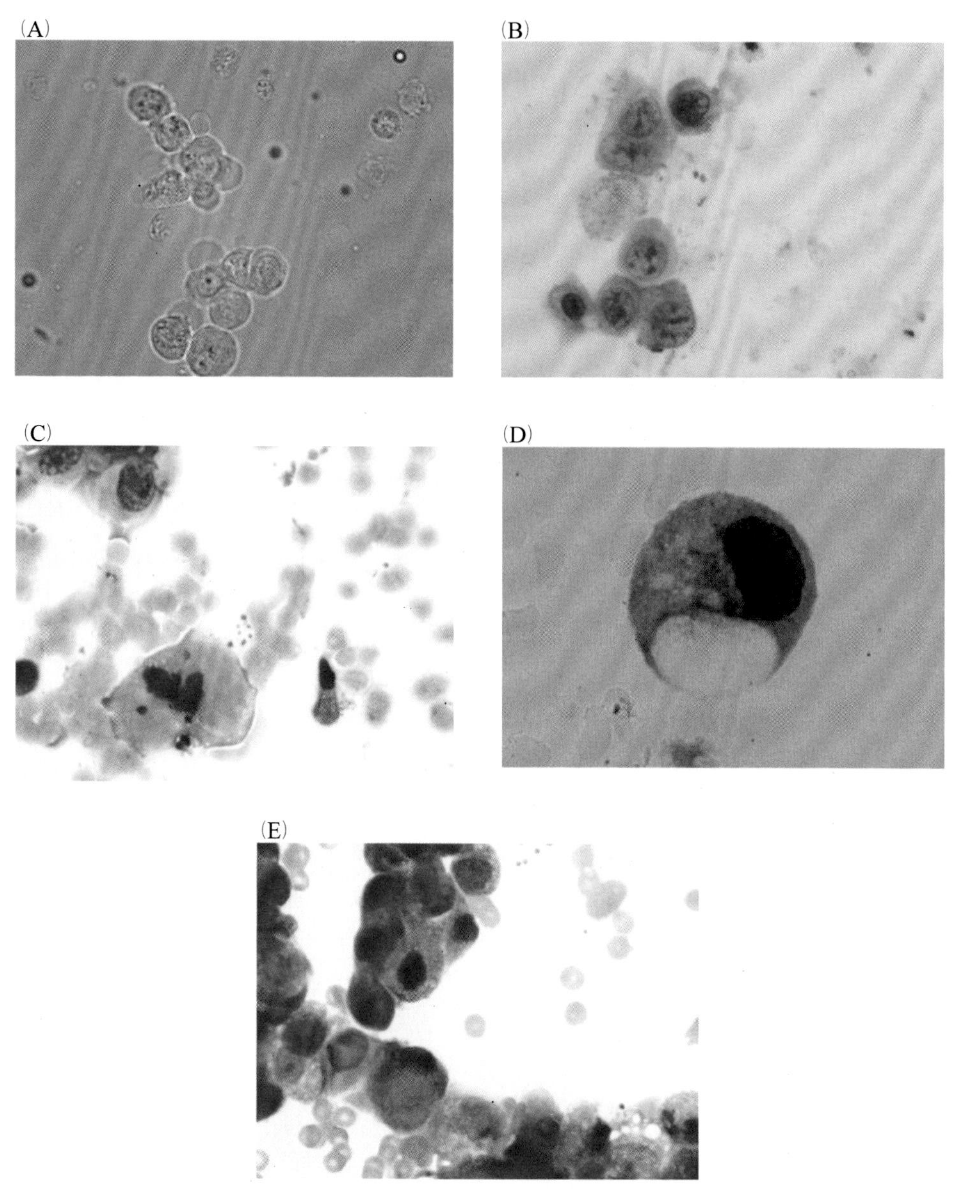

图 10.8　(A) 未染色的膀胱冲洗沉渣。木筏样上皮细胞，许多细胞含多个核仁。有些细胞具有双核。细胞学形态疑似膀胱移行上皮细胞癌。(B) 膀胱冲洗沉渣。上皮细胞具有大的细胞核和多个明显的核仁。(C) 膀胱冲洗制备的细胞离心涂片。背景中大量红细胞，注意处于有丝分裂期的大上皮细胞。(D) TCC (移行上皮细胞癌) 膀胱冲洗制备的细胞离心涂片。此上皮细胞呈“印戒”样形态。(E) 膀胱冲洗制备的细胞离心涂片。可见与 TCC (移行上皮细胞癌) 一致的木筏样非典型细胞。

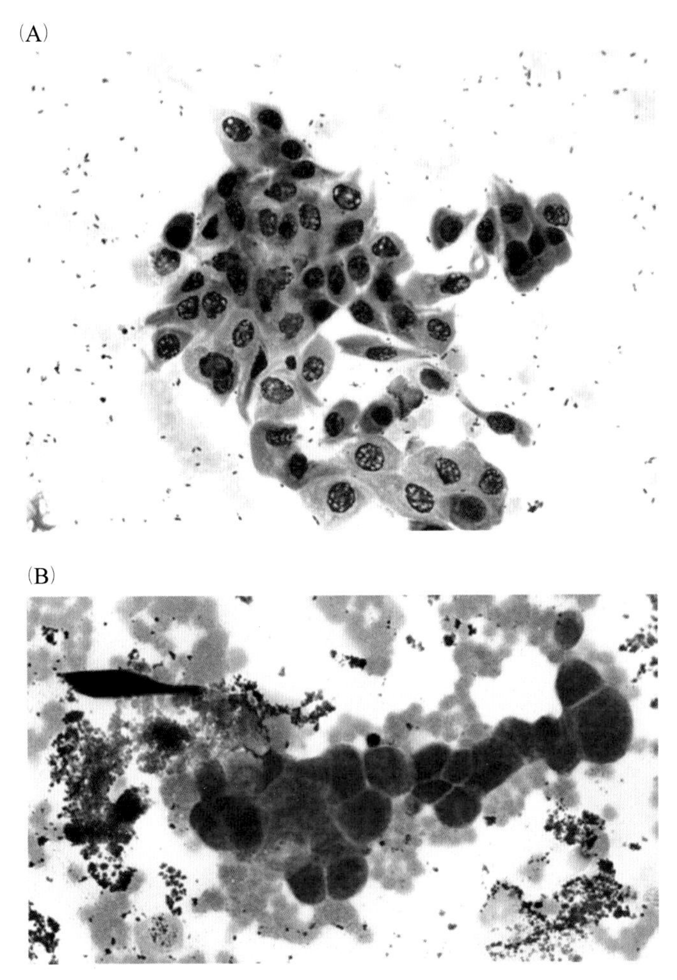

图 10.9 (A) 凸入膀胱内腔的膀胱壁息肉样肿物触片（导尿管顶端吸引活检）。鳞状上皮细胞表现出轻度细胞大小不等和核大小不等，背景中可见红细胞和细菌，但无白细胞。组织学确诊为良性息肉。(B) 膀胱三角区肿物触片（导尿管顶端吸引活检）。上皮细胞表现出恶性特征，包括细胞大小不等、核大小不等、双核和核质比增加。背景中可见大量红细胞——肿瘤的常见特征。紫红色物质为耦合剂。组织学确诊为 TCC（移行上皮细胞癌）。

肾脏细胞学

正常细胞类型

在尿液和 FNA 样本中可见到单个的肾小管上皮细胞（图 10.10 A 和 B）。在犬这些细胞呈拖尾形，胞浆轻度嗜碱性，而猫的经常含有许多点状的脂肪空泡。有时可穿刺到大量木筏样的正常肾小管上皮细胞（图 10.11）。

(A)

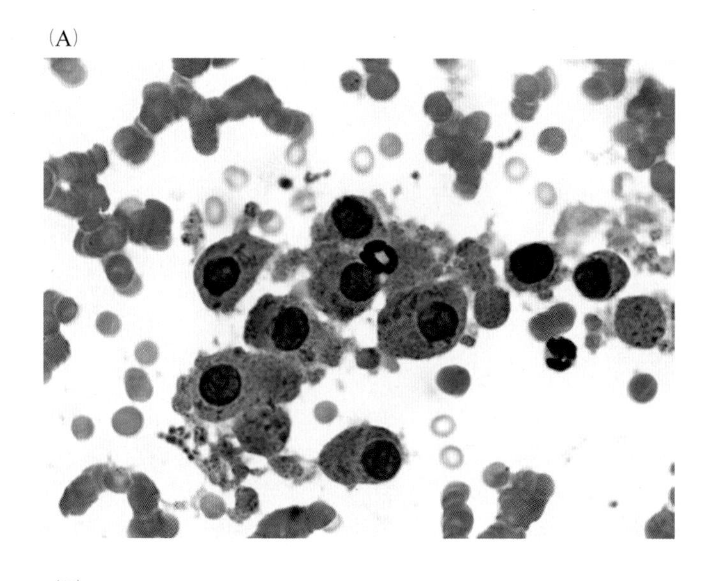

(B)

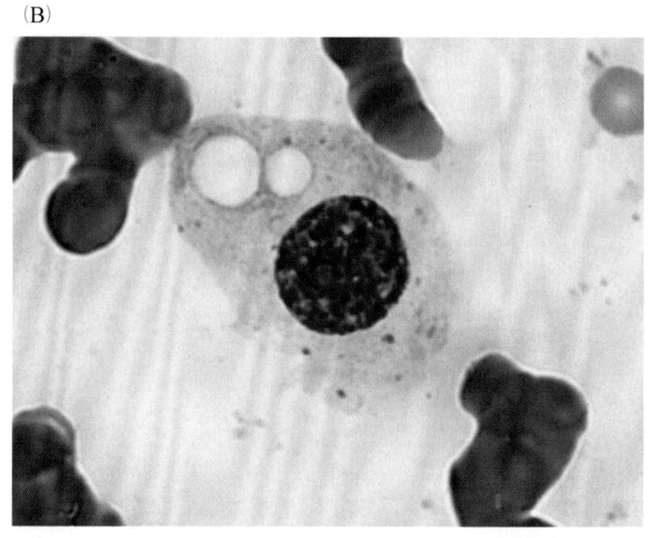

图 10.10　(A) 肾脏 FNA。成簇的正常肾小管上皮细胞。这些细胞呈轻度细胞大小不等和核大小不等。注意深色的胞浆内颗粒。肾脏穿刺经常含有大量血液。(B) 猫肾脏 FNA。单个正常的肾小管上皮细胞，细胞呈拖尾形，胞浆内有离散的空泡 (胞浆空泡的形成在猫肾小管上皮细胞更常见)。

异常细胞学

炎症

穿刺液含有少量正常的肾小管上皮细胞和大量的炎性细胞 (中性粒细胞、小淋巴细胞和巨噬细胞)。后者在肉芽肿性炎症时尤其显著，例如：猫传染性腹膜炎 (FIP) 和猫分枝杆菌感染。

肿瘤

犬猫肾脏的原发性肿瘤相对不常见；然而，有些肿瘤可以继发转移至肾脏。

淋巴瘤

肾脏淋巴瘤既可以是原发性的，也可以继发于转移；可作为单个肿物发生于肾脏的一端，也可以弥漫于整个肾脏实质（图 10.12）。最常见于猫的肿瘤。

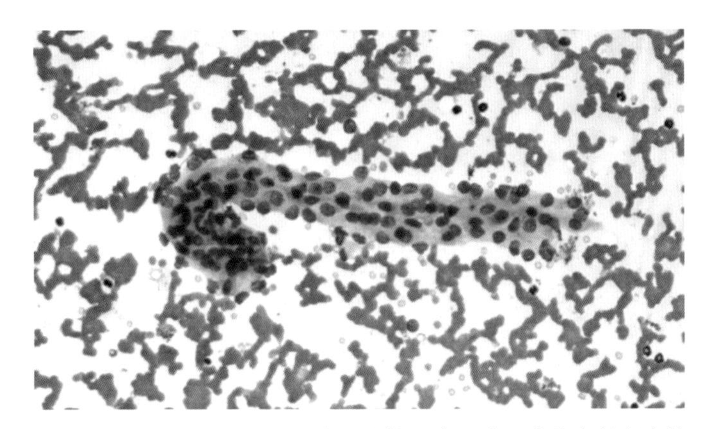

图 10.11 在血液背景中可见由木筏样正常肾小管上皮细胞组成的完整肾小管。

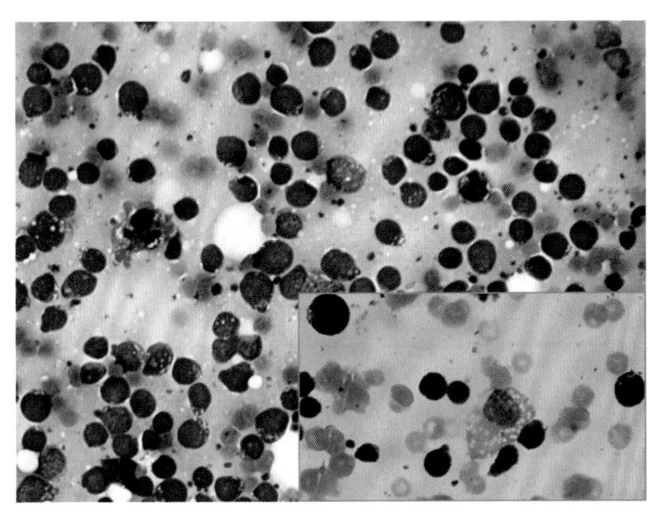

图 10.12 肾脏淋巴瘤 FNA（猫）。在血液的背景中可见大量的淋巴细胞和少量上皮细胞。插图：FNA 高倍镜，血液背景中可见单个肾上皮细胞，以及大量含多个明显核仁的淋巴细胞。

癌

原发性肾癌可来源于肾小管上皮细胞。虽然犬所有肿瘤中仅有 1% 位于肾脏，但报道显示这些肿瘤中的 85% 为癌。肾癌经常是单侧性的（图 10.13）。TCC 偶尔来源于位于骨盆的泌尿道上皮细胞或者输尿管，但比起源于肾小管上皮的癌或涉及膀胱和尿道的 TCC 要少见得多（图 10.14）。

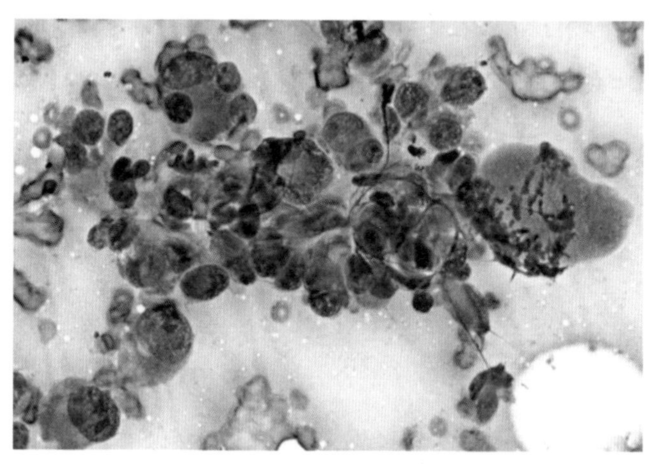

图 10.13 肾脏 FNA（犬）。非典型性的肾脏上皮细胞，表现许多恶性特征。注意右侧的异常有丝分裂象。组织病理学确诊为原发性肾癌。

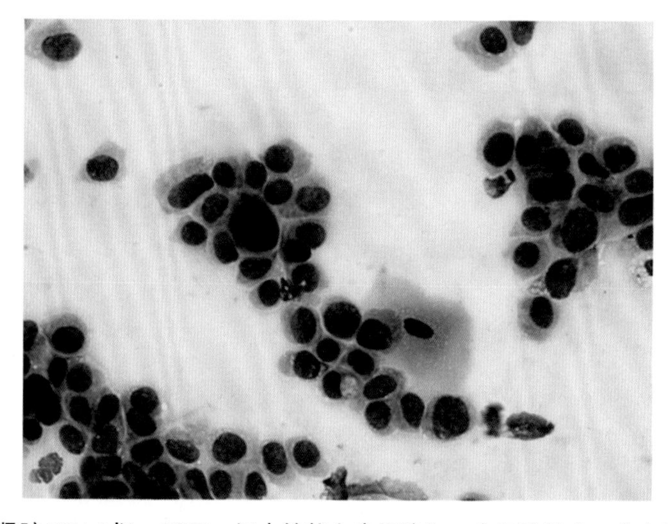

图 10.14 肾脏 FNA（犬）。可见一组木筏状上皮细胞和一个细胞核小、含丰富淡染嗜碱性胞浆的正常鳞状上皮细胞。许多上皮细胞表现出明显的恶性特征（细胞大小不等、核大小不等和核质比不等）。组织病理学确诊为 TCC。

肾母细胞瘤

罕见的肾脏肿瘤，通常发生于幼年犬猫。

间质性肿瘤

在犬猫不常见，仅占肾脏所有肿瘤的1%。包括肾肉瘤、血管肉瘤和纤维肉瘤。通过FNA来诊断这类肿瘤很困难，一方面这类肿瘤细胞很难脱落，另一方面由于在慢性肾病中，纤维化非常常见，所以很难将肿瘤细胞与增生的纤维细胞区分开来。

11 肝脏、胰腺外分泌部和胃肠道细胞学

Marta Costa and Kostas Papasouliotis

School of Veterinary Science & Langford Veterinary Services (Diagnostic Laboratories), University of Bristol, Langford, Bristol, UK

采集于肝脏、胰腺和胃肠道（GI）样本的细胞学检查可以提供有用的诊断信息，甚至在大多数病例中可以对疾病进行确诊。这项检查的局限性包括组织结构的缺乏，以及样本质量在细胞构成和保存方面欠佳。

肝脏

肝胆疾病的存在可以通过动物的病史、体格检查、实验室检查和影像学检查来确定；然而，特定的病理学进程很少能被辨别。这通常需要采用活检（细针穿刺，组织芯、钻孔或者楔形活检），对肝脏的实质进行形态学检查。肝脏样本细胞学检查的适应症包括：

- 异常实验室检查结果提示肝细胞损伤、胆汁淤积和／或肝功能不全。
- 发现局部或多病灶的肝脏肿物。
- 不明原因的肝脏肿大。
- 超声检查显示肝脏回声异常。
- 其他器官存在肿瘤疾病。
- 评估治疗效果或疾病的进展。
- 怀疑胆囊异常（对胆囊进行穿刺收集胆汁）。

即便与肝脏细针穿刺有关的并发症很少，也最好在肝脏细胞学检查前先评估动物的血凝状态。

有几个研究曾评估过细胞学和组织病理学检查之间的关联，其相关性从 28% 到 83% 不等，其中与组织病理学相关性最高的情况出现在对活检触片的细胞学评估中（Fondacaro et al., 1999; Kristensen et al., 1990; Roth, 2001; Wang et al., 2004; Weiss and Moritz, 2002; Weiss et al., 2001）。弥散型的疾病像淋巴瘤、肝脏脂肪沉积和中性粒细胞性(化脓性)肝炎通过细胞学很容易诊断。而局部或多病灶的肝脏肿物由于无法采集到代表性的样本，则很难通过细胞学进行评估。肝细胞腺瘤，分化良好的肝细胞癌，结节性增生，纤维化，慢性（如门脉周淋巴细胞性）炎症，门脉异常，淀粉样变性和难以脱落的肉瘤需要组织病理学进行确诊。

正常的细胞学发现

和其他所有血管丰富的器官一样，外周血污染是不可避免的。除了外周血起源的中性粒细胞，偶尔也可见巨噬细胞（如枯否氏细胞）、肥大细胞和罕见的造血细胞前体。

穿刺下来的肝细胞通常呈片状或簇状。罕见核含有矩形的结晶状包涵体（图 11.1）。双核细胞和多核仁的现象不常见。另外在正常的肝脏穿刺中，偶尔可见密集的簇状胆管上皮细胞（图 11.2），或成片的间皮细胞（见图 6.2）。胆汁可呈现为颗粒状的无定形嗜碱性物质或者绿灰色物质。

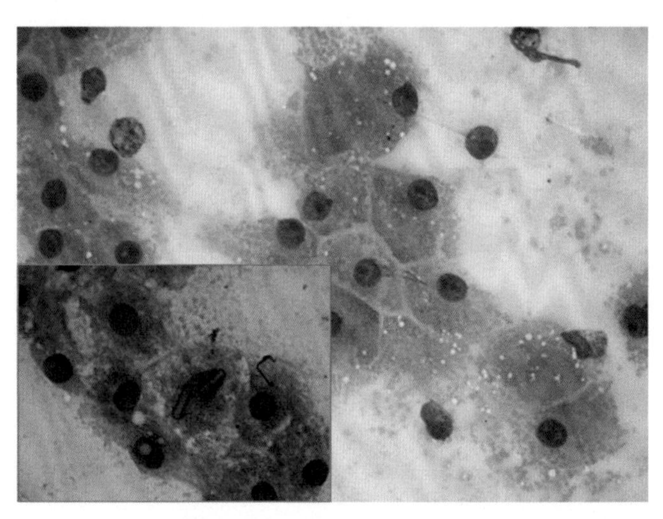

图 11.1　正常肝细胞，猫。肝细胞是大的圆形至多边形细胞（即直径是红细胞的 3~4 倍），圆形至轻微卵圆形的核位于细胞中央。核染色质粗糙，大多数核含单个明显的核仁。胞浆颗粒状，轻微嗜碱性并含粉红色嗜酸性颗粒（由于双嗜性的着色特性）。插图：犬正常肝细胞，细胞核内可见矩形的结晶样包涵体。

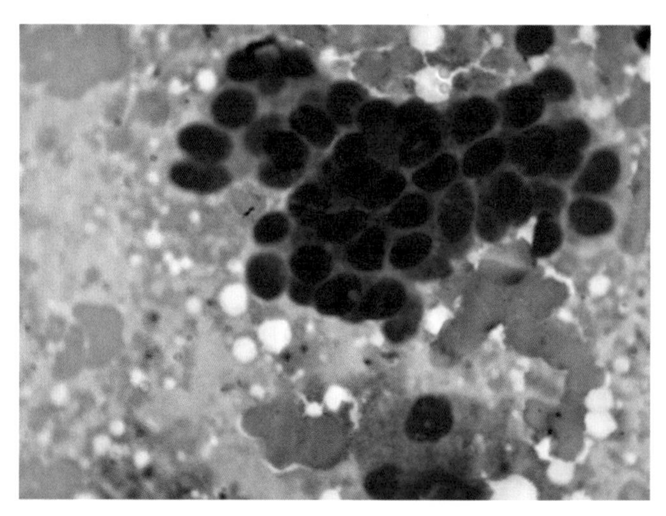

图 11.2 **正常的胆管上皮细胞，猫。胆管上皮细胞为立方状至柱状，细胞核圆形，含深蓝色成簇的染色质，胞浆少量，苍白至轻度嗜碱性。**

非肿瘤性疾病

结节再生性增生

来自增生和再生结节的肝细胞的细胞学特征与正常肝细胞和穿刺于肝细胞腺瘤的细胞相似，虽然报道称其双核肝细胞的比例更高。但在这些病例中，确诊仍需要进行组织病理学检查。

炎症

肝胆管炎症在细胞学上可能难以发现。中性粒细胞性（化脓性）炎症最为常见（图 11.3），但应注意确定中性粒细胞是来源于肝脏而非源于外周血。若在靠近于肝细胞的位置发现了中性粒细胞，那么中性粒细胞性炎症的诊断可信度更高。中性粒细胞性炎症浸润最常与细菌感染有关，但是细菌一般很罕见。

混合细胞性炎症（mixed cell inflammation）由不同数量的中性粒细胞、巨噬细胞、淋巴细胞和浆细胞组成。当巨噬细胞和巨细胞占主导时（图 11.4），炎症模式可被归为肉芽肿或脓性肉芽肿，尽管作者认为这些术语更适用于组织病理学而非细胞学诊断。引起混合细胞性炎症的病因包括真菌感染、分枝杆菌感染（图 11.4）、猫传染性腹膜炎（FIP）、肝簇虫病、利什曼原虫病和弓形虫病。混合细胞性炎症也见于结节再生性增生。

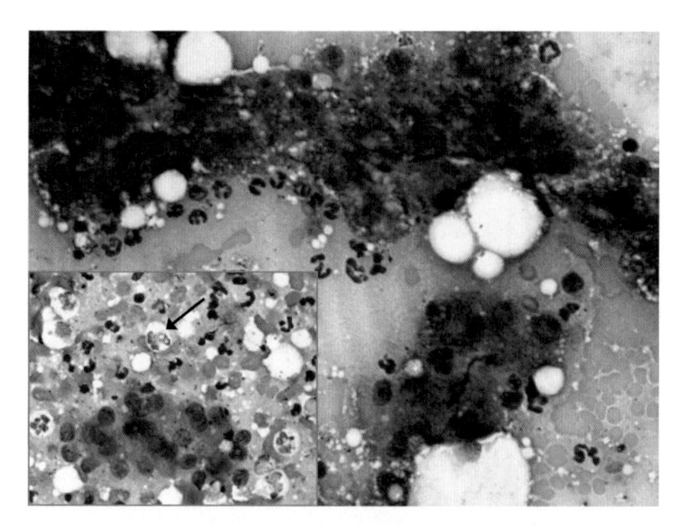

图 11.3　中性粒细胞性炎症（穿刺于患有肝胆管炎的猫）。许多非退行性的中性粒细胞出现于成片的肝细胞中。插图：穿刺于患有肝脓肿的犬。可见许多中性粒细胞，一些表现退行性的迹象（箭头），以及一簇不完整的肝细胞，背景中含无定形坏死性物质。

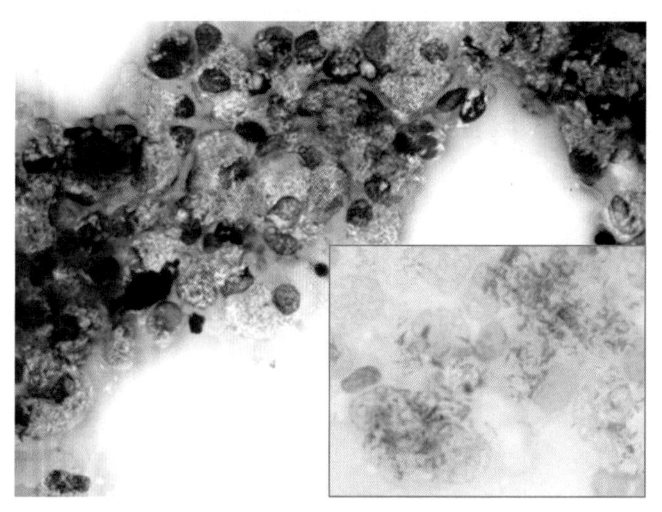

图 11.4　分枝杆菌病。患有全身性分枝杆菌感染的犬肝脏穿刺液。巨噬细胞内含有不着色的杆状细菌。插图：同一病例。抗酸染色显示巨噬细胞内为抗酸（红色）杆菌。

淋巴细胞性炎症的特征是小淋巴细胞占主导，有或无浆细胞。这种类型的炎症通常局限于门脉周围区域，因此可能会被漏诊。另外应时刻注意将淋巴细胞性炎症与小细胞淋巴瘤和慢性淋巴细胞性白血病进行鉴别诊断，尤其当浸润十分广泛时。

髓外造血

当发生贫血或系统性炎症疾病时，机体可能通过增加造血作用来应答。当存在大量处于不同成熟阶段的造血细胞，并且处于后期阶段的细胞占主导时，可鉴定为髓外造血（图 11.5）。

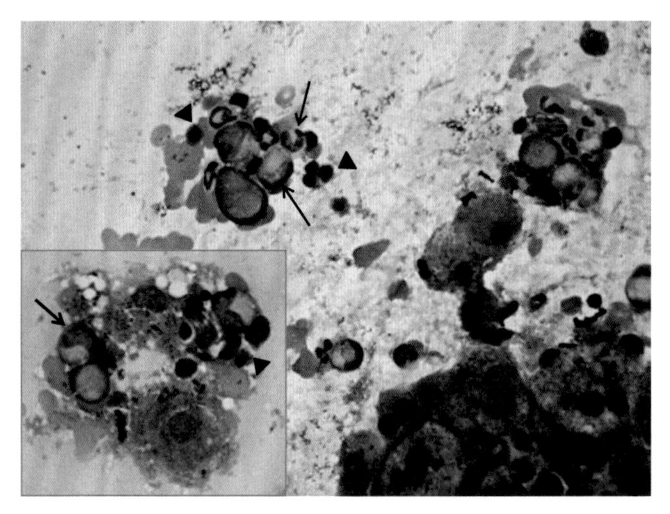

图 11.5　髓外造血。可见晚期红细胞前体（箭头头）和髓系前体细胞（箭头）。一些肝细胞（右下部）含有小的胆管铸型。插图：同一病例高倍镜下。可见晚期红细胞前体（箭头头）和髓系前体细胞（箭头）。

纤维化

纤维化以胶原沉积和间质细胞的存在为特征（图 11.6），是慢性炎症或组织损伤的结果。胶原表现为细胞外嗜酸性基质物质，应与淀粉样 A 蛋白沉积相区分。后者颜色更深，可以将涂片用刚果红染色后，置于偏振光下进行辨认。

肝脂沉积症

肝脂沉积症是猫常见的疾病，以脂肪在肝细胞的蓄积为特征（图 11.7）。它既可以是原发性疾病（特发性），也可以继发于全身性疾病（如营养性、代谢性、中毒性疾病）。

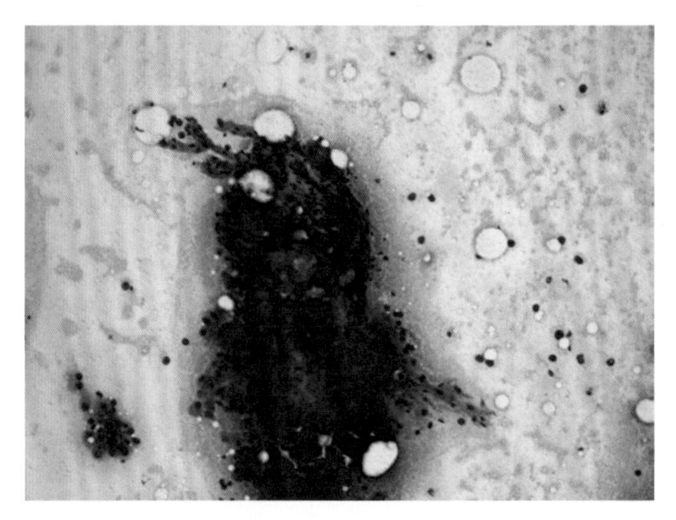

图 11.6　肝脏穿刺液，犬。缕状的粉红色细胞外物质以及成簇／片存在的肝细胞，提示纤维化。

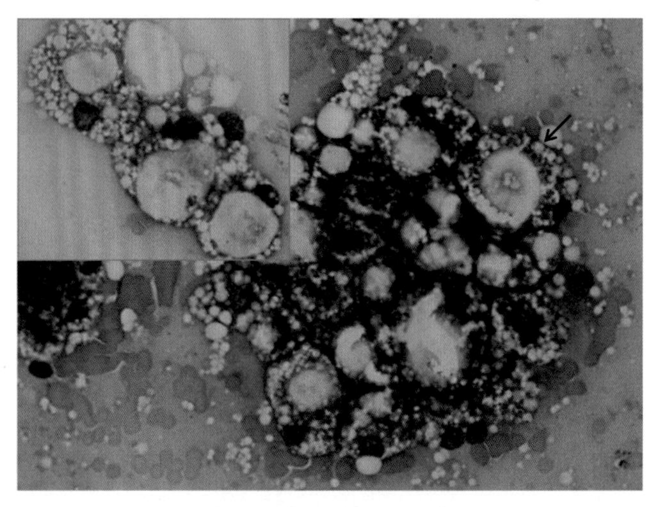

图 11.7　肝脂沉积症，猫。肝细胞里脂质的蓄积表现为清晰的、边界明显的以及大小不等的胞浆空泡（箭头），一些肝细胞显得肿胀，其核被挤压至细胞边缘。在严重的病例可见肝细胞退变和坏死。插图：同一病例高倍镜下。

类固醇性肝病

类固醇性肝病的细胞学特征是肝细胞的胞质稀疏（空泡化）（图 11.8）。胞质稀疏源自糖原蓄积或有毒物质／组织缺氧引起的细胞水肿变性。

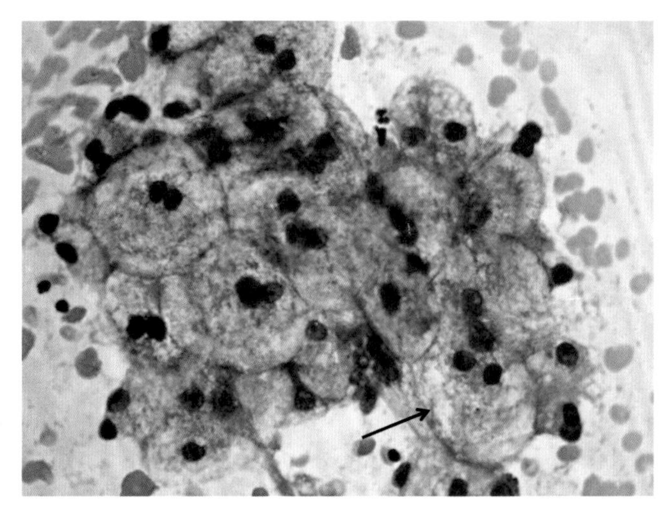

图 11.8 空泡性肝病，犬。肿胀的肝细胞内细胞质稀疏，空泡不明显（箭头）。肝脂沉积症的细胞核由于脂质空泡的挤压，常常偏于一侧，而类固醇性肝病导致的空泡化，细胞核仍位于肝细胞的中央。

色素蓄积

在肝脏样品的细胞学检查过程中可发现四种主要类型的色素：胆汁、含铁血黄素、铜和脂褐素。脂褐素是最常见的色素。在肝细胞的胞浆中表现为绿－黑色的颗粒（图 11.9），可见于正常肝细胞（尤其是老年动物）的穿刺检查中。这种色素的蓄积不可与胆汁淤积相混淆。胆汁淤积可通过细胞

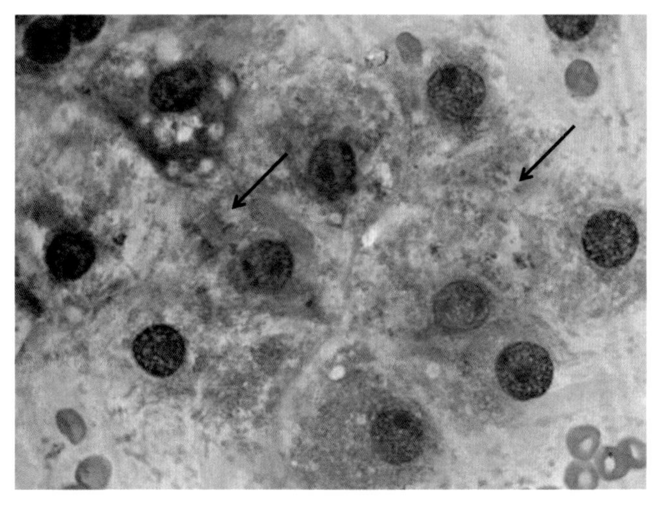

图 11.9 内含脂褐素的正常犬肝细胞。肝细胞内可见蓝绿色的细颗粒状色素（箭头）。

学样本中胆管铸型的存在而进行识别（图 11.5 和图 11.10）。含铁血黄素表现为金－棕色至蓝黑色的颗粒性色素，可出现在肝细胞和／或巨噬细胞内。普鲁士蓝染色可以确定含铁血黄素的存在，最常指示溶血性疾病或有过输血史。

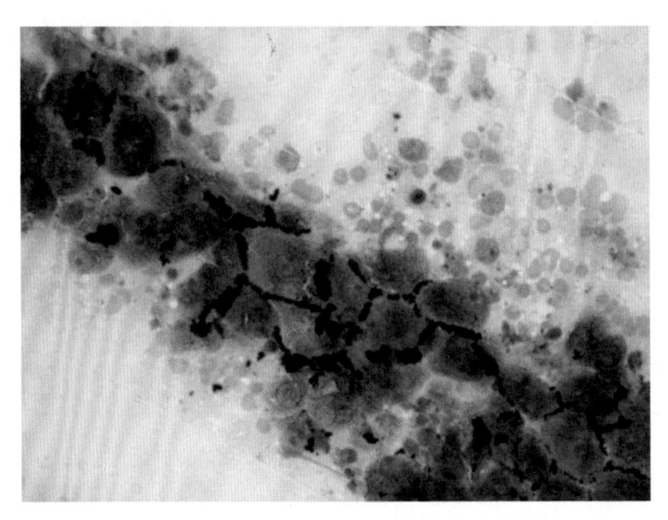

图 11. 10 胆汁淤积，犬。大量栓状的绿－黑色胆红素色素（胆管铸型）描绘出肝细胞的轮廓。最终确诊为肝癌。

患有遗传性铜相关的肝病的犬（如贝灵顿㹴）和一些患有慢性肝炎的犬，肝细胞内的铜含量可明显升高。细胞学检查时，肝细胞内可能含有折光性的粗糙颗粒，呈淡蓝绿色，通常难以辨认。用红氨酸染液染色可确定铜的存在。

肿瘤

在犬多数原发的肝脏肿瘤是肝细胞起源，而猫胆管癌是最常见的原发性肝脏肿瘤。犬其他常见的肿瘤包括淋巴瘤、肉瘤（多数为转移性的，其中血管肉瘤是最常见的）和未分化的癌。在猫，胆管癌和淋巴瘤占所有肝脏肿瘤的大部分。

肝细胞肿瘤

肝细胞肿瘤的范围从分化良好的腺瘤到分化程度低的恶性癌（图 11.11）。最近的一篇文章总结了犬分化良好的肝细胞癌的细胞学特征，包括肝细胞的分解，腺泡样和栅栏样的排列，多核，核质比增加，以及裸

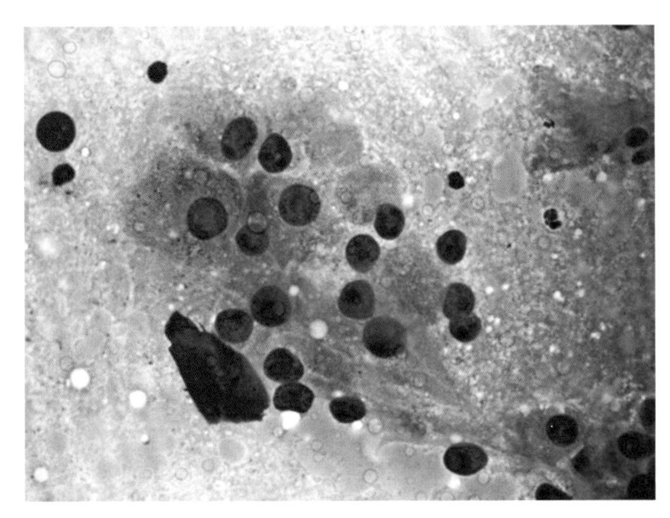

图 11.11 肝癌，犬。相对分化良好的肝细胞，但胞核表现出恶性特征（核大小不均，核仁大小不等，巨核仁，核仁数目不等）。

核和微血管的存在（Masserdotti and Drigo, 2012）。然而，其中某些特征在增生性结节的细胞学中也可出现，但是对二者没有做过比较。单纯通过细胞学不能区分肝细胞瘤和分化良好的癌，或者区分原发性和转移性的癌（如胰腺癌）。

胆管肿瘤

细胞学上不能区分胆管腺瘤和癌，因为在这两种肿瘤中，上皮细胞都可表现为正常形态（图 11.12）。猫的胆管癌比腺瘤更常发。

间变性癌和肝胆的类癌

在分化较差的间变性肝细胞癌和胆管癌中，穿刺的细胞较少表现肝样细胞起源。细胞学上，这些肿瘤不能与转移性癌相区分，被称作间变性癌。

肝细胞类癌是原发的神经内分泌肿瘤，起源于肠嗜铬细胞。细胞学上不能将其与转移性的神经内分泌肿瘤相区分（如肾上腺、胰腺内分泌部肿瘤；见第 12 章）。

淋巴瘤

淋巴瘤是犬猫最常见的肝脏恶性肿瘤。在患有多中心型淋巴瘤的动物，由于淋巴细胞很容易脱落，所以通过细胞学很容易诊断存在大淋巴样细胞浸润肝脏实质（图 11.13）。由于淋巴细胞是易碎的细胞，细胞学检查中可见许多裸核。细胞学形态各不相同，如需对淋巴瘤进行分型，则需进行免疫化学检测。通常淋巴瘤的特征为细胞大（常大于红细胞直径的 3 倍）、圆形，细胞核圆形或锯齿状，染色质粗糙，核仁明显，胞浆多少不一、呈深蓝色。淋巴瘤细胞也可表现为显著的多形性，明显的细胞大小不等，核多形性和

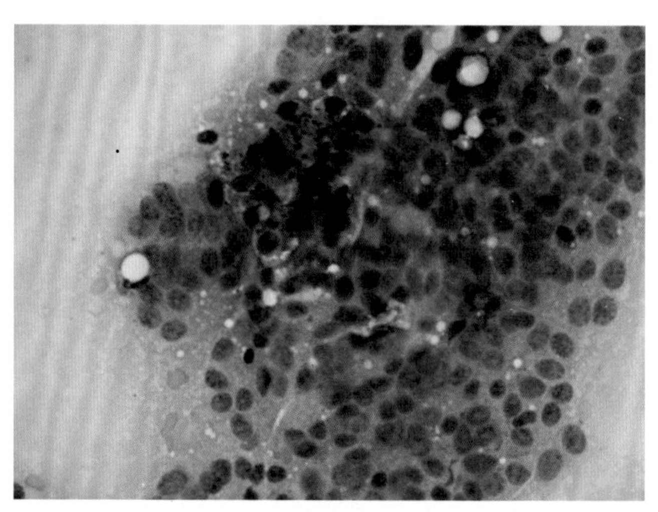

图 11.12　胆管癌，猫。大量的胆管上皮细胞，核呈圆形至卵圆形、深染，可见细微的网状染色质和稀少的嗜碱性胞浆包围一小簇带有细胞内色素（脂褐素）的肝细胞。

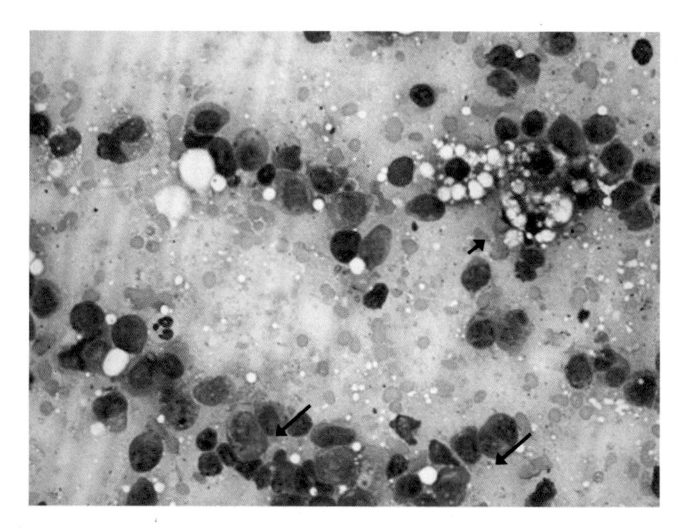

图 11.13　淋巴瘤，猫。可见三个带空泡化胞浆的肝细胞（短箭头）和许多大的非典型的淋巴样细胞（长箭头）。

多核。大颗粒淋巴细胞淋巴瘤中的细胞含有大小不等的嗜苯胺蓝胞浆颗粒。少数情况下，淋巴样细胞可表现为较小，形态特征不明显，与淋巴细胞性炎症相似。在这样的病例中，应考虑小细胞性淋巴瘤或慢性淋巴细胞性白血病。

肥大细胞瘤

在从临床健康动物或患有肝脏混合细胞型炎症的动物采集的肝脏样本中均可见少量的肥大细胞。若伴随肝细胞存在数量增多或成簇的肥大细胞，则高度提示肝脏肥大细胞瘤（图 11.14）。其他可提示肥大细胞瘤的细胞学特征为非典型（多形性和／或颗粒稀疏）肥大细胞的存在（Book et al., 2011; Stefanello et al., 2009）。

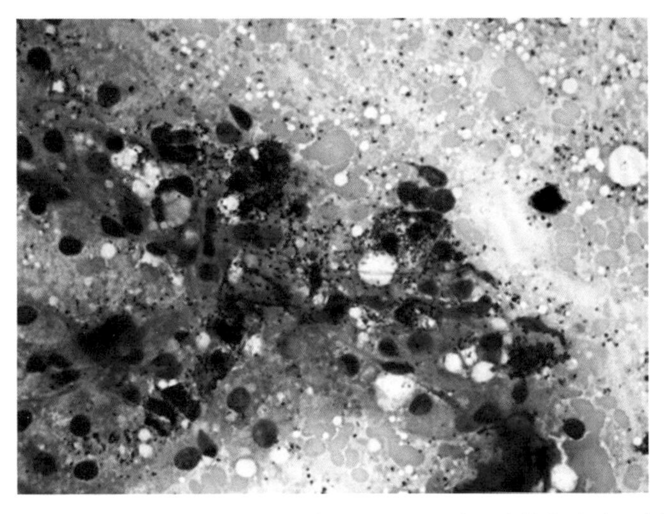

图 11.14 肥大细胞瘤。穿刺于 B 超下回声不均的猫肝脏，该猫有脾脏肥大细胞瘤病史。可见丰富的游离的嗜苯胺蓝颗粒和与肝细胞相伴的、数量增多的肥大细胞。

组织细胞肉瘤

弥散性组织细胞肉瘤是涉及肝脏的另一类型肿瘤。当显著的非典型细胞存在时（图 11.15），很容易诊断为恶性肿瘤，但要确定这些细胞是否为组织细胞则需要进行免疫分型。

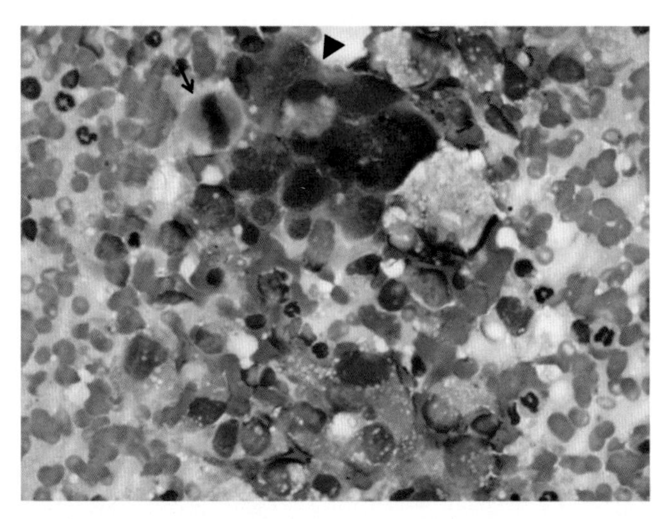

图 11.15 组织细胞肉瘤。患有肝脾肿大的伯恩山犬的穿刺液可见一簇肝细胞（箭头头）和大量多形性圆形细胞。后者有些细胞类似于巨噬细胞，其他的细胞类似间质细胞。可见一个有丝分裂象（箭头）。

胰腺外分泌部

很少对胰腺进行细胞学采样，除非通过影像学检查确定了异常的区域，如肿物或囊性结构。

正常的细胞学发现

胰腺外分泌部占据了胰腺组织的大部分，对正常胰腺组织进行涂片时，绝大多数细胞成分为腺泡上皮细胞（图 11.16）。胰腺结节可能是增生、肿瘤或炎症。增生性结节含有的上皮细胞，形态上与正常的上皮细胞相似，虽然可能表现轻度的核质比升高、核仁明显和更显著的双核。

非肿瘤性病变

胰腺炎症的范围从中性粒细胞性至淋巴细胞性均可能呈现。由于多数病例的胰腺炎以临床病理学及影像检查为基础来诊断，所以很少进行胰腺的穿刺和细胞学检查。

重型炎症的胰腺制备的涂片细胞数量大。有或无退行性变化的中性粒细胞在数量上占主导，另外可能存在数量不等的，可能表现发育不良的腺泡上皮细胞（图 11.17）。慢性胰腺炎由于纤维化，穿刺样本常含有较少数量的细胞。细胞学检查可见红细胞性背景，少量富含钙的细胞碎片，少量上

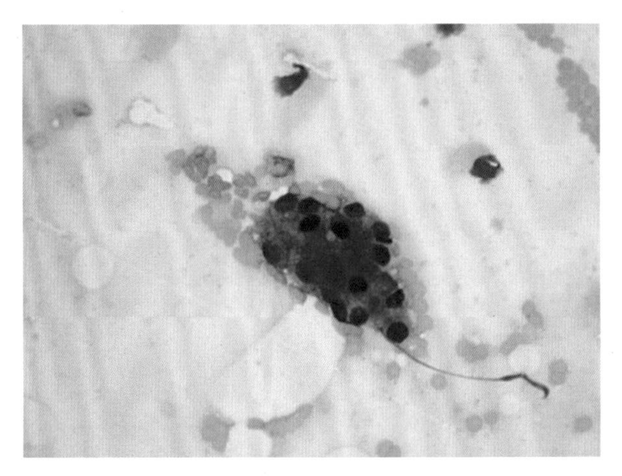

图 11.16　胰腺，猫。正常的胰腺上皮细胞为多边形，呈小片和小簇样脱落。核质比低，含网状染色质的圆形细胞核位于细胞一侧，偶见单个的小核仁。由于存在丰富的粉红色小点状颗粒（被认为是酶原颗粒），颗粒性的胞浆为带有轻度双染特征的嗜碱性胞浆。

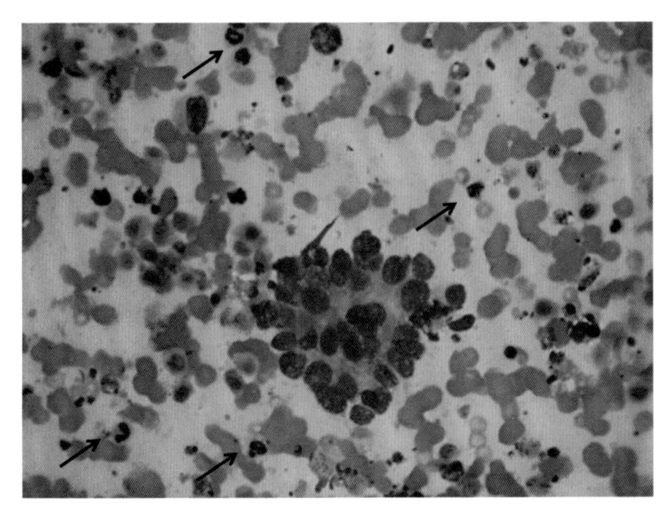

图 11.17　胰腺炎，犬。超声引导下增大胰腺的 FNA 可见中性粒细胞（箭头）和形态不完整的胰腺细胞，背景中为无定形的嗜碱性碎片（由蛋白水解酶造成的细胞迅速退化）。

皮细胞，偶见的反应性成纤维细胞，以及局灶性的淋巴细胞和中性粒细胞。

胰腺囊肿和假性囊肿的穿刺可获取低细胞量的液体，其总蛋白浓度与改性漏出液相似。液体的细胞学可见少量中性粒细胞、反应性巨噬细胞和罕见的反应性成纤维细胞。

肿瘤

无论是良性还是恶性胰腺肿瘤都能引起胰腺导管的阻塞，导致胰腺酶渗漏，进而形成胰腺炎。若未能穿刺到肿瘤，而穿刺的是炎性实质，则会造成肿瘤的漏诊。诊断胰腺癌主要的困难是将分化良好的癌细胞分别与见于腺瘤或胰腺炎的良性或发育不良的上皮细胞相区分，因为此类上皮细胞可能带有非常少量的恶性特征。胰腺癌是不常见的肿瘤，但却是胰腺外分泌部最经常被诊断的肿瘤。它通过细胞学很容易辨认，其细胞特征与其他器官的腺癌见到的细胞学特征相似（如腺泡样排列，细胞多形性，核质比高，中度至显著的细胞大小不等和细胞核大小不等，核仁明显，胞浆嗜碱性和细微的空泡化；图 11.18）。胰腺内分泌部肿瘤在第 12 章讨论。

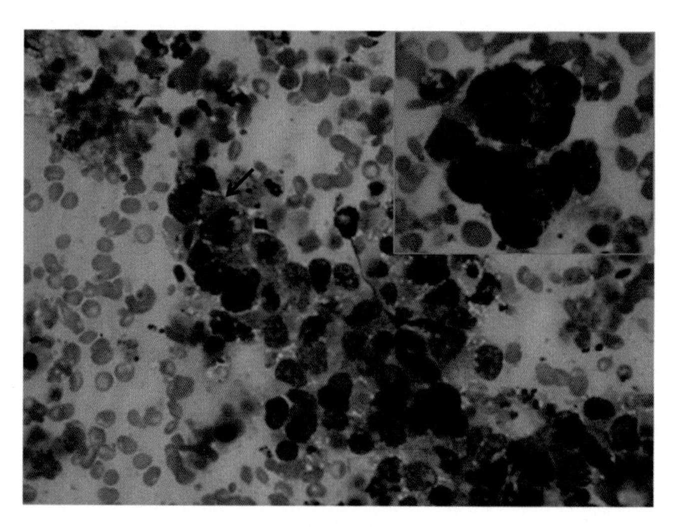

图 11.18　胰腺癌，犬。单个胰腺肿物的超声引导穿刺。可见一簇圆形至多边形的上皮细胞，带有圆形至卵圆形的核，胞浆嗜碱性。一些（未呈现于该视野）呈管形或腺泡样排列。恶性标准包括中度的细胞大小不等和细胞核大小不等，核仁大小不等，核塑形和非典型的有丝分裂象（箭头）。在此穿刺样本中亦可观察到坏死、炎症和出血的迹象。插图：同一病例高倍镜下。

非常罕见的情况下，起源于支持组织的淋巴瘤和间质类肿瘤，例如血管肉瘤、纤维肉瘤和脂肪肉瘤也会侵袭胰腺。除了淋巴瘤，间质类肿瘤的肿瘤细胞都很难脱落，因此仅偶尔能通过细胞学涂片进行诊断。

胃肠道

胃肠道的评估最常用的是以下样本的细胞学检查：超声引导下采集的穿刺液，活检样本或通过内窥镜采集的刷取物制备的触片。

胃肠道细胞学检查最常见的适应症，是通过腹部超声发现的局灶性肿物和／或肠壁增厚。虽然基本上所有的病例都需要通过组织病理学检查最终确诊，但细胞学往往能够给予肿瘤或炎性疾病以重要的提示。

胃

正常的细胞学发现

正常胃肠道样本的触片由黏液和数量不等的成簇和成片排列的分泌黏液的柱状上皮细胞组成。胃上皮细胞为柱状，含单个圆形的核以及细微颗粒性的胞浆。经常以蜂巢状排列（图 11.19）。另外也常见食物碎片，螺旋状细菌，以及被口咽部菌群（包括西蒙斯氏菌）覆盖的鳞状上皮细胞。

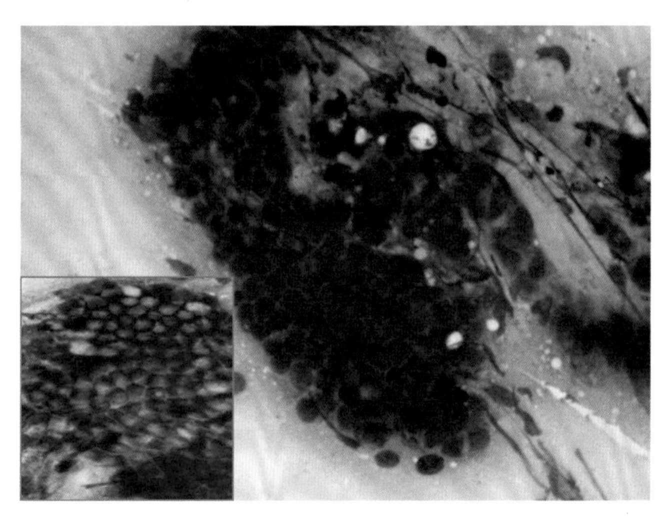

图 11.19 正常胃上皮。成片的规则的立方形至多边形上皮细胞。插图：胃上皮细胞呈蜂巢状排列。

炎症/感染

淋巴细胞－浆细胞性炎症是胃最常见的炎症类型，可能与慢性增生性和浅表性胃炎、萎缩性胃炎和螺杆菌感染有关。中性粒细胞性炎症不常见，但也可能与螺杆菌感染有关（图 11.20）。虽然炎症和螺旋状细菌的存在提示螺杆菌感染，但仍需要其他实验室检查手段（如 PCR）来确诊。

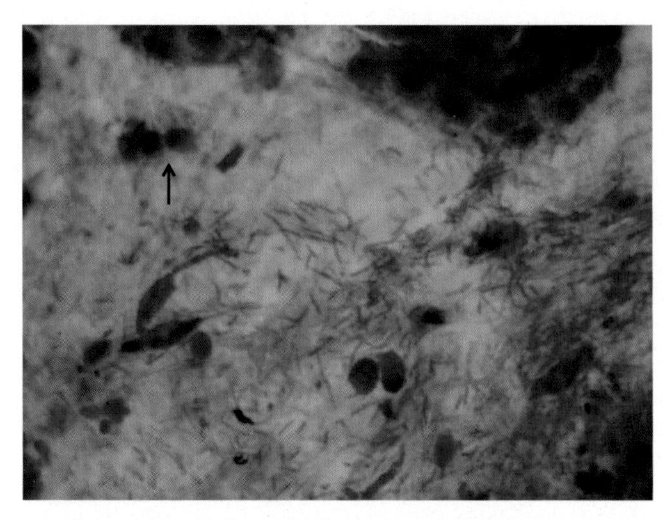

图 11.20 **螺杆菌类微生物。螺旋状的细菌内嵌于含少量固缩的中性粒细胞（箭头）的黏液背景中。**

肿瘤

胃肿瘤罕见，犬的癌和猫的淋巴瘤是最常被诊断的肿瘤。

癌

肿瘤细胞表现其他位置癌的典型恶性形态特征（图 11.21），但有时它们的外观与非典型的淋巴样细胞相似。

淋巴瘤

大细胞淋巴瘤在细胞学上很容易诊断（图 11.24），但淋巴细胞性炎症与小细胞淋巴瘤需要通过组织病理学检查进行区分。

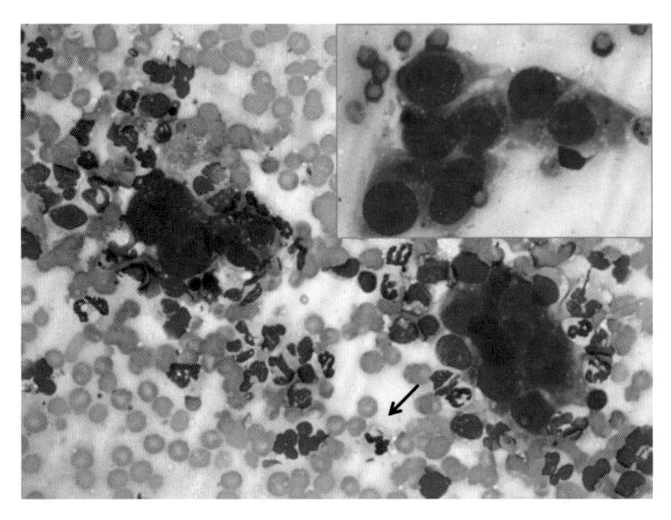

图 11.21 继发化脓性中性粒细胞炎症的胃癌，犬。上皮细胞成簇存在，带有深度嗜碱性的空泡化胞浆，核大小不等，染色质粗糙，核仁清晰，核仁大小不等，可见核塑形。注意中性粒细胞和细胞内外的杆菌（箭头）。这个病例中，化脓性中性粒细胞性炎症可能继发于溃疡。插图：高倍镜表明核的恶性特征。

平滑肌肿瘤

平滑肌瘤和平滑肌肉瘤是不常见的胃间质类肿瘤，多见于老龄犬。这些胃肿瘤的细胞与肠道的平滑肌瘤／平滑肌肉瘤相似（图 11.25）。

肠道

正常的细胞学发现

肠道上皮细胞一般相当一致，细胞核圆形，嗜碱性胞浆可能会融合（图 11.22）。产生黏液的杯状细胞可见大的胞浆空泡和／或品红色颗粒。也可能从肠道相关的淋巴滤泡中穿刺到分化良好的小淋巴细胞或混合的淋巴样细胞群（包括颗粒性淋巴细胞）。

炎症／感染

炎性病灶的细胞学检查可见数量不等的中性粒细胞、巨噬细胞、肥大细胞、淋巴细胞和嗜酸性粒细胞。淋巴细胞－浆细胞性炎症是最常见的类型（图 11.23），但是由于采集到肠道相关的淋巴样组织会导致相同的发现，所以常常不能仅凭细胞学做出确诊（见前面内容）。

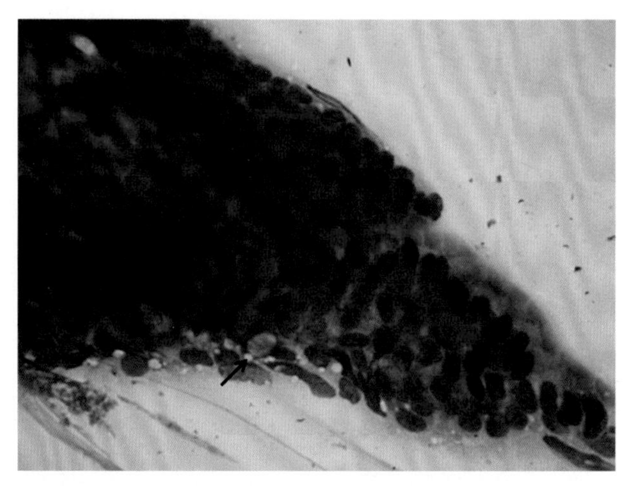

图 11.22　正常十二指肠。活检样本的触片。成片规则的柱状上皮细胞，含有圆形至卵圆形的核和苍白的嗜碱性胞浆。也可见一个单个的淋巴细胞（箭头）。

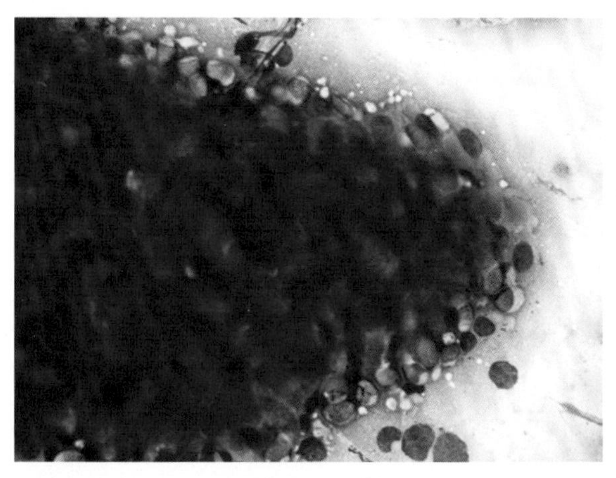

图 11.23　淋巴细胞性炎症。十二指肠活检样本的触片。小淋巴细胞和大的颗粒性淋巴细胞（带有小的胞浆内嗜苯胺蓝颗粒）包围一簇上皮细胞。这些淋巴样细胞既可能由正常的淋巴细胞构成，也可能提示淋巴细胞性炎症或淋巴瘤。为获得确定性诊断，常需要对活检样本进行组织病理学检查。

肿瘤

淋巴瘤通常以大量的大淋巴细胞为特征（图 11.24）。肠道癌 / 腺癌与位于其他器官的癌有相似的细胞学表现。间质类肿瘤，如胃肠道基质瘤（GIST）、平滑肌瘤和平滑肌肉瘤（图 11.25）罕见，仅通过细胞学不能诊断。

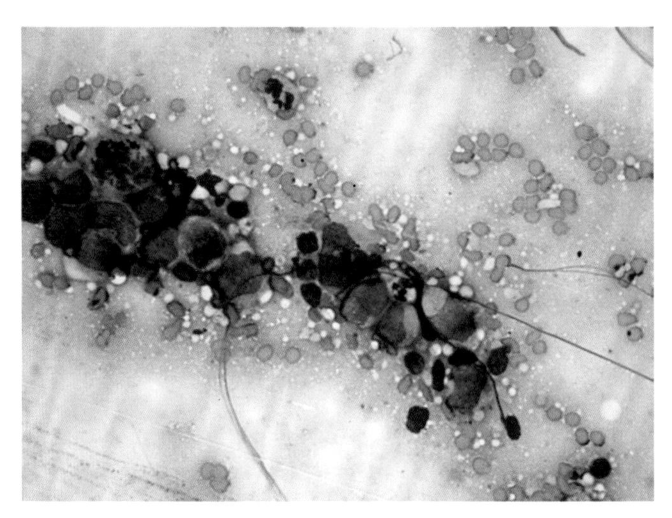

图 11.24 大细胞淋巴瘤，猫 。十二指肠活检样本的触片。非典型的大淋巴样细胞，细胞核的直径比红细胞直径的 3 倍还大。可见一个有丝分裂象（左上）。

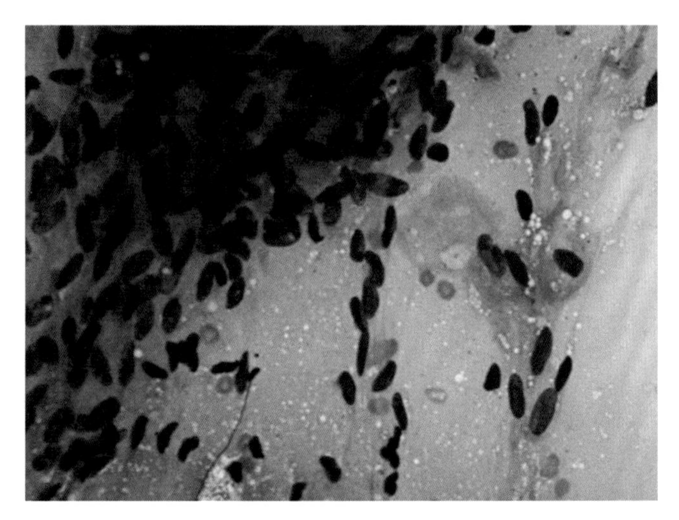

图 11.25 间质类肿瘤。十二指肠活检样本的触片。一簇梭形的细胞显示轻度细胞大小不等和细胞核大小不等，细胞核卵圆形，染色质呈细微的颗粒状，无明显的核仁。一些细胞有小的透明胞浆空泡，胞浆边缘不清楚。组织病理学尚无法做出确诊（鉴别诊断包括 GIST 和平滑肌肉瘤；未进行免疫组织化学检查）。

参考文献

Book, A.P., Fidel, J., Wills, T. et al.（2011）Correlation of ultrasound findings, liver and spleen cytology, and prognosis in the clinical staging of high metastatic risk canine mast cell tumors. *Veterinary Radiology & Ultrasound*, **52**（5）, 548–554.

Fondacaro, J.V., Fuilpin, V.O., Powers, B.E. et al.（1999）Diagnostic correlation of liver aspiration cytology with histopathology in dogs and cats with liver disease. *Journal of Veterinary Internal Medicine*, **13**, 254.

Kristensen, A.T., Weiss, D.J., Klausner, J.S. et al.（1990）Liver cytology in cases of canine and feline hepatic disease. *Compendium on Continuing Education for the Practicing Veterinarian*, **12**, 797–806.

Masserdotti, C. and Drigo, M.（2012）Retrospective study of cytologic features of well-differentiated hepatocellular carcinoma in dogs. *Veterinary Clinical Pathology,* **41**（3）, 382–390.

Roth, L.（2001）Comparison of liver cytology and biopsy diagnoses in dogs and cats: 56 cases. *Veterinary Clinical Pathology*, **30**, 35–38.

Stefanello, D., Valenti, P., Faverzani, S. et al.（2009）Ultrasound-guided cytology of spleen and liver a prognostic tool in canine cutaneous mast cell tumor. *J Vet Journal of Veterinary Internal Medicine*, **23**（5）, 1051–1057.

Wang, K.Y., Panciera, D.L., Al-Rukibat, R.K. et al.（2004）Accuracy of ultrasound-guided fine-needle aspiration of the liver and cytologic findings in dogs and cats: 97 cases（1990–2000）. *Journal of the American Veterinary Medical Association*, **224**, 75–78.

Weiss, D.J. and Moritz, A.（2002）Liver cytology. *Veterinary Clinics of North America: Small Animal Practice,* **32**（6）, 1267–1291.

Weiss, D.J., Blauvelt, M. and Aird, B.（2001）Cytologic evaluation of inflammation in canine liver aspirates. *Veterinary Clinical Pathology*, **30**, 193–196.

12 内分泌腺细胞学

Walter Bertazzolo
Ospedale Veterinario Città di Pavia, Pavia, Italy and Laboratorio La Vallonea, Alessano (Le), Italy

引言

伴侣动物内分泌组织的细胞学检查限于甲状腺、肾上腺、胰腺内分泌部的一些肿瘤疾病，以及其他不常见的肿瘤（化学感受器瘤、类癌、髓外副神经节瘤）。许多其他疾病（如萎缩、炎症、退行性病变）不能仅通过细胞学进行检查，还需要其他不同的诊断方法（如组织病理学、血清生化、激素检测等）来确诊。此外，一些内分泌肿瘤通过细胞学不容易进行诊断，因为腺体通常太小无法采样（例如甲状旁腺增生/腺瘤）或难以接近（如脑垂体肿瘤）。

甲状腺的细胞学

正常的甲状腺由位于气管上段两侧的两个分叶组成；两个分叶有时通过细小的峡部相连。正常的甲状腺组织由滤泡结构组成，滤泡内衬一层由立方滤泡细胞组成的腺上皮。这些细胞产生甲状腺激素，作为甲状腺球蛋白储存在滤泡腔中。由于在细胞学和组织学样本中表现为无定形的嗜酸性细胞外物质，这种蛋白样物质也被称为胶质。分泌降钙素的神经内分泌细胞（C细胞）也位于甲状腺滤泡之间。因为一些异位的甲状腺组织也会出现在如舌的基部至心脏的基部之间任何位置，所以一些甲状腺肿瘤会出现在不常见的解剖位置（如前纵隔和心脏基部）。正常、增生或良性的甲状腺组织之间存在相似的细胞学特征。这些不同的情况仅通过细胞学无法区分，需要通过活检样本的组织病理学检查来获得确定性诊断。从正常、增生和良性的肿瘤甲状腺组织的细针穿刺（FNA），滤泡细胞经常呈腺泡样排列，与组织学看到的滤泡模式类似（图12.1）。这些细胞圆形至多边形，细胞边缘

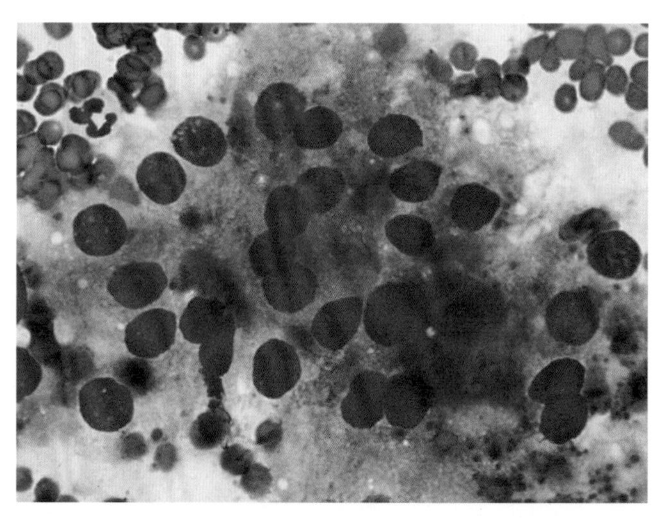

图 12.1 患有临床甲状腺机能亢进的猫的甲状腺结节的 FNA。这些细胞以腺泡模式排列（中心），胞浆边缘不清晰，丰富的嗜碱性胞浆带有深蓝色颗粒，细胞核圆形均一，染色质细腻，核仁小而不清晰。

不清，含中等量至丰富的嗜碱性胞浆，有时含有深度嗜碱性的颗粒（有些作者认为是甲状腺素，但还没有被证实）（图 12.2）。可见细胞内或细胞外的嗜酸性无定形的物质（胶质）（图 12.3）。由于数量较少，在正常的甲状腺组织的细胞学样本中通常无法看到 C 细胞。由于正常组织同肿瘤性的甲状腺组

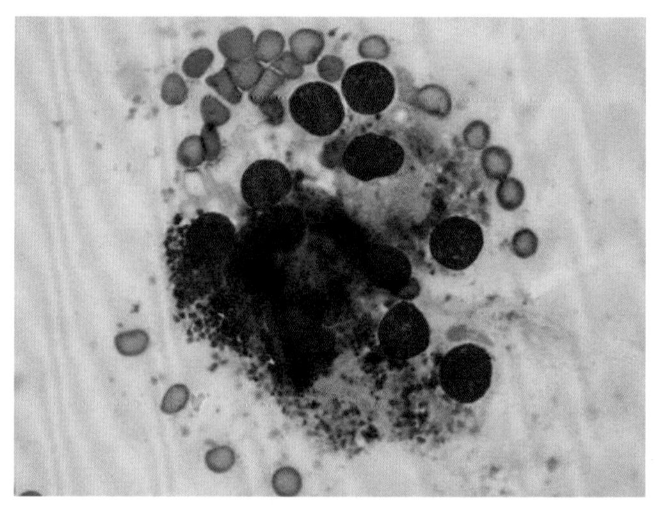

图 12.2 患有临床甲状腺机能亢进的猫的甲状腺结节的 FNA。注意这个视野的甲状腺滤泡细胞含有嗜碱性胞浆颗粒。

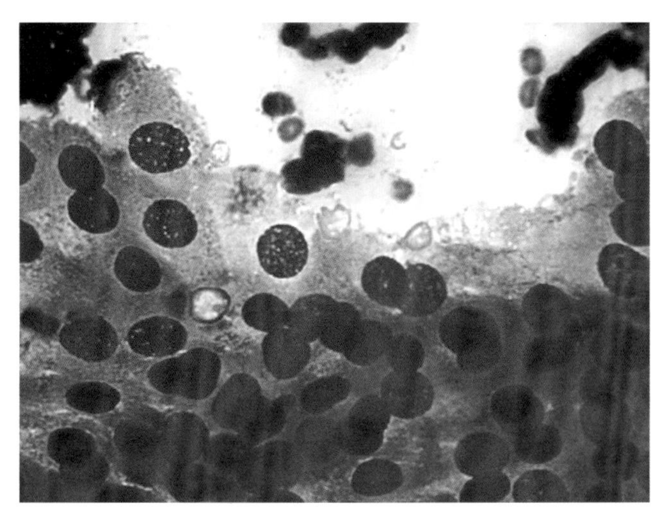

图 12.3 患有临床甲状腺机能亢进的猫的甲状腺结节的 FNA。注意嗜酸性无定形的物质可能是胶质。

织一样，血管丰富，所以在 FNA 时血液污染是常见的。

起源于滤泡细胞的甲状腺肿瘤有可能是良性的（腺瘤常见于猫）或恶性的（腺癌更常见于犬）。起源于 C 细胞的肿瘤主要见于犬，称为 C 细胞腺瘤或癌（或甲状腺髓样癌）。在犬，C 细胞癌的临床行为似乎比真正的腺癌侵袭性小（Carver et al., 1995）。除非组织学上具有显著确定的滤泡模式，否则滤泡的组织学外观和 C 细胞肿瘤可能非常相似。因此，这些肿瘤的确定性区分必须基于特殊的免疫组织化学标志 [针对滤泡细胞的甲状腺球蛋白和细胞角蛋白 20；降钙素和其他类的神经内分泌的标记，例如针对 C 细胞的神经元特异性烯醇化酶（NSE）、嗜铬粒蛋白 A 和突触素]（Doss et al., 1998; Espinosa de los Monteros et al., 1999;Leblanc et al., 1991; Patnaik and Lieberman, 1991）。

在猫，甲状腺肿物的增多几乎都是源于增生或腺瘤，且经常与临床明显的甲状腺机能亢进有关。因为诊断以病史、临床检查和激素检测为基础，所以对于这些病例，细胞学的应用有其局限性。在颈部触诊时，常能发现甲状腺增大。前文已经描述了良性的猫甲状腺瘤的细胞学检查的特征（图 12.1、图 12.2 和图 12.3）。猫很少发生甲状腺癌（小于 5% 的甲状腺机能亢进患猫）。这些肿瘤通常有局部侵袭性和高度的转移倾向，但对放射碘治疗有很高的敏感性。非游离性的甲状腺肿物不会沿颈部区域向下发展，当其向下生长时，则应考虑潜在的恶性可能。而大的良性的游离性甲状腺肿瘤，由于逐渐增大，可能会移动到颈部的下三分之一或者甚至进入前纵隔。猫的恶性甲状腺肿瘤比良性的肿瘤表现出更明显的细胞学异型性（图 12.4 和

图 12.5）。然而猫低等级分化良好的甲状腺癌和真正的腺瘤在细胞学上是非常相似的，仅靠细胞学区分这些肿瘤是不可能的。

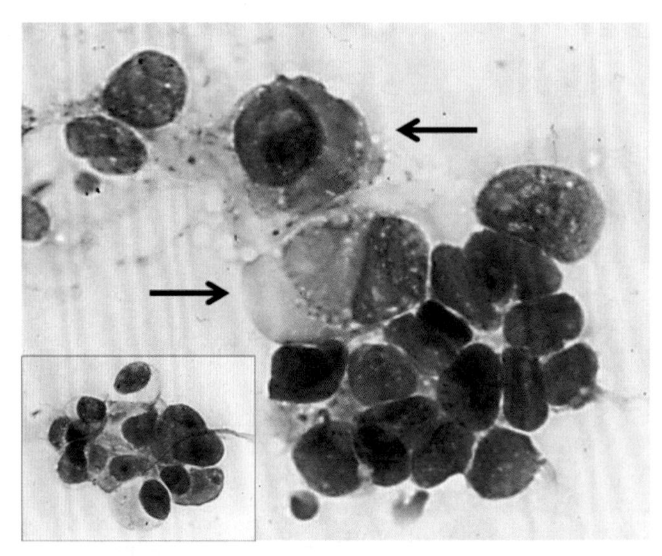

图 12.4　猫上气管旁肿物的 FNA。可见一群紧密结合的细胞，核质比不等。两个较大的细胞（箭头）有较大的细胞核，明显的核仁，胞浆内粉红色的物质。左下角插图：恶性的甲状腺滤泡细胞显示明显的细胞大小不等和细胞核大小不等，有大的明显的核仁。该猫的肿物被手术切除，并通过组织学检查确诊为甲状腺癌（见图 12.5）。这只猫 3 个月内死于转移性扩散（那段时期尚无放射碘治疗）。

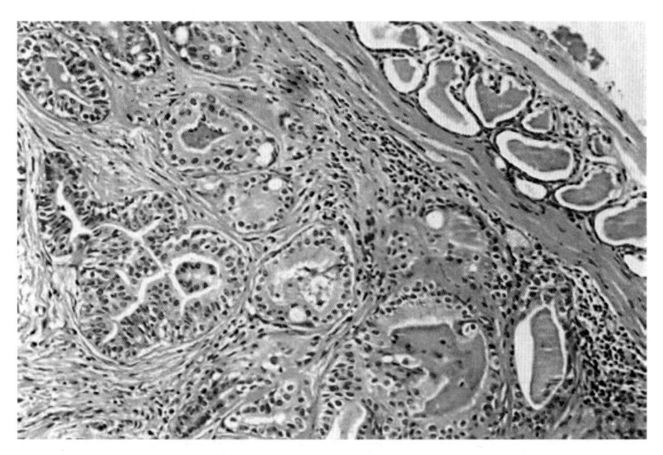

图 12.5　与图 12.4 同一病例的组织病理学。左边肿瘤恶性增殖（滤泡甲状腺癌）正在压迫残余的正常甲状腺组织（右上）（苏木精 - 伊红染色，200×）。

滤泡起源的恶性肿瘤（腺癌）较常见于犬，尽管细胞学上仅表现相对轻度的恶性特征，但临床表现具有侵袭性（图 12.6）。报道称在尸体剖检中，发现的约 30%~50% 犬甲状腺肿瘤为腺瘤。然而，由于它们通常较小，且常常不会引起甲状腺机能亢进，导致临床医师对其诊断不足（Leav et al., 1976）。相反，腺癌通常表现为大的、具有侵袭性、无游离性和边界不清的颈部气管旁肿物，可引起呼吸困难、咳嗽和吞咽困难。由于肿瘤的甲状腺组织比正常的甲状腺实质组织血管更为丰富，穿刺犬甲状腺肿瘤通常伴有大量的血液且细胞数量少（Harari et al., 1986）。因此经常需要若干次 FNA 取样，才能获得确定性诊断。来自犬甲状腺癌的滤泡细胞的聚集物，在细胞学上通常以腺泡样或栅栏样模式排列（图 12.7A 和 B）。在细胞之间可见到胶质，较少情况下在细胞内也可看到（图 12.8），细胞学上表现粉红色至浅蓝色。这些与正常甲状腺组织观察到的很相似，仅在罕见的情况下显示中度至重度的异型性（图 12.9 和图 12.10）。经常可见大小和形状均一的裸核，形态依然是前面描述的腺泡样排列。尽管外观表现为低等级，但每个甲状腺起源的犬颈部肿物都必须考虑其潜在的恶性可能，除非可以通过其他方式排除（图 12.11）。由于大多数病例不能用细胞学来推断肿瘤的临床行为，因此必须采用其他的标准来区分腺瘤和腺癌（大小，侵袭的程度，游离性，有无转移，组织学发现等）。

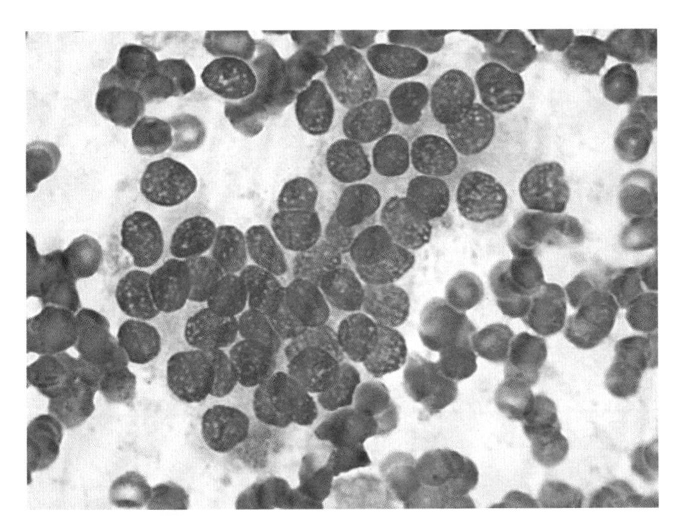

图 12.6　患有明显甲状腺机能亢进和肥厚心肌病的犬的甲状腺结节 FNA。一簇边缘不清晰的粘连的细胞，有均一的卵圆形的核，染色质细腻，核仁不清晰。这个病例的临床病程与良性的甲状腺肿瘤更相符合（肿瘤在确诊后 1 年内稳定），但由于仅存在轻微的细胞异型性，故以细胞学区分腺瘤和癌是不可能的。

(A)

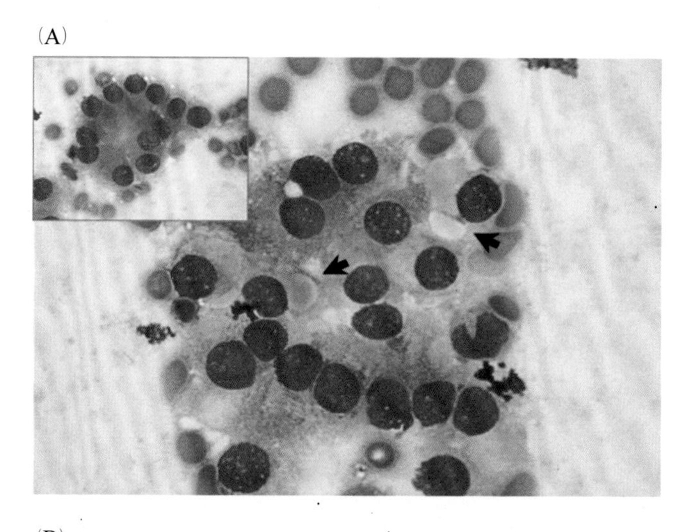

(B)

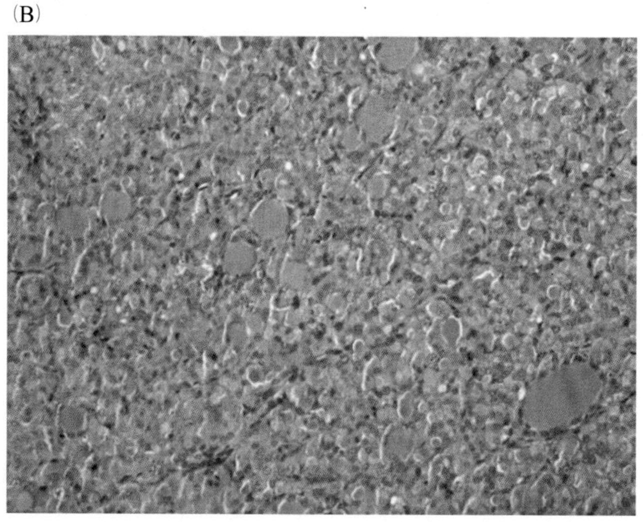

图 12.7 (A)犬颈部浸润性肿物的 FNA。一簇肿瘤甲状腺滤泡细胞显示轻微的细胞异型性，呈栅栏样或腺泡样排列(左上角插图)。一些细胞含有一个嗜酸性的胞浆内球状体，内含分泌性物质(箭头)，为胶质。(B)相同肿物的组织学形态。注意微滤泡样至实体样的生长模式和很轻微的细胞异型性(苏木精 - 伊红染色，200×)。

在一项以免疫组织化学为基础的研究中，约 1/3 的犬甲状腺癌被证明是 C 细胞起源(Carver et al., 1995)。甲状腺髓样癌与其他神经内分泌肿瘤(嗜铬细胞瘤，胰岛细胞瘤，化学感受器瘤，类癌)有共同的细胞学特征，但仅靠细胞学将其与甲状腺癌进行区分是不可能的。虽然真正的腺泡样结构是腺癌更为典型的模式，但来自神经内分泌肿瘤的细胞也会以玫瑰花样的模式排列。髓样癌的穿刺物经常由大量的裸核组成。当完整的细胞存在时，

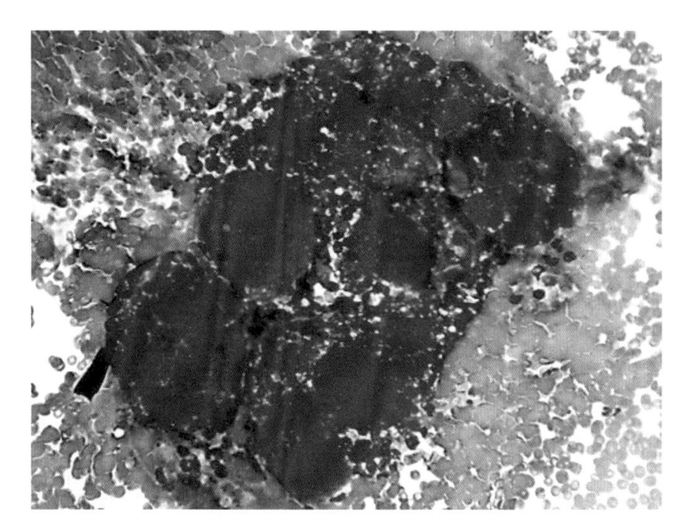

图12.8 犬浸润性颈部肿物的FNA。一大簇甲状腺滤泡细胞，混合于细胞外粉红色物质——胶质。

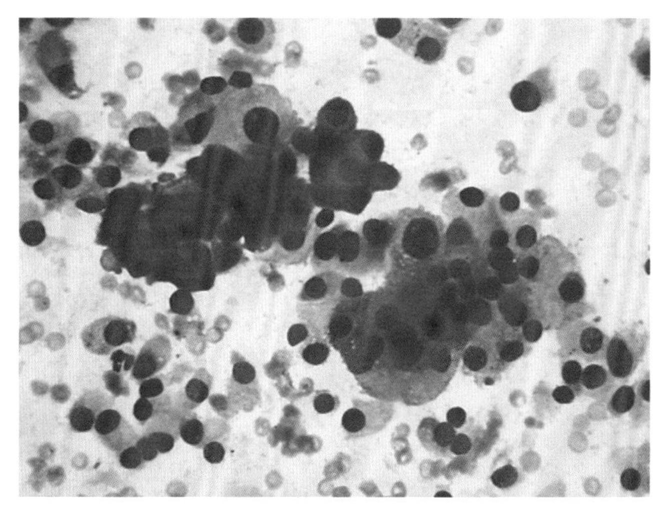

图12.9 犬甲状腺癌的FNA。成簇的恶性甲状腺滤泡细胞显示中度的细胞大小不等，细胞核大小不等，核质比不等和多核仁。这些恶性特征在犬甲状腺癌是相对不常见的。

显示浆细胞样的外观，单个存在或呈松散粘连的簇状排列（图12.12），这些细胞有中等量至丰富轻度嗜碱性的细微颗粒样胞浆。细胞核通常为明显的单核，染色质细腻，核仁通常均质。有时可见核假包涵体，被认为是核膜的内陷（图12.13）。在组织学上曾描述过几种类型的C细胞癌，包括罕见的巨细胞和嗜酸性变体（Patnaik and Lieberman, 1991）；因此，同前面描述的细胞学模式存有一定偏差也是在预料之中的。

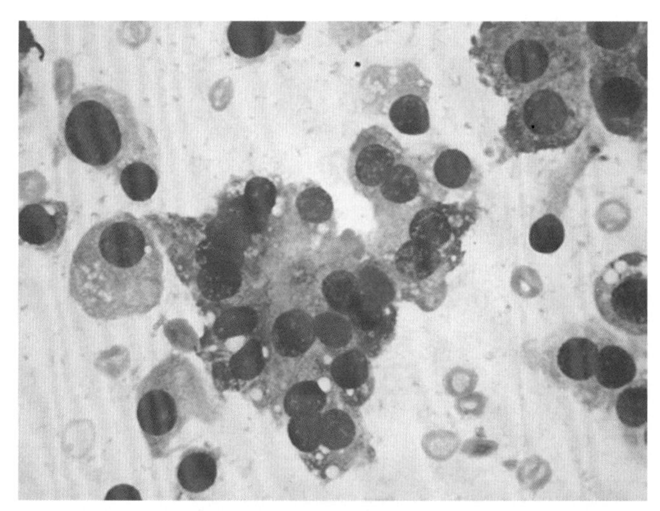

图 12.10　犬甲状腺癌的 FNA。成簇的恶性甲状腺滤泡细胞显示中度的细胞大小不等，核大小不等，核质比不等和多核仁。这些恶性特征在犬甲状腺癌是不常见的。

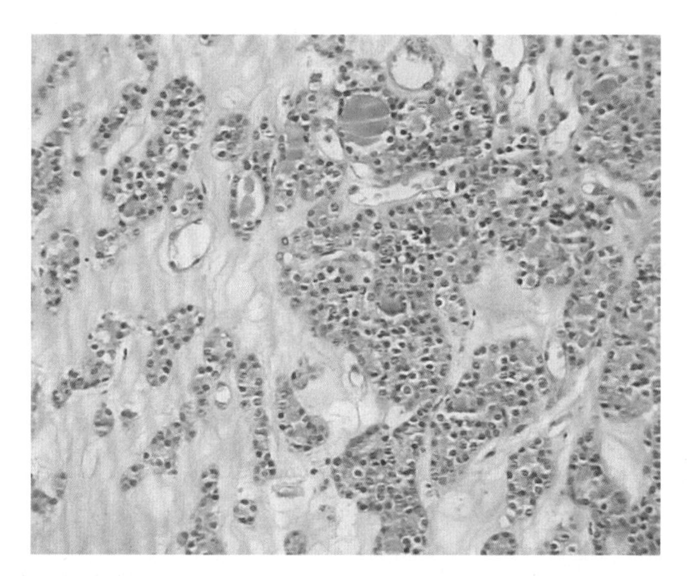

图 12.11　犬甲状腺癌的组织病理学。尽管外观表现为低等级，但此肿瘤是一个侵袭性极强的肿瘤（苏木精 - 伊红染色，200×）。

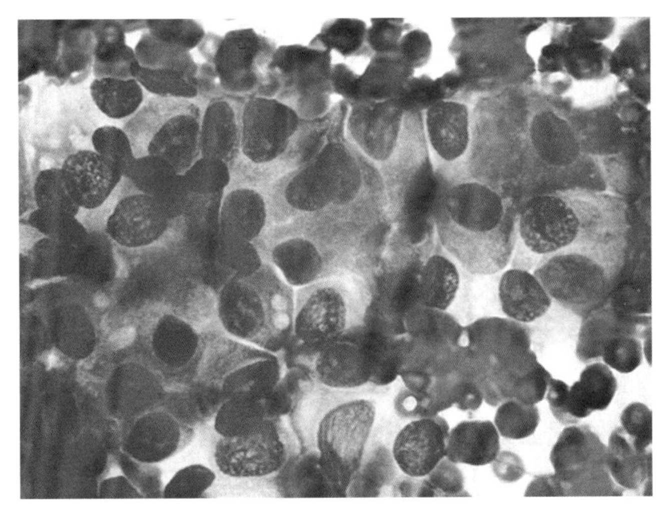

图 12.12 犬甲状腺结节的 FNA。可见一簇浆细胞样外观，松散聚集的细胞。通过组织和免疫组织化学，此肿瘤被确诊为 C 细胞癌（嗜铬粒蛋白 A、神经元特异性烯醇化酶和降钙素阳性）。

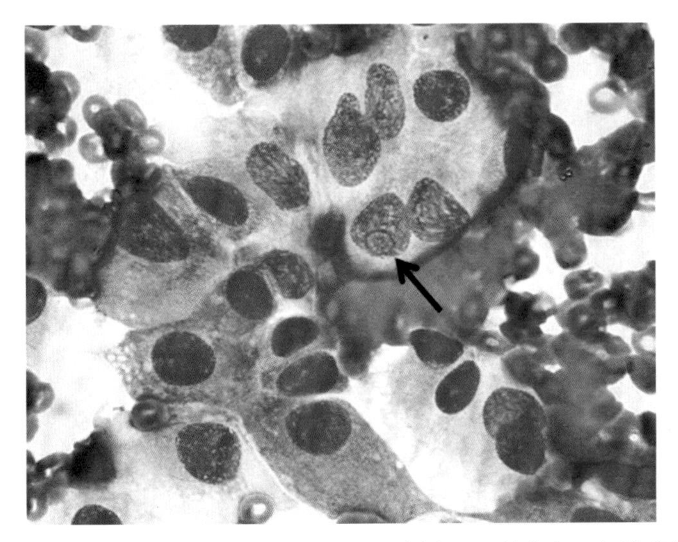

图 12.13 犬甲状腺结节的 FNA（与图 12.12 同一病例）。一簇来自 C 细胞癌的聚集的多形性细胞。可见核假包涵体（箭头）。

肾上腺的细胞学

据报道，肾上腺肿瘤在犬很常见，在猫相对不常见。肾上腺肿瘤可起源于肾上腺的不同区域。肾上腺在胚胎学上、形态学上和功能上分为两部分：外部的皮质区（再分为三个不同的层：球状带、束状带和网状带），产生类固醇激素（球状带产生醛固酮；束状带和网状带产生皮质醇、其他皮质类固醇和性激素）；内部的髓质区，产生儿茶酚胺类（肾上腺素和去甲肾上腺素）。肾上腺皮质细胞起源于中胚层。皮质的肿瘤，依其生物学行为分类为肾上腺瘤和肾上腺癌。肾上腺髓质的细胞起源于神经外胚层，归类为神经内分泌细胞。肾上腺髓质细胞的功能是作为节后神经元，在交感神经刺激后释放儿茶酚胺类。肾上腺髓质肿瘤称为嗜铬细胞瘤，因此被认为是神经内分泌肿瘤。有时会发生肾上腺外嗜铬细胞瘤（通常在胸腔和腹腔大血管附近），称作副神经节瘤。肾上腺的第三类肿瘤来源于其他位置肿瘤的转移，如淋巴瘤、血管肉瘤、癌、恶性黑色素瘤和组织细胞肉瘤。许多原发的肾上腺肿瘤在功能上活跃，分泌异常量的一种或多种激素，进而引起相关的临床症状。原发性肾上腺皮质肿瘤通常在犬引起肾上腺皮质机能亢进，在猫引起肾上腺皮质机能亢进或醛固酮增多症。嗜铬细胞瘤引起儿茶酚胺类分泌过多，进而引起高血压、心动过速和呼吸急促等临床症状。临床发现和实验室检查，对于正确定位许多肾上腺肿物的起源常常是有效的。然而一些肾上腺肿瘤的激素活性差，仅产生微量的激素或异常的激素，这些肿瘤可在腹部超声或 CT 扫描时被偶然发现。在这些病例，经常会被给出肾上腺偶发瘤的诊断。

肾上腺肿瘤的确定性形态学分类以组织学特征为基础，需要进行外科手术或侵入性活检。尽管当高度怀疑嗜铬细胞瘤时，FNA 并不适用，因为此种肿瘤可出现儿茶酚胺类的突然释放以及严重的出血，但在某些特殊的病例，细胞学可以作为一种低损伤性的替代诊断方法。基于作者的经验，肾上腺皮质肿瘤与嗜铬细胞瘤在细胞学上的区别是很明显的。嗜铬细胞瘤表现神经内分泌肿瘤如甲状腺 C 细胞癌常见的细胞学特征（图 12.14）。而肾上腺皮质肿瘤则以成簇聚集的多边形至圆形细胞为特征，核质比低，胞浆丰富、嗜碱性且常微空泡化，核圆形偏心，染色质粗糙，核仁小（图 12.15 和图 12.16）。在穿刺肾上腺皮质肿瘤时，有时可见髓外造血，因此也可观察到巨核细胞、红细胞和粒细胞前体。表 12.1 总结了原发性肾上腺肿瘤细胞学特征的鉴别诊断。肾上腺皮质肿瘤和嗜铬细胞瘤的细胞都可能在血管周排列，因此这个特征不能用来区分二者。不幸的是，不论细胞学还是组织学都不能用来确定肾上腺肿瘤的生物学行为：对邻近组织的侵袭性和转

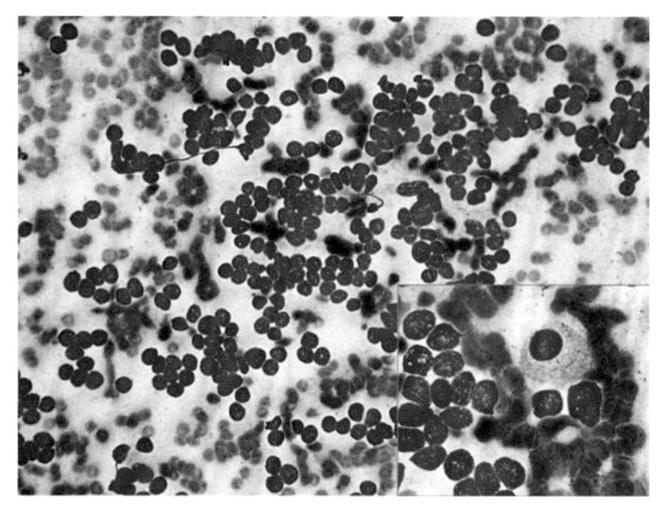

图 12.14　犬嗜铬细胞瘤的 FNA。很多大小和形态均一的裸核成排排列或排列成玫瑰花样模式，染色质细腻，核仁不清晰。右下角插图：一个罕见的完整细胞，含有中等量轻微嗜碱性的颗粒性胞浆，偏心的胞核，与上述裸核具有相同特征。

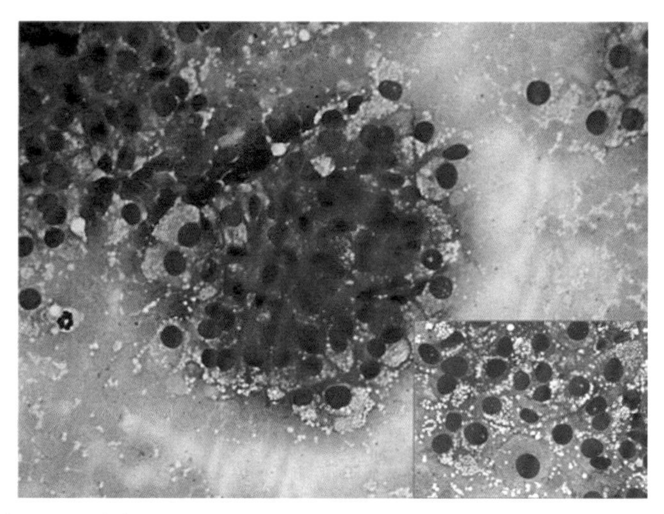

图 12.15　患有肾上腺皮质机能亢进的犬的功能性肾上腺皮质肿瘤的 FNA。注意成簇聚集的细胞，含有中等量至丰富的嗜碱性胞浆，胞浆内含大量空泡（插图）。

移潜力的宏观或微观的评估才是这类肿瘤恶性特征的一种可靠的评估标准（Labelle et al., 2004）。细胞周期的一种特异性增殖指标（核蛋白 Ki-67），也被应用作为肾上腺皮质肿瘤恶性的标记物，但目前普通诊断实验室的设施尚无法实现此检测（Labelle et al., 2004）。

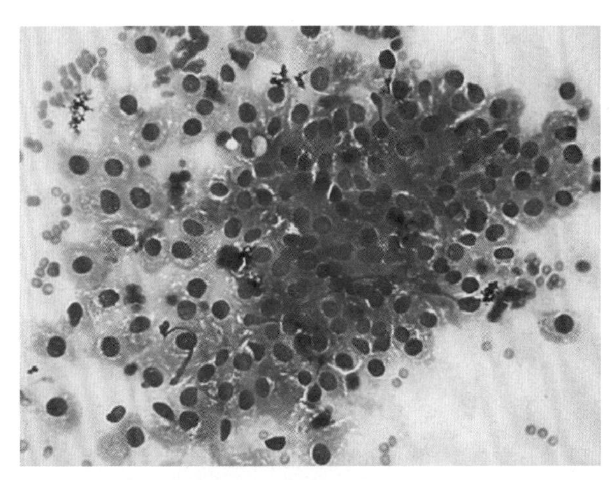

图 12.16 患有原发性肾上腺皮质机能亢进的猫的功能性肾上腺皮质肿瘤的 FNA。这个病例的细胞学特征与犬的其他功能性和非功能性肾上腺皮质肿瘤的细胞学特征非常相似。

表 12.1 肾上腺皮质肿瘤和嗜铬细胞瘤的细胞学特征总结

项目	肾上腺皮质肿瘤	嗜铬细胞瘤
基本结构	许多完整的细胞，单个或聚集成簇，细胞边缘清晰	大量均一的裸核，常位于细微的颗粒性和嗜碱性的背景中；完整的圆形和浆细胞样细胞罕见
核质比	低	高
胞浆	嗜碱性和明显空泡化（小至中等大小脂肪空泡）	浅蓝色，细微颗粒
细胞核	圆形至卵圆形，居中至偏心，染色质粗糙 / 固缩	圆形至卵圆形，染色质细腻
核仁	不清晰至明显	不清晰
其他特征	造血前体细胞（髓外造血）	

胰腺内分泌部的细胞学

正常的胰腺内分泌部由分散在胰腺外分泌部实质中小岛状排列的神经内分泌细胞组成。这些内分泌细胞形态相同，然而因其最终的激素产物不同而行使不同的功能。它们大部分分泌胰岛素，而其他则产生胰高血糖素、生长抑素和胰肽酶（甚至在胎儿期时产生胃泌素）。胰岛细胞瘤在犬不常见，在猫罕见。它们起源于神经内分泌胰岛细胞，产生和分泌一种或多种激素。基于占主导的激素，肿瘤分别被称为胰岛素瘤、胰高血糖素瘤、生长抑素瘤或胃泌素瘤；胰岛素瘤在小动物临床最常见。因为胰岛细胞瘤在组织学和细胞学上的形态较一致，所以其最终分类是以激素分泌表现（如患有低血糖的犬有高胰岛素活性）或免疫组织化学为基础的（图 12.17）。此外，通过它们的微观形态不能推断出其生物学行为，只有生长模式（组织学上对邻近组织的侵袭程度）和/或是否存在转移可区分良性和恶性肿瘤。虽然胰岛细胞瘤在确诊时通常体积较小，但与人的状况相反，其在犬经常是恶性和转移性的。胰岛细胞瘤的细胞学样本与其他神经内分泌肿瘤具有共同的特征：样本细胞含量高，位于无定形的轻度嗜碱性背景中，由很多大小和形状相似的裸核组成（图 12.18）。由于神经内分泌肿瘤的细胞膜十分脆弱，所以这些背景物质来源于细胞膜的破裂。细胞核为圆形，染色质细条纹状，核仁不清晰。经常可见轻度的细胞核大小不等，核成排或以玫瑰花样模式排列（图 12.18 和图 12.19）。当存在完整的细胞时，表现典型的浆细胞样的神经内分泌细胞外观，含有中等量的颗粒性轻微嗜碱性胞浆，某些情况下可见空泡化（图 12.19）。很少数情况下，可看到小簇的完整细胞，排列形式与它们在组织学样本中显见的小巢状生长模式相似（图 12.20）。

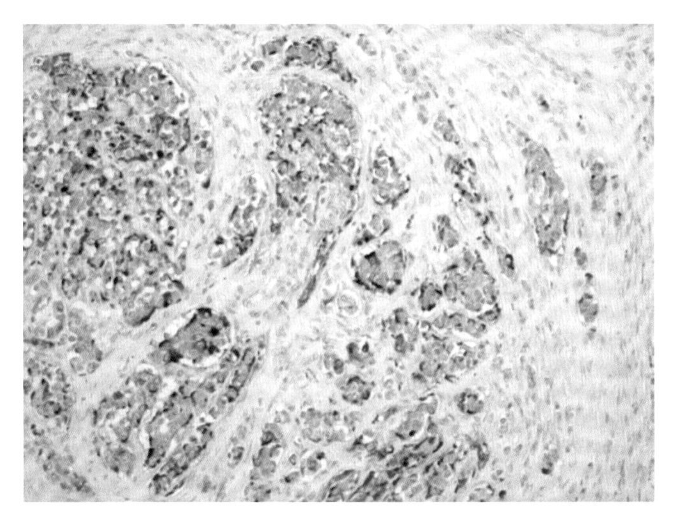

图 12.17 浸润胰腺和十二指肠壁的分泌胃泌素的肿瘤的免疫组化［抗胃泌素多克隆抗体（ABC 方法），苏木精复染，100×］。来源：Paola Roccabianca, DVM, Dipl ECVP, University of Milan, Italy。经许可使用。

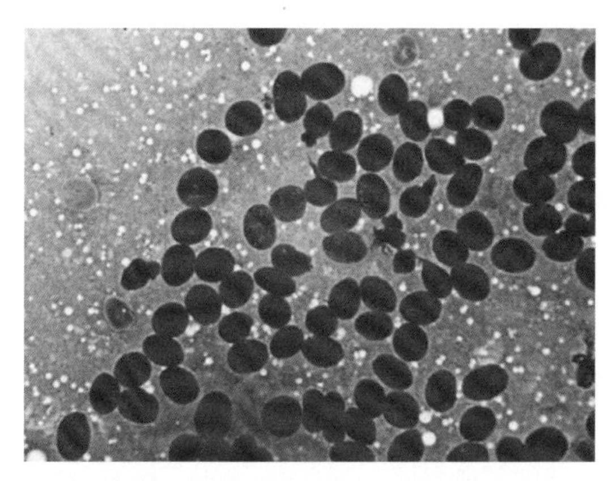

图 12.18 犬胰腺胰岛细胞瘤的手术中的 FNA。注意在嗜碱性背景中成排排列的卵圆形裸核。

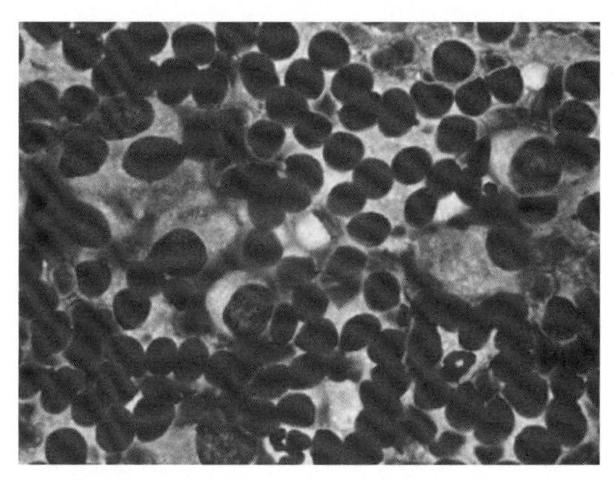

图 12.19 患有严重低血糖和高胰岛素血症的犬胰岛细胞瘤的触片。在裸核的中间可看到一些浆细胞样完整的圆形细胞。

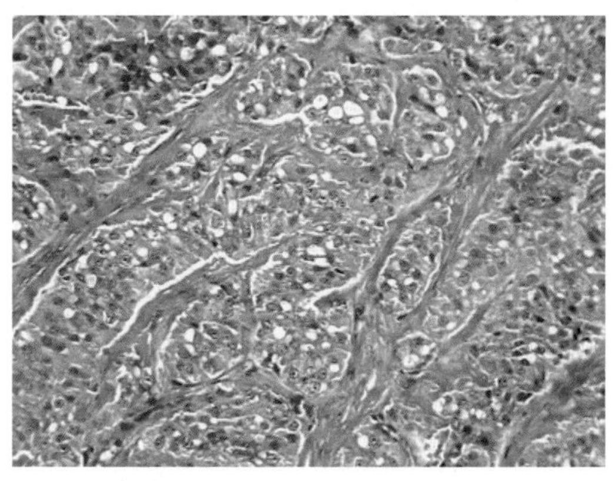

图 12.20 分泌胰岛素的犬胰腺胰岛细胞瘤的组织病理学。神经内分泌肿瘤细胞形成的巢状和索状结构被细的纤维血管基质分隔开（苏木精 - 伊红染色，200×）。这种组织病理学模式在许多神经内分泌肿瘤中都可见到，仅通过组织病理学常不足以确诊为该肿瘤。

其他神经内分泌性肿瘤：化学感受器瘤和类癌

化学感受器瘤（非嗜铬副神经节瘤）起源于与大脉管密切相关的神经内分泌细胞，它们参与呼吸、血压和全身组织灌流的调节。虽然它们可能会出现在几个不同的解剖位置，通常靠近大的动脉管，但化学感受器瘤通常来源于主动脉体，导致典型的心基底瘤（图 12.21），来源于颈部上侧的颈动脉体的化学感受器瘤较少见。即使大多数心基的化学感受器瘤生物学上是良性的，但它们会引起心功能不全或出现破裂导致心脏周围出血。由于其解剖位置，细胞学采样通常很困难，除非肿瘤很大或已发生转移（如转移至肺脏）（图 12.22）。化学感受器瘤的细胞学外观与其他神经内分泌肿瘤的相似，在轻度嗜碱性胞浆的背景中伴有裸核（图 12.23）。在化学感受器瘤，甚至是良性的化学感受器瘤中，也可见明显的细胞核大小不等。完整的神经内分泌细胞有典型的浆细胞样的外观。化学感受器瘤的确诊，必须以神经内分泌肿瘤的典型组织学模式和免疫组化为基础（通用神经内分泌标记阳性，例如嗜铬粒蛋白 A、突触素和神经元特异性烯醇化酶）（Doss et al., 1998）。其他的鉴别诊断（C 细胞癌、甲状腺瘤／甲状腺癌和甲状旁腺瘤）可通过组织学和免疫组化（降钙素、甲状腺球蛋白和甲状旁腺激素分别为阳性）来排除，因为所有的这些肿瘤都可在颈部或前纵隔区域发现。

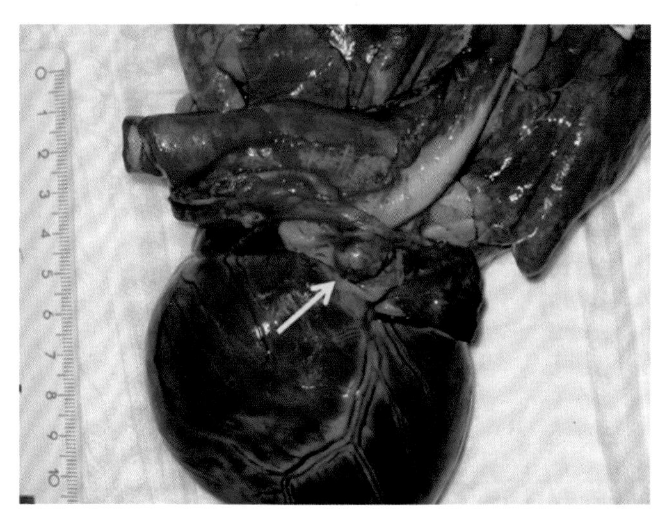

图 12.21 **犬心基底瘤（化学感受器瘤）（箭头）。**

类癌是罕见的神经内分泌肿瘤，起源于分散在整个胃肠道（胃壁和肠壁，胆囊和肝）的神经内分泌细胞，主要见于犬，罕见于猫。这类肿瘤与其他内分泌性肿瘤具有相同的特征（组织学上典型的生长模式；Grimelius 染色组织化学阳性；嗜铬粒蛋白 A、突触素和神经元特异性烯醇化酶免疫组化阳性；

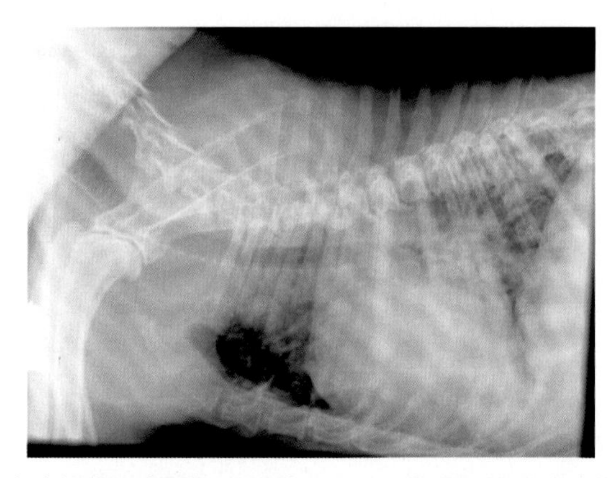

图 12.22 犬心基底瘤转移的胸侧部 X 线片。可见几个明显的肺脏结节。

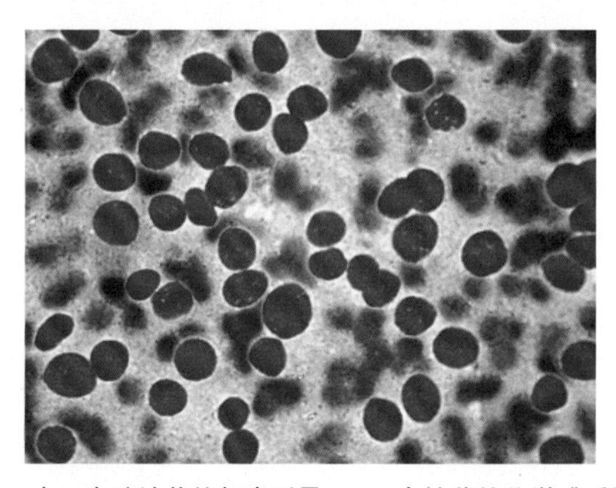

图 12.23 图 12.22 中一个肺结节的超声引导 FNA（犬转移的化学感受器瘤）。注意与之前描述的其他神经内分泌肿瘤相似。

电子显微镜下可见神经分泌颗粒）。很少进行类癌的细胞学检查，因为肿瘤通常很小，难以通过 FNA 取样。但有些情况下，当此类肿瘤长得较大时，可以在超声或者 CT 的引导下通过 FNA 进行细胞学检查。细胞学区分肝脏类癌和肝细胞癌是很难的，因为从这两者穿刺的产物都由大量裸核组成。但来自类癌的裸核更近卵圆形，染色质细腻，核仁不均质；而来源于癌的破裂的肝细胞的裸核与正常的肝细胞相似（更圆，染色质粗糙，核仁清晰可见）。当存在完整的圆形外观的神经内分泌细胞时，应诊断为类癌而非肝细胞癌，但确定性的诊断仍需要组织学和免疫组化检测（图 12.24、图 12.25 和图 12.26）。

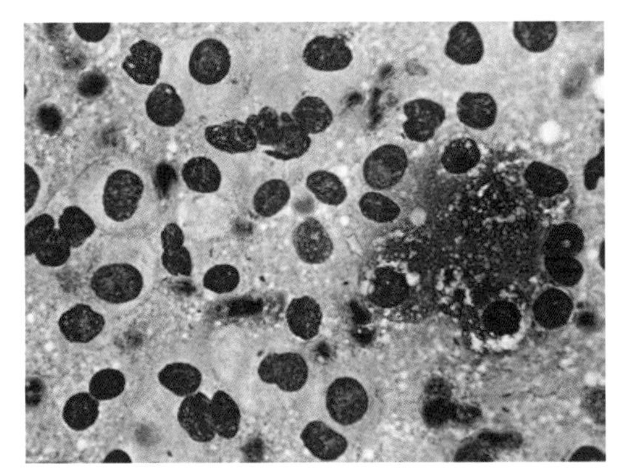

图 12.24 犬肝脏多结节（类癌）的超声引导 FNA。均一的卵圆形裸核和偶见的完整的圆形细胞，围绕右边一小簇肝细胞。注意区分神经内分泌细胞核和完整的肝细胞（后者更圆，伴有网状至粗糙的染色质和可见的核仁）。

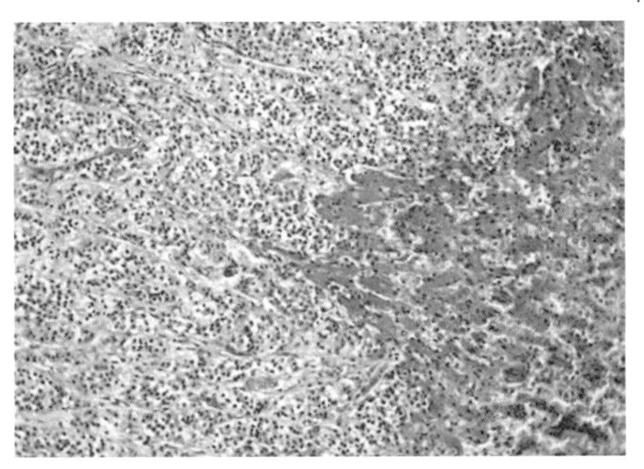

图 12.25 犬肝脏结节的组织学（类癌，与图 12.24 同一病例）。被细纤维基质分隔开的神经内分泌肿瘤细胞“岛”正在侵犯肝脏的实质（右边）（苏木精 - 伊红染色，100×）。来源：G. Tortorella, DVM, Laboratorio La Vallonea, Italy。经许可使用。

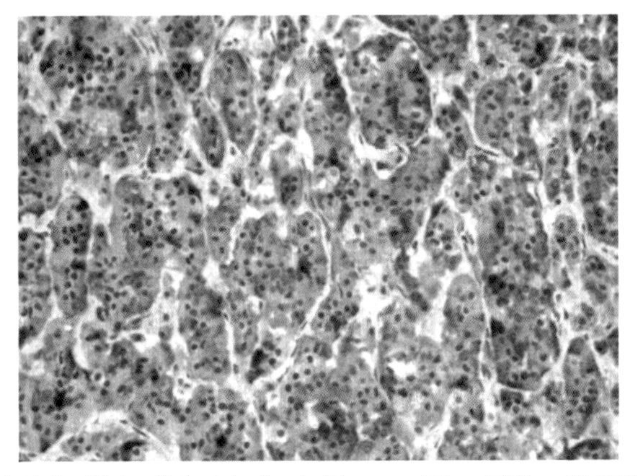

图 12.26 犬肝脏结节（类癌）的免疫组化（与图 12.24 同一病例）。胞浆嗜铬粒蛋白 A 强阳性（抗生物素过氧化物酶染色，200×）。来源：G. Tortorella, DVM, Laboratorio La Vallonea, Italy。经许可使用。

参考文献

Carver, J.R., Kapatkin, A. and Patnaik, A.K.（1995）A comparison of medullary thyroid carcinoma and thyroid adenocarcinoma in dogs a retrospective study of 38 cases. *Veterinary Surgery*, **24**, 315–319.

Doss, J.C., Gröne, A., Capen, C.C. et al.（1998）Immunohistochemical localization of chromogranin A in endocrine tissues and endocrine tumors of dogs. *Veterinary Pathology*, **35**, 312–315.

Espinosa de los Monteros, A., Fernandez, A., Millan, M.Y. et al.（1999）Coordinate expression of cytokeratins 7 and 20 in canine and feline carcinomas. *Veterinary Pathology*, **36**, 179–190.

Harari, J., Petterson, M.E. and Rosenthal, R.C.（1986）Clinical and pathologic features of thyroid tumors in 26 dogs. *Journal of the American Veterinary Medical Association*, **188**, 1160–1164.

Labelle, P., Kyles, A.E., Farver, T.B. et al.（2004）Indicators of malignancy of canine adrenocortical tumors: histopathology and proliferation index. *Veterinary Pathology*, **41**, 490–497.

Leav, I., Schiller, A.L., Rijnberk, A. et al.（1976）Adenomas and carcinomas of the canine and feline thyroid. *American Journal of Pathology*, **83**, 61–93.

Leblanc, B., Parodi, A.L., Lagadic, M. et al.（1991）Immunocytochemistry of canine thyroid tumors. *Veterinary Pathology*, **28,** 370–380.

Patnaik, A.K. and Lieberman, P.H.（1991）Gross, histologic, cytochemical, and immunohistochemical study of medullary thyroid carcinoma in sixteen dogs. *Veterinary Pathology*, **28**, 223–233.

13 雌性和雄性动物生殖道细胞学

Gary C.W. England[1] *and Kristen R. Friedrichs*[2]

[1]*School of Veterinary Medicine and Science, University of Nottingham, Sutton Bonington, Loughborough, UK*
[2]*Department of Pathobiological Sciences, School of Veterinary Medicine, University of Wisconsin–Madison, Madison, WI, USA*

引言

细胞学评价是常见生殖道疾病诊断的重要临床手段。本章旨在概括性介绍犬猫常见生殖道疾病的细胞学诊断。建议读者同时请教专业兽医，或者参考关于生殖道疾病诊断和治疗的其他资料。

雄性动物生殖道细胞学检查

细胞学检查有助于确定睾丸、阴囊、前列腺、阴茎肿胀或者肿块发生的原因，也可以评估精子质量，找出繁殖失败的原因。一些疾病只发生于未去势公犬（如前列腺炎）。然而，有些疾病，去势和未去势雄性动物均可发生（如前列腺肿瘤）。

标本采集

可用生理盐水浸润的棉拭子收集包皮分泌物，然后可以在玻片上轻轻地滚动制片。若要求细菌培养，可以另外用棉拭子取样，放入细菌传递用培养基。细针穿刺（FNA）可选用 22 G 或者 25 G 针头对睾丸、前列腺或者外生殖器进行穿刺。无法进行穿刺的情况比较少见，但是穿刺可能导致感染、散布肿瘤细胞，或者引起出血。推荐在超声引导下对睾丸或者前列腺进行穿刺，可准确找到病变组织，并且可以提高操作的安全性。通过射精收集的精子和前列腺液，可以用来评价繁殖能力，随后会进行详细介绍。

对于前列腺肥大的患犬，可以通过前列腺冲洗获得细胞学标本。首先应排空膀胱，用无菌生理盐水冲洗，最后获得的冲洗液可以保存起来用于培养(按摩前)。需要预先估计能够到达前列腺的导尿管长度，使阴茎回缩，将包皮清洗干净。然后将导管插入阴茎，并且到达前列腺。可以通过直肠触诊确定导尿管头的确切位置。可以先轻轻按摩前列腺，然后利用注射器注入5~10mL无菌生理盐水后再穿刺。离心冲洗液，然后利用少量的组织或者细胞团块进行压片，需要预留一部分液体，以便进行培养(按摩后)。培养按摩前冲洗液或者按摩后冲洗液，以及尿液，有助于判断感染是来自前列腺还是尿道或者两者都有。

睾丸和阴囊疾病

阴囊大小和硬度的变化可能是单侧或者双侧的，也可能是急性或者慢性的。除完整医学检查外，还包括对精液的检查和对睾丸进行FNA，以确定病因和可能的预后。

感染性睾丸炎和附睾炎

犬猫发生睾丸炎/附睾炎时，睾丸通常表现为显著的肿胀、发热和疼痛。在一些布鲁氏菌流行的国家(在英国比较罕见)，当出现上述症状时，必须考虑布鲁氏菌感染。FNA细胞学检查，若呈现中性粒细胞性炎症，提示细菌感染；若呈现化脓性肉芽肿性炎症，提示真菌感染。如果雄性动物可以射精，则射出精液中通常含有炎性细胞。

睾丸肿瘤

许多发生睾丸肿瘤的病例中，通常一侧睾丸肿大，对侧睾丸正常或者萎缩。睾丸支持细胞瘤、精原细胞瘤好发于患隐睾(可以通过腹部或腹股沟肿块FNA进行诊断)的动物。常见的睾丸肿瘤包括睾丸支持细胞瘤(图13.1)、间质细胞瘤(图13.2和图13.3)和精原细胞瘤(图13.4)，通常可以通过细胞学检查进行区分。支持细胞瘤可能会产生雌激素，导致患病动物出现雌性特征(乳房发育并且吸引雄性动物)、对称性脱毛、前列腺鳞状上皮化生、不可逆的骨髓发育不良。

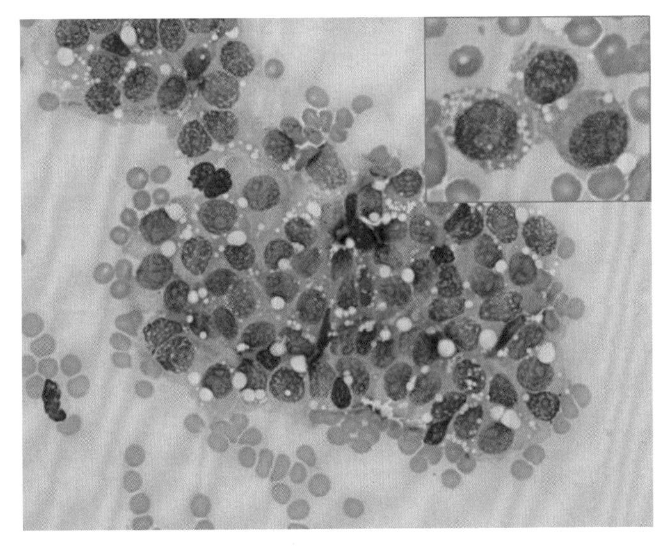

图 13.1 支持细胞瘤，犬(FNA)。肿瘤细胞呈圆形，核质比(N ∶ C)稍高，散在分布(插图)，或者聚集成簇。胞浆嗜碱性，通常含有中等量的清澈空泡。核染色质呈细点状。

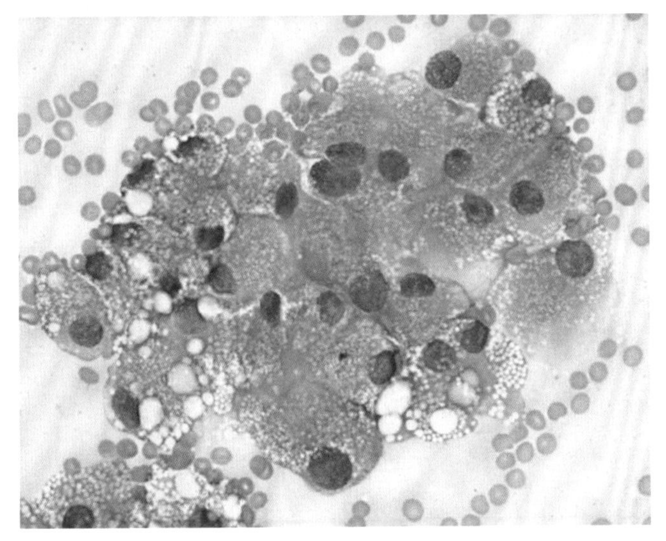

图 13.2 间质细胞瘤，犬(FNA)。肿瘤细胞成簇分布，含有丰富的嗜碱性胞浆，胞浆中可见大量细小的空泡或者少量的大空泡。细胞核偏于细胞一侧。

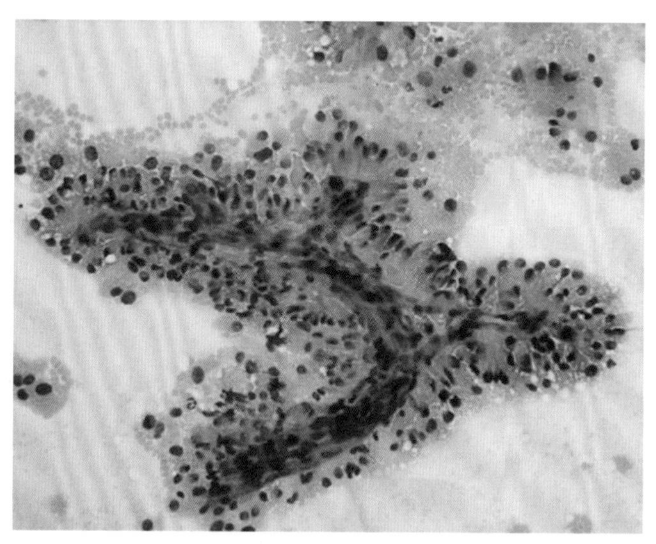

图 13.3　间质细胞瘤，犬(FNA)。低倍镜观察，可见肿瘤细胞沿毛细血管长轴呈栅栏样排列。

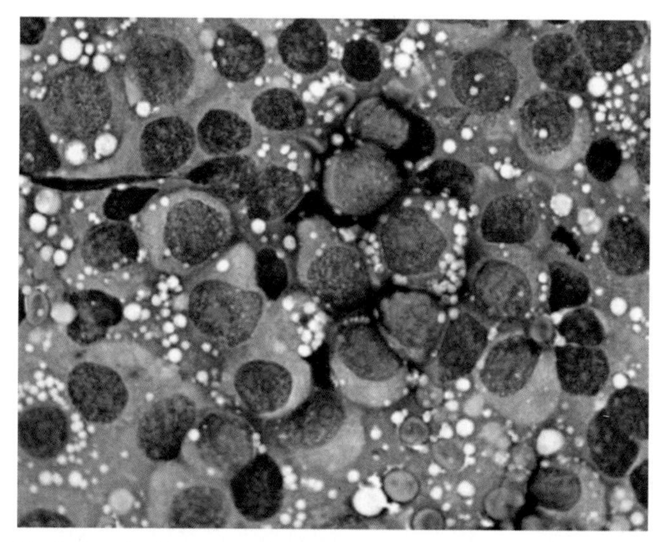

图 13.4　精原细胞瘤，犬(触片)。肿瘤细胞呈圆形，核质比高，细胞核染色质粗糙，通常核仁明显，胞浆少，含有少量散在的空泡。

前列腺疾病

正常细胞类型

正常的前列腺细胞包括成片或成行的均一立方柱状上皮，细胞具有中等量的嗜碱性细胞浆，细胞核小而圆，位于细胞基部，染色质致密。

前列腺良性增生

前列腺良性增生(BPH)是未去势公犬常见的老化病变。前列腺对称性增大，无疼痛感，但是可能导致尿道部分或完全阻塞。早期阶段，可见血精，精液中白细胞数量不增加。穿刺或者前列腺冲洗液采集前列腺上皮细胞，与正常前列腺上皮细胞相似，并且经常呈较大的“蜂窝状”排列。另外会表现出增生的细胞学特征(高核质比，胞浆嗜碱性和空泡化增加，细颗粒状染色质，小核仁；图 13.5 和图 13.6)。前列腺炎可能是 BPH 的后遗症。

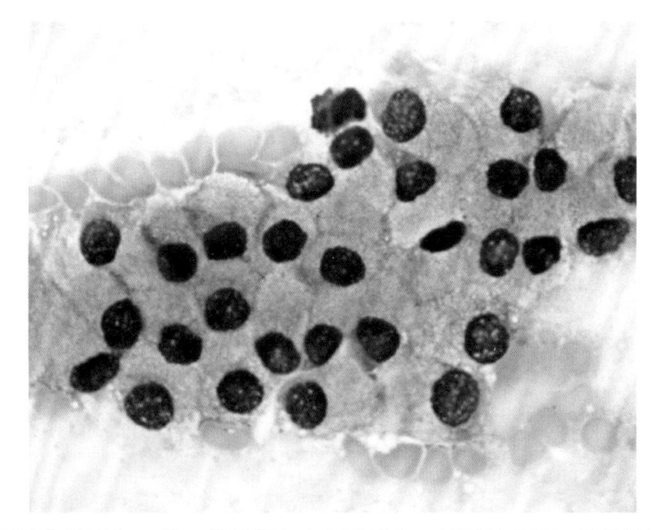

图 13.5 前列腺良性增生，犬。前列腺上皮细胞增生，核质比升高，胞浆嗜碱性。

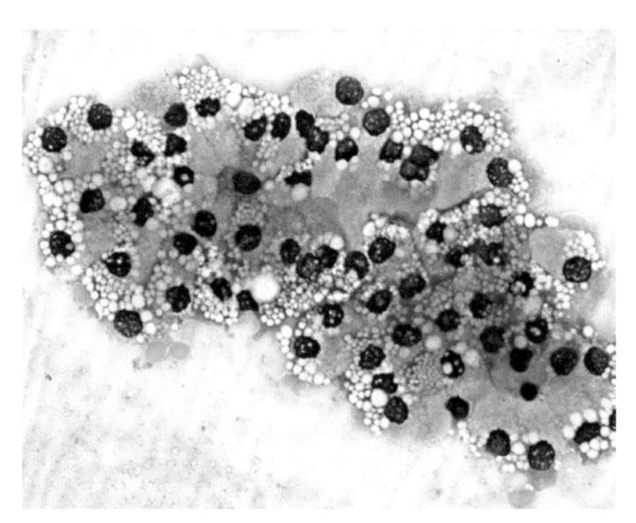

图 13.6 前列腺良性增生，犬。图中前列腺上皮细胞胞浆中含有明显的空泡。

前列腺囊肿和前列腺周围囊肿

前列腺囊肿和前列腺周围囊肿常见于未去势公犬，可能同时并发BPH。大的囊肿可引起里急后重、便秘、尿淋漓和腹胀。穿刺液通常是琥珀色、带血或棕绿色。通常液体不含细胞，或者可能含少量红细胞、中性粒细胞、正常前列腺上皮细胞和巨噬细胞。当前列腺囊肿继发细菌感染时，液体中可能含有大量中性粒细胞，并且含胞内菌（图 13.7）。

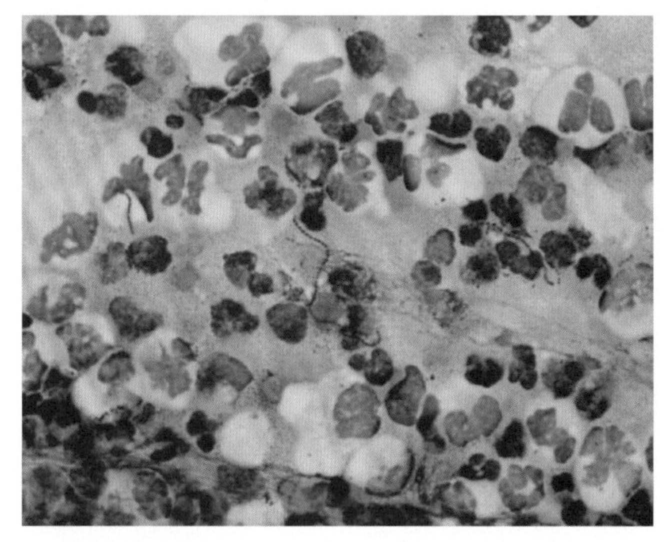

图 13.7 受感染的前列腺囊肿，犬（FNA）。大量的退行性中性粒细胞，细胞核苍白、肿胀。中性粒细胞内和背景中可见链状球菌。

前列腺炎和前列腺脓肿

前列腺感染一般发生于未去势公犬。患有前列腺炎的犬可能会表现出持续发热、后腹部疼痛、阴茎分泌物增多以及尿淋漓。前列腺可能会增大，并且直肠触诊时动物会表现出疼痛。前列腺超声检查可能会发现空腔，提示可能为感染性囊肿或者脓肿。当动物疑似前列腺脓肿时，不建议进行细针穿刺采集样本，因为这样会增加脓肿破裂，引发腹膜炎的风险。比较安全的方式是通过前列腺冲洗采集样本，如果动物不是特别疼痛，也可以通过诱导动物射精采集样本。前列腺冲洗液制备的涂片中通常含有大量的退行性或者非退行性中性粒细胞，一些涂片中还可能含有细菌（图 13.8）。还可能会观察到完整或者坏死的前列腺上皮细胞。另外还需要对前列腺冲洗液或者穿刺物进行培养和药敏试验，对于非繁殖用犬，建议进行去势。

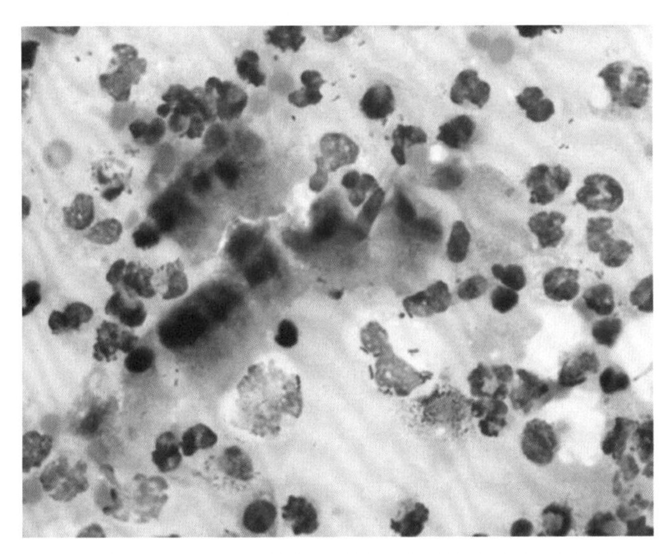

图 13.8 前列腺炎，犬（FNA）。坏死的前列腺上皮细胞被退行性中性粒细胞包围。中性粒细胞内和背景中可见杆菌。样本中培养出大肠杆菌。

前列腺肿瘤

未去势公犬或者去势公犬均有可能发生前列腺肿瘤。常见持续性体征包括前列腺肿大引起的尿淋漓以及排便困难。局部淋巴结和腰椎转移十分常见。移行细胞癌（TCC）和原发性前列腺癌是最常见的两种前列腺肿瘤，并且通常难以在细胞学上进行区分。另外膀胱或者尿道 TCC 可能会蔓延至前列腺。穿刺前列腺肿瘤，可见中度至高度多形性的上皮细胞，细胞可能成片或成簇出现，偶见肿瘤表现为单在的圆形细胞（图 13.9）。肿瘤细胞常见多核、胞浆空泡化，一些细胞可能含有粉色的圆形胞浆包涵体，可能由糖基化蛋白组成（图 13.10）。大的肿瘤可能会伴发坏死。与 FNA 相比，前列腺冲洗液中的细胞通常保存得不是很理想，但通常易于识别成簇的多形性的上皮细胞（图 13.11）。

鳞状上皮化生

鳞状上皮化生通常是由于动物长期暴露于高水平雌激素所致，高水平雌激素通常继发于支持细胞瘤。前列腺鳞状上皮化生可能是阴囊内睾丸或隐睾中发生支持细胞瘤的首要线索。前列腺冲洗液中可能含有大量成熟的角化鳞状上皮细胞（图 13.12）。可能并发中性粒细胞性炎症或者细菌感染。

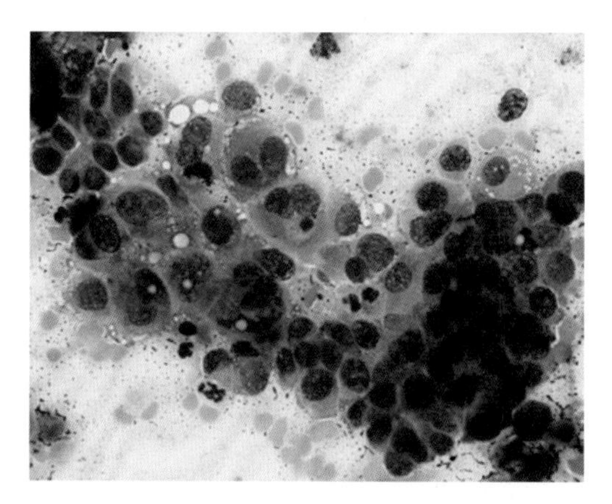

图 13.9 前列腺癌，犬（FNA）。中度多形性肿瘤细胞成片出现或者成簇分布。可见大量的双核细胞和多核细胞。

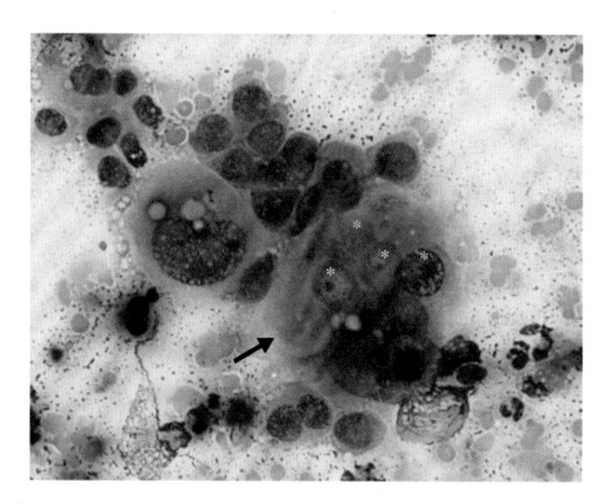

图 13.10 前列腺癌，犬（FNA）。各个细胞、细胞核大小及核质比差异显著。图中大的多核细胞含有一个大的核仁（下部）和四个小核（星号），并且含有一个轮廓平滑、品红色胞浆包涵体（黑色箭头）。核染色质呈团块样，核仁明显。

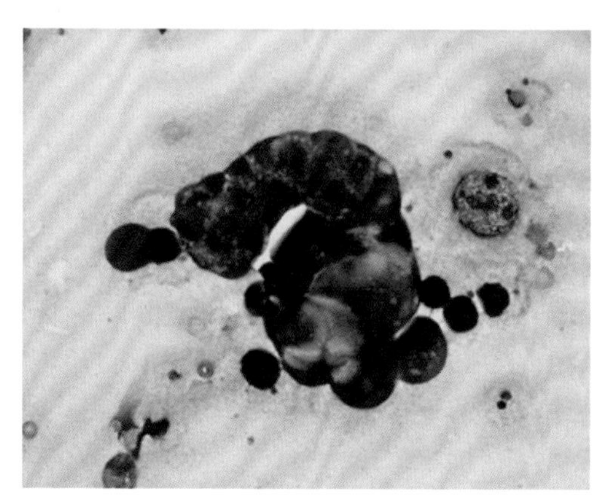

图 13.11 前列腺癌，犬（冲洗液）。图中可见保存不良的一簇肿瘤细胞，细胞大小不等，胞浆空泡化。

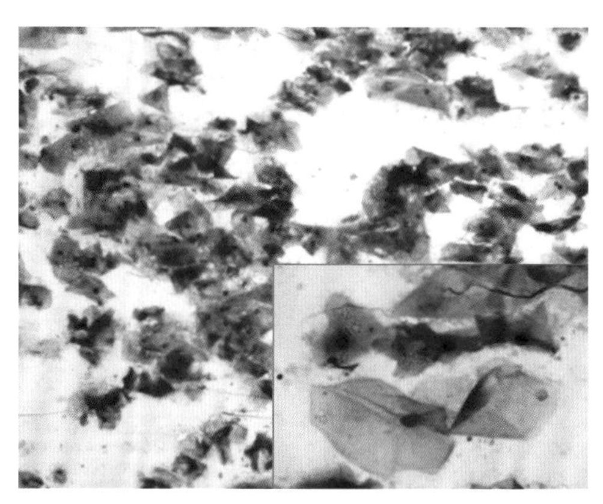

图 13.12 雌激素导致的前列腺鳞状上皮化生，犬（FNA）。样品中可见大量成熟的角化鳞状上皮细胞。插图：鳞状上皮细胞（高倍放大）。

阴茎和包皮疾病

龟头炎、包皮炎

外生殖器的细菌感染可能会导致脓性分泌物，可通过细胞学进行检查。涂片中通常可见大量的中性粒细胞、细胞外细菌或者细胞内细菌，以及成片脱落的鳞状上皮细胞。

阴茎和包皮肿瘤

阴茎和包皮很少发生鳞状细胞癌（SCC），比较常见的是传染性性病肿瘤（TVT）。阴茎和包皮发生的 SCC，细胞学外观与其他部位发生的 SCC 相似（见图 4.13）。TVT 是传染性肿瘤，呈地方流行性，在一些热带或亚热带的城市地区，很大一部分流浪犬患有此病。TVT 可能发生于年轻、性成熟公犬的阴茎或者包皮黏膜上，少见于口腔或者鼻黏膜。肿瘤通常为粉色脆性较大的膨胀性肿块，易出血并且具有典型的细胞学特性（图 13.13）。

精液的采集与评估

精液质量通常用来预测公犬的繁育能力。虽然可以用人造阴道采集犬精液，但通常采用的方法是：发情母犬在场的情况下，用手刺激公犬阴茎来采集精液。通过这种方法，三部分液体可以分别收集到不同的检测管中，包括临床相关性最高的第二管（精液丰富）和第三管（前列腺液）。如果猫经过训练，也可以用人造阴道获取公猫精液。精液完整评价包括精子活力、

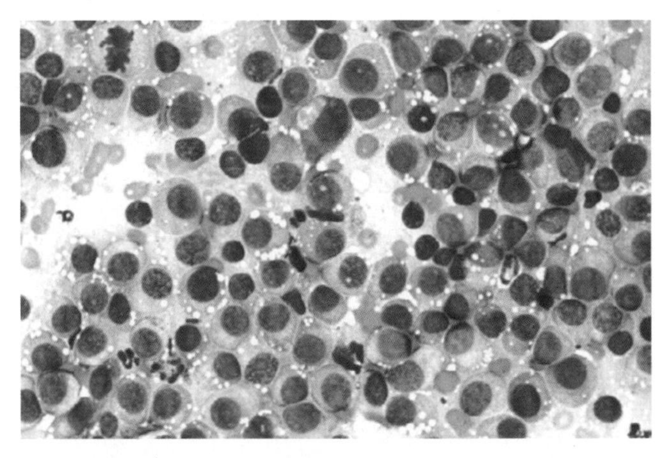

图 13.13 传染性性病肿瘤。肿瘤细胞呈圆形，且散在分布，核质比稍高。许多细胞胞浆中含有散在的空泡。细胞核位于细胞一侧，核染色质粗糙，核仁通常清晰可见。

密度、形态以及活精子百分比。本部分将着重介绍精液染色标本的细胞学检查，读者可以参考其他资料，了解公犬生殖能力完整检查的相关信息（Root Krustritz, 2007）。

影响精液质量的常见原因

精子异常

射出的精液中无精子称为无精症，可能是睾丸疾病，或者年幼公犬、犬过度紧张不完全射精导致。精子形态异常称为畸形精子症。通常当超过 40% 的精子形态异常时，会导致公犬繁育能力下降。通常无法确定畸形精子症的病因，但是睾丸损伤（未知原因）引起的睾丸退行性病变早期阶段是很多病例的病因（图 13.14），很多动物最后会发展成无精症。两个月后需再次对动物进行精液评价以确定疾病发展的进程。一些老年动物病例，畸形精子症是由于睾丸老化导致的。

当犬猫睾丸、附睾、前列腺或者尿道发生严重细菌感染时，通常会因为疼痛而无法射精。然而一些症状较轻微的动物，可能会在精液中发现炎性细胞，包括中性粒细胞、淋巴细胞以及巨噬细胞，并且通常会对精子形态及活力产生不利影响。若精液的细胞学检查出现上述结果，应对生殖道进行进一步检查，以明确原发性病因。

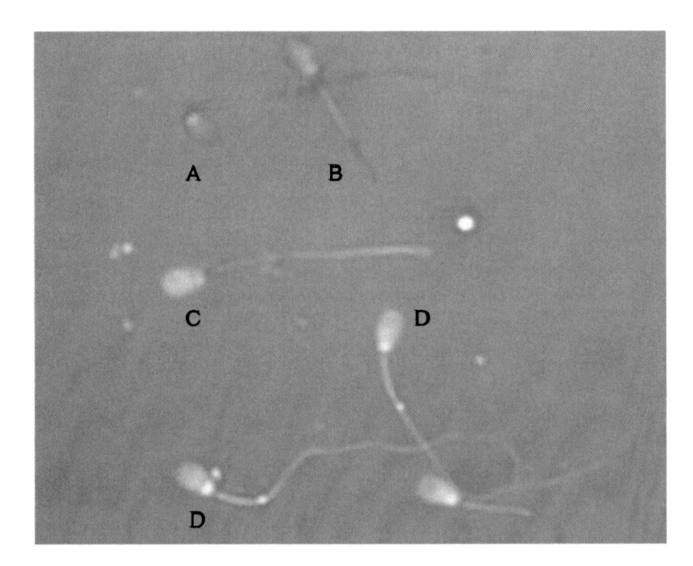

图 13.14 睾丸退行性病变早期，可见大量具有缺陷的精子。(A) 颈部断裂的死精。(B) 弯尾死精。(C) 具有发夹样弯尾的活精。(D) 尾部具有原生质滴的精子。犬，苯胺黑-伊红染色，1 000× 油镜。

母犬生殖道细胞学检查

细胞学检查常用于确定卵巢、子宫、阴道、前庭以及阴门处发生异常分泌物、肿胀以及肿块的原因。生殖道疾病好发于绝育母犬。阴道涂片的细胞学评价在确定配种时间上十分重要，并且也是评估受孕失败犬的一个重要手段。

标本采集

用生理盐水浸润的棉拭子采集阴道或者子宫分泌物，将其在载玻片上滚动制备涂片。当需要进行培养时，则另采一份样本至传递用培养基上。阴道开张器可以用于观察前庭、尿道口、阴道黏膜，也可以用于辅助对阴道肿物进行 FNA。需要利用阴道内窥镜对头侧阴道异常及宫颈异常进行检查，并且利用内窥镜端口对组织进行活检或者 FNA。当卵巢或者子宫肿物存在于腹膜后间隙或者腹腔时，可以利用超声引导进行穿刺；但是，对卵巢肿瘤进行穿刺时，需要考虑是否会引起肿瘤细胞播散。随后将对阴道细胞学检查进行介绍，该检测主要用于繁殖管理。

感染性及炎性疾病

阴道分泌物可能来源于阴道或者子宫，可能是清亮至黏稠的脓性或者血性分泌物（表 13.1）。当鉴别诊断各种引起阴道分泌物的疾病时，有必要了解动物详尽的生育史，并且进行全面的体格检查、影像学检查以及细胞学检查。没有生殖系统疾病母犬的阴道涂片中，可见少量的中性粒细胞以及正常菌群。但是，如果发现大量的中性粒细胞和细菌，尤其在中性粒细胞内部发现细菌时，通常提示生殖道感染（图 13.15）。对于闭合型子宫蓄脓的确诊，通常需要最近的发情史以及体格检查、临床病理学检查及影像学检查的结果支持。不推荐对充满积液的子宫进行细针穿刺，因为会增加子宫内容物漏出和腹膜炎的风险。

表 13.1　阴道分泌物鉴别诊断

<table>
<tr><th>分泌物性状</th><th>鉴别诊断</th></tr>
<tr><td>清亮</td><td>发情</td></tr>
<tr><td rowspan="2">黏液样</td><td>发情后期</td></tr>
<tr><td>正常妊娠</td></tr>
<tr><td rowspan="2">脓性</td><td>幼年动物阴道炎（juvenile vaginitis）</td></tr>
<tr><td>阴道炎</td></tr>
<tr><td rowspan="2">脓性／血性</td><td>子宫蓄脓</td></tr>
<tr><td>子宫炎</td></tr>
<tr><td rowspan="9">血性</td><td>发情前期</td></tr>
<tr><td>发情期</td></tr>
<tr><td>卵泡囊肿</td></tr>
<tr><td>阴道溃疡</td></tr>
<tr><td>胎盘剥离</td></tr>
<tr><td>胎盘部位复旧不全</td></tr>
<tr><td>传染性性病肿瘤</td></tr>
<tr><td>膀胱炎</td></tr>
<tr><td>尿道肿瘤</td></tr>
<tr><td>血性（棕色）</td><td>流产</td></tr>
<tr><td rowspan="2">血性（绿色／棕色）</td><td>分娩</td></tr>
<tr><td>难产、胎盘剥离</td></tr>
</table>

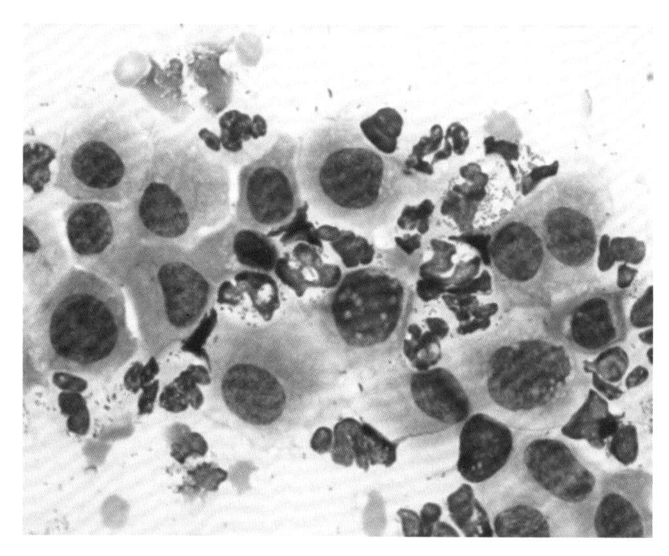

图 13.15 阴道炎，母犬（棉拭子取样）。中间层阴道上皮细胞。同时可见大量退行性中性粒细胞，部分细胞含有杆菌。

肿瘤性疾病

阴门和阴道肿瘤可能发生于未绝育和卵巢切除的母犬，并且比子宫肿瘤更加常见。平滑肌瘤是这些部位最好发的肿瘤。细胞学特性主要包括：聚集的梭形细胞，具有雪茄形的细胞核。性成熟流浪母犬的外生殖器可能发生传染性性病肿瘤（图 13.13），该病呈现地方流行性。其他发生于阴门或阴道表皮或黏膜下层的肿瘤包括肥大细胞瘤（图 2.23 和图 4.24）、黑色素瘤（图 4.21）以及 TCC。

卵巢肿瘤在犬猫并不常见，并且仅有少量的报道描述了该类肿瘤的细胞学特性（Bertazzolo et al., 2004）。卵巢肿瘤包括上皮及乳头状瘤、生殖细胞肿瘤（无性细胞瘤、畸胎瘤和胚胎癌）以及性索间质瘤（颗粒细胞瘤、卵泡膜细胞瘤、黄体瘤）。卵巢囊肿也可能报告为卵巢肿物。无性细胞瘤和颗粒细胞瘤的细胞学特性，分别与精原细胞瘤和睾丸支持细胞瘤的细胞学特性相似。

阴道细胞学与繁殖管理

阴道脱落细胞学

对脱落的阴道上皮细胞进行连续显微镜检查，是一种监测发情期的简单方法。发情前期及发情期血清中雌激素水平升高，导致阴道壁增厚，这可能是动物保护黏膜的一种机制，以防止脆弱的黏膜在交配时受损。雌激素主要是通过增加细胞层数量，来增加阴道壁的厚度。黏膜从单层立方上皮（乏情期），经过过渡阶段（发情前期）分化成分层的角质化鳞状上皮[受精期（fertile period，fertilisation period）]。受精期结束后，由于血清孕酮浓度升高，鳞状上皮迅速脱落，露出单层立方上皮，与乏情期观察到的细胞类似。

可以使用塑料导尿管进行穿刺，采集阴道细胞样本，也可以使用生理盐水浸润的棉拭子，在阴道黏膜表面滚动，进行采集。可以使用小型诊视器或者保护装置将拭子送入阴道并且移动，以避免拭子接触到前庭或者皮肤，因为这些部位脱落的细胞会导致检测结果错误。将棉拭子在载玻片上轻轻滚动制片，或者使用穿刺液制作薄层涂片，制作技术参考血液涂片的制作（见第1章）。常规罗曼诺夫斯基染色足以进行评价，并且易于操作。三色染色虽具有识别角质化细胞的优势，但是操作程序复杂。发情前期，由于血清雌激素水平升高，表层上皮细胞由细胞浆较少的小的圆形上皮细胞（“副基底细胞”）变成大的、形状不规则的扁平（鳞状）、有核的细胞（“中间细胞”）（图13.16）。在发情期，细胞变成大中间型上皮细胞（图13.17），然后变成角化鳞状上皮细胞（“表层细胞”）。这些细胞通常是无核的或者有一个“影核”（ghostlike）或者小的固缩核残体（pyknotic nuclear remnant）（图13.18）。在受精期结束后，上皮细胞脱落，浅表上皮细胞消失，小副基底细胞和中间细胞又再次在阴道细胞涂片中出现（发情后期）（图13.19）。乏情期阴道涂片中可见少量的中性粒细胞，但是在受精期消失，因为增厚的黏膜阻挡了中性粒细胞向黏膜表面的移行。发情后期中性粒细胞再次出现，

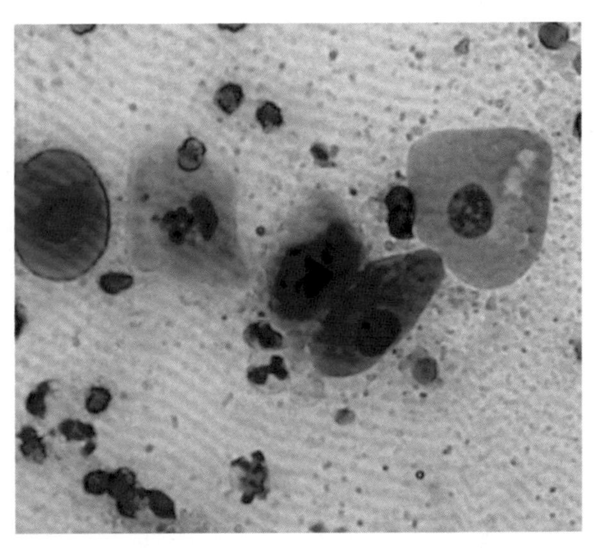

图13.16 发情前期。可见副基底上皮细胞、中性粒细胞和少量红细胞。

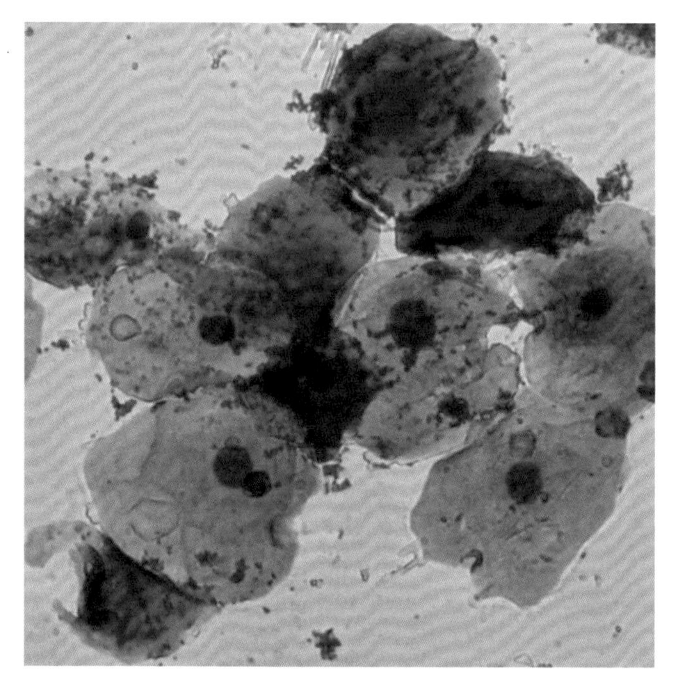

图 13. 17 发情早期。可见大中间型上皮细胞（可能被细菌覆盖），红细胞。未见中性粒细胞。

并且通常数量较多。

当超过 80% 的上皮细胞细胞核消失时，建议进行配种，因为大多数母犬此时处于受精期（图 13.20）。一旦确定母犬进入发情后期，交配或者人工授精，通常很少使母犬受孕。

在雌性猫（queens），发情前期和发情期阴道细胞学表现出与犬类似的特征；然而，尽管上皮细胞较大、轮廓不规则，但通常有细胞核。并且，在发情期后期，不管是否排卵，都不会看到大量的中性粒细胞浸润。

卵巢残余综合征

进行卵巢子宫切除术后的母犬或母猫，若体内还有卵巢残体，经与未绝育动物类似长短的发情间隔之后通常又会进入发情期。当雌性动物出现明显的发情行为时，进行阴道细胞涂片检查，会发现大中间细胞和角化上皮细胞。要特别注意，涂片不要被外阴或者会阴上皮细胞污染。

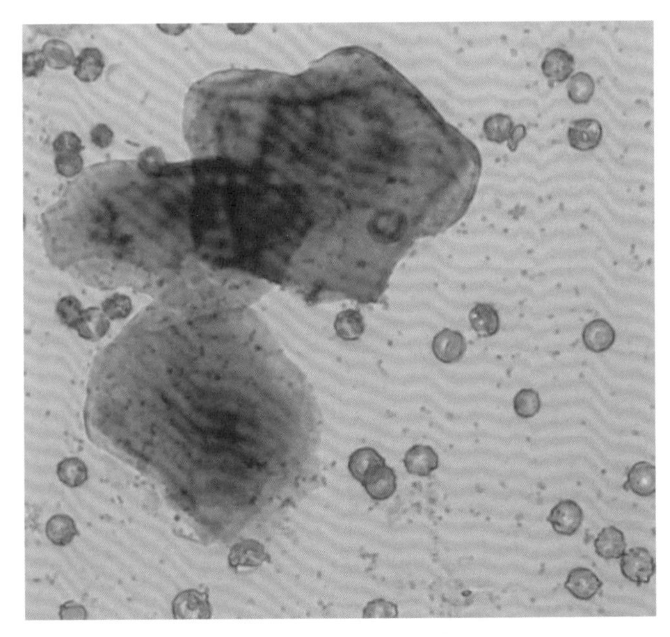

图 13.18　发情期(配种时间)。大多数上皮细胞角化，细胞核消失。细胞较大，形状不规则，可能被细菌覆盖。通常无中性粒细胞。

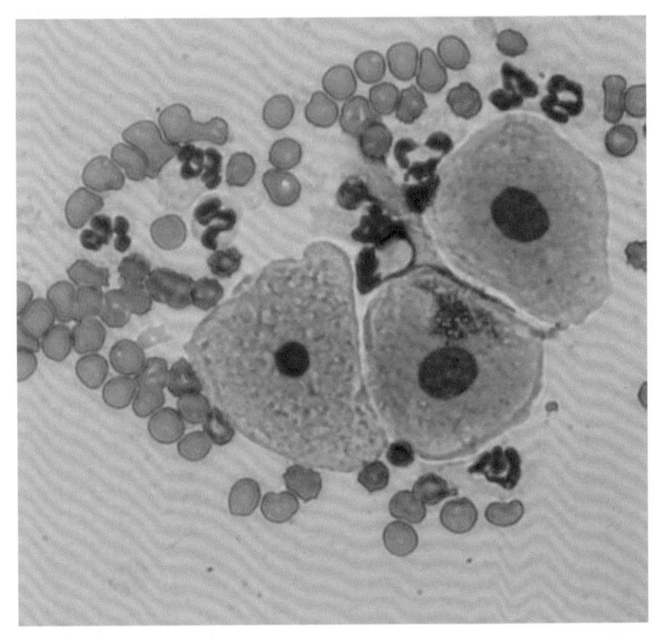

图 13.19　黄体期早期。可见大量中性粒细胞，上皮细胞未发生角化。图片中可见小中间型上皮细胞。可见一些红细胞。

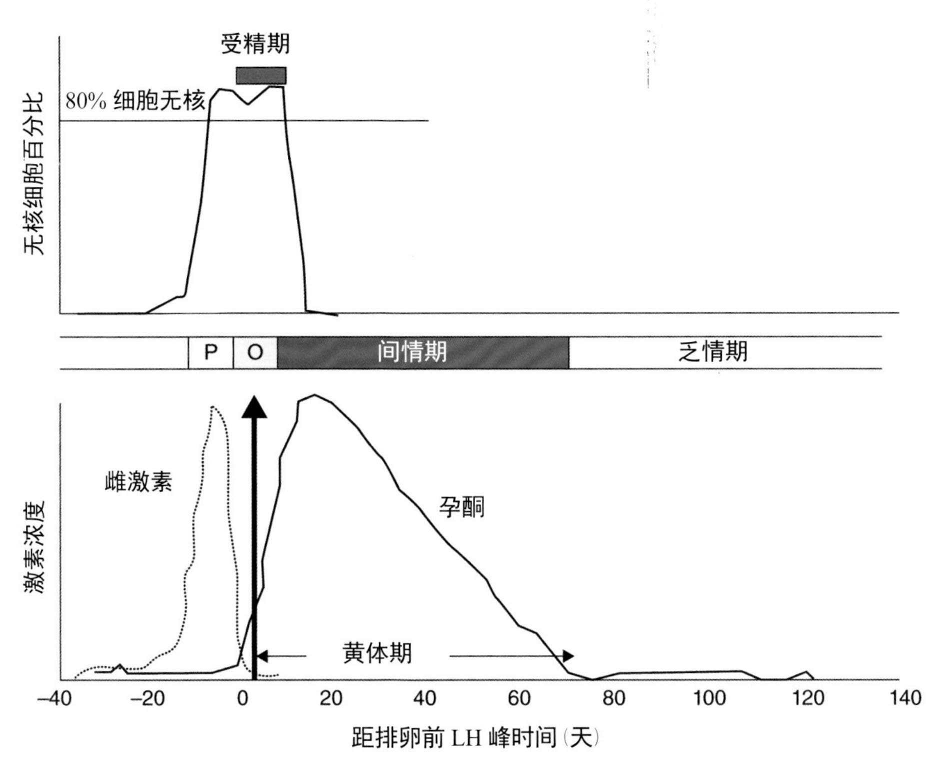

图 13.20 母犬激素浓度和发情阶段 [P= 发情前期。O= 发情期（垂直箭头）] 与受精期及无核的阴道上皮细胞百分比之间的关系。来源：改自 England, G.C.W.（2013）*Dog Breeding, Whelping and Puppy Care*, Wiley-Blackwell, Oxford。

参考文献

Bertazzolo, W., Dell'Orco, M., Bonfanti, U. et al.（2004）Cytological features of canine ovarian tumours: a retrospective study of 19 cases. *Journal of Small Animal Practice*, **45**, 539–545.

Root Kustritz, M.V.（2007）The value of canine semen evaluation for practitioners. *Theriogenology*, **68**, 329–337.

14 乳腺病变细胞学

Reinhard Mischke

Small Animal Clinic, University of Veterinary Medicine Hannover, Hannover, Germany

理想的细胞学判读需要具有足量细胞的典型样本，有关病患的详细临床信息（即同主治医生进行良好的沟通），以及对犬猫乳腺肿瘤的细胞学特征和生物学特性的丰富经验。

细胞学检查指征

乳腺病变细胞学检查的主要目的是区分原发性炎性病变与良性增生或肿瘤，对恶性肿瘤进行预后判定，以及制订治疗计划。预测肿瘤是否恶性的最可靠的因素包括，是否有临床和组织学证据显示肿瘤浸润至周围组织、血管或发生转移。虽然不能直接通过细胞学检查评估肿瘤细胞的浸润性行为，但是当细胞学发现可能目标器官的局部和远端转移时，可确定该肿瘤是恶性的。如果乳腺病变疑似恶性，手术切除通常为尝试性治疗，但在切除之前需要进行进一步的检查，以更准确地评估预后。这些检查包括潜在转移灶的影像学检查（包括三个不同体位胸部 X 线片和腹部超声），以及在超声引导下对局部淋巴结、远端器官（如肝、脾和肺）的转移性病变或体腔液进行细针穿刺，然后进行细胞学检查。癌变（尤其是炎性癌）的病例中，细胞学检查发现远端转移，包括骨髓的侵袭，提示预后不良。

采集技术

乳腺病变样本

可以利用细针穿刺活组织检查（fine-needle aspiration biopsy，FNAB）技术从囊性或者实质性病变中获得细胞学标本，该操作可在超声引导下进行。可以从溃疡病变处、手术活检组织或手术切除病灶处通过触片和刮片，获得细胞学标本。当难以说服畜主选择手术活组织检查时，FNAB 对早期生长阶段的乳腺小病变的评估特别有用。然而早期诊断和治疗是非常重要的，因为早期手术切除是评估预后重要的因素。

鉴于乳腺病变通常包含混合复杂的组成（同一个腺体内的一个或多个病变处可能含有多种类型和多种形态的细胞），多次穿刺至关重要，以便能够从所有病变相关组成中获得典型细胞（这一点在脱落细胞量较少的间质细胞瘤上，表现尤其明显）。从病变组织的不同区域取样，也能够降低采到无诊断意义标本（例如从恶性病变组织的炎性、囊性以及坏死区域获得的标本）的风险。当穿刺较大的乳腺病变组织或者从肿大的淋巴结获取转移性肿瘤细胞时，应尽量避免淋巴结中心区域采样，因为该区域可能存在坏死灶。

乳腺分泌

乳腺乳头分泌物可以用来诊断乳腺弥散性炎性病变，但是局灶性炎症和乳腺感染性病变则需要进行 FNAB。对肿瘤性乳腺病变的诊断，乳头分泌物无法提供足够的信息。

正常泌乳期乳腺的正常细胞类型和细胞学形态

对非泌乳期的乳腺进行穿刺，无法获得或者只能获得少量的特异性细胞。与之相比，由于过度生长，对泌乳期乳腺进行穿刺时，能够获得大量细胞。分泌腺泡分化成大小、形态较为均一的乳腺分泌上皮细胞，细胞颗粒中等量，胞浆嗜碱性，细胞核圆形、深染（细胞核大小和形态也较为均一）。偶见呈小片或小簇状分布的分泌细胞，细胞可能排列成腺泡状（图 14.1）。导管分化而来的上皮细胞，细胞核位于基部，卵圆形，胞浆较少且呈嗜碱性（图 14.2）。有时可能观察到胞间边界明显的成簇和小片状小管或小管碎片。因为导管和腺泡上皮细胞，以及小叶内和小叶间结缔组织发生周期性增殖，老年动物可能出现增生和发育不良。此外分布在分泌腺泡和输乳管的肌上皮细胞表现为梭形或游离细胞，深染，具有卵圆形细胞核（图 14.3）。对泌乳期乳腺进行穿刺，有可能观察到泡沫细胞（图 14.4）和富含色素的巨噬细胞（图 14.5）。

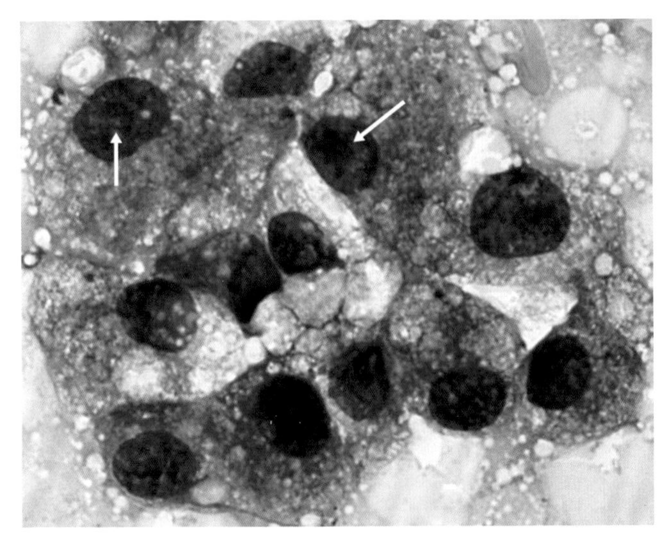

图 14.1 犬正常乳腺触片。成片的顶浆分泌上皮细胞具有丰富的嗜碱性胞浆和圆形细胞核，核中间有核仁（箭头）。来源：Reinhard Mischke，University of Veterinary Medicine Hannover。经许可使用。

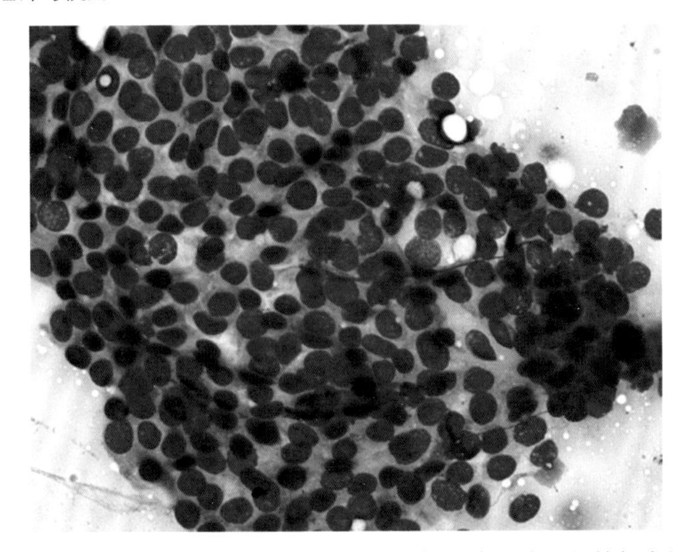

图 14.2 犬正常乳腺触片。单层成片的正常的导管上皮细胞，其特征为细胞浆较少且呈嗜碱性，细胞核卵圆形。来源：Reinhard Mischke，University of Veterinary Medicine Hannover。经许可使用。

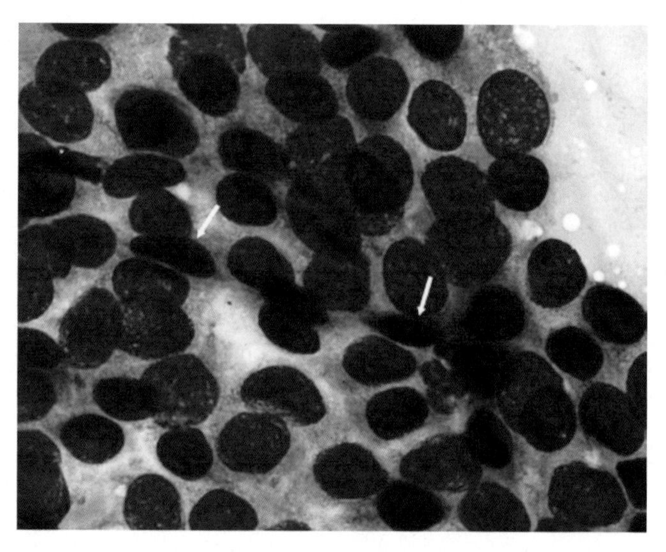

图 14.3 正常的肌上皮细胞细长深染，有卵圆形的细胞核（箭头）。图中可见成片的导管上皮细胞。来源：Reinhard Mischke，University of Veterinary Medicine Hannover。经许可使用。

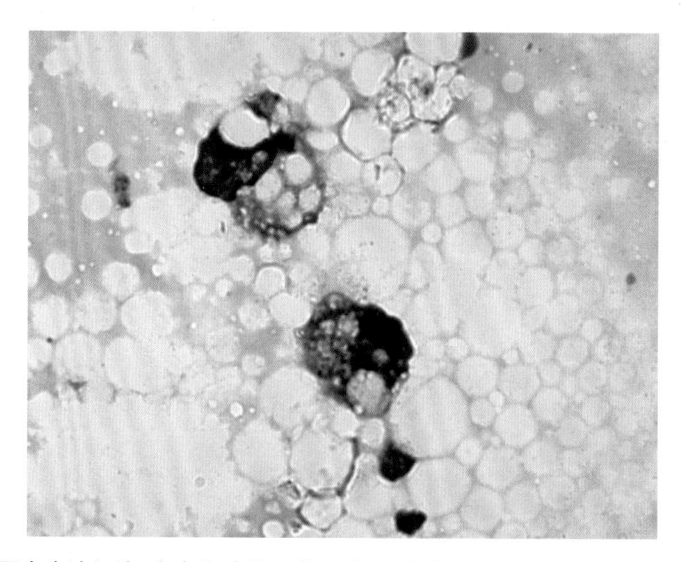

图 14.4 两个泡沫细胞（富含脂滴的巨噬细胞），来自正常犬的乳腺分泌物。这两个大的单个细胞，含有丰富的细胞浆，细胞浆中含有透明空泡，圆至卵圆形的细胞核位于细胞一侧。注意细胞核质比较低。来源：Reinhard Mischke，University of Veterinary Medicine Hannover。经许可使用。

泡沫细胞来源于组织细胞，免疫表型分析表明它们也可能源自乳腺上皮细胞。此外，还可能观察到红细胞、透明脂滴以及脂肪细胞。背景中通常可见中等量的嗜碱性蛋白类物质。

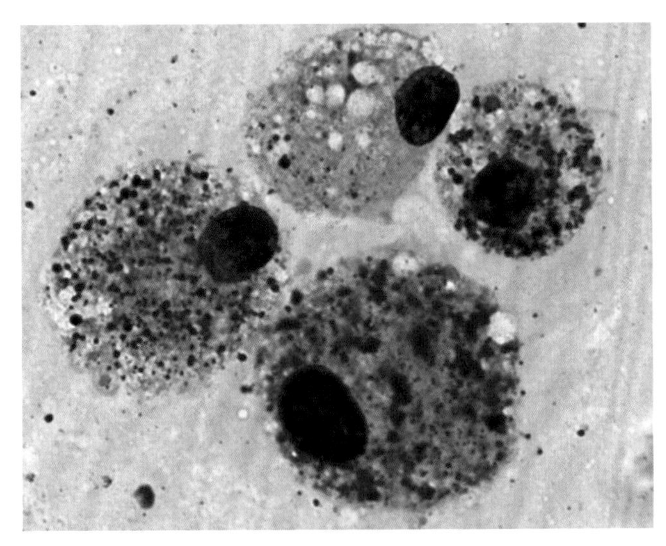

图 14.5 **正常犬乳腺分泌物。富含色素的巨噬细胞含有嗜碱性分泌物，背景中有轻度嗜碱性蛋白类物质。**来源：Reinhard Mischke，University of Veterinary Medicine Hannover。经许可使用。

正常的乳腺分泌物富含蛋白，但细胞含量少。在嗜酸性到嗜碱性的蛋白背景下，可见少量的泡沫细胞，单个的分泌上皮细胞和导管上皮细胞，巨噬细胞，偶见的中性粒细胞和淋巴细胞，背景中还可见大量的脂滴（图 14.6）。

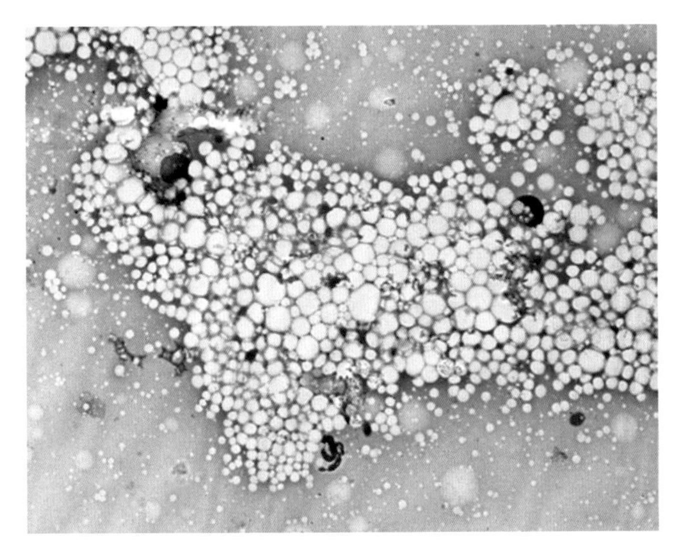

图 14.6 **正常犬乳腺分泌物。图中可见单个散在的泡沫细胞和一个中性粒细胞，背景中有嗜碱性蛋白类物质并且有大量的脂滴。**来源：Reinhard Mischke，University of Veterinary Medicine Hannover。经许可使用。

乳腺炎

局灶性或者弥散性乳腺炎性病变通常与产后哺乳或者假孕相关。通常富含细胞，炎症细胞的类型随病原体的种类和致病力，以及疾病的不同阶段而变化。细菌感染导致化脓性炎症，中性粒细胞呈现退行性变化（核溶解或者核碎裂），提示细菌毒素的存在（图 14.7）。此外，这类涂片中通常含有大量坏死细胞碎片。可以在中性粒细胞中观察到细菌（尤其是大肠杆菌、链球菌属和葡萄球菌属），但巨噬细胞中并不常见（图 14.7）。应该对发炎乳腺分泌物或者穿刺样本进行培养和药敏试验，以选择合适的抗生素进行治疗。

在慢性病例和非感染性炎症性病变中，出现不同数量的非退行性中性粒细胞、反应性含色素的巨噬细胞、淋巴细胞和浆细胞（图 14.8）。由于炎性反应，可能会出现发育不良的乳腺上皮细胞。需要对这些细胞进行判读，因为它们可能会表现出类似于恶性细胞的形态学变化（图 14.9 和图 14.10）。

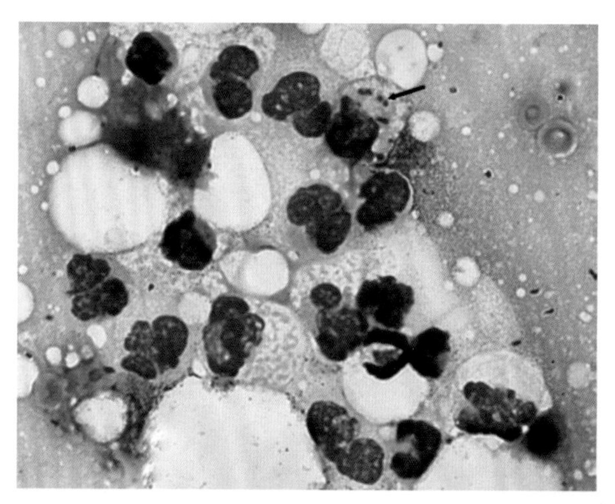

图 14.7 **大肠杆菌引起的猫化脓性坏死性乳腺炎。穿刺检查可见退行性中性粒细胞，细胞核肿胀（注意缺乏良好的核分叶）。细胞内（箭头）和细胞外均可见细菌。**来源：Reinhard Mischke，University of Veterinary Medicine Hannover。经许可使用。

猫乳腺纤维腺瘤增生

猫乳腺纤维腺瘤增生，通常根据特殊的病史和临床病变进行诊断：该病通常好发于未绝育幼年母猫或者老年公猫和母猫；该病可能是由于使用合成孕酮导致。穿刺可能有助于初步诊断，也可以排除主要的鉴别诊断：恶性肿瘤和乳腺炎。细胞学检查可见，成簇的立方形导管上皮细胞，细胞

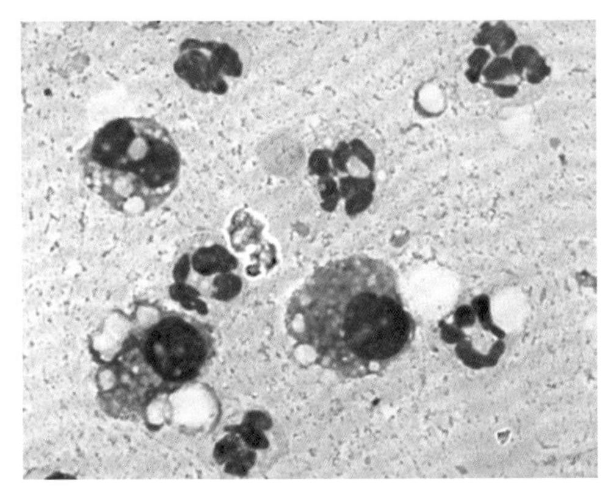

图 14.8　乳腺炎患犬乳腺分泌物。可见非退行性中性粒细胞和泡沫状巨噬细胞。来源：Reinhard Mischke，University of Veterinary Medicine Hannover。经许可使用。

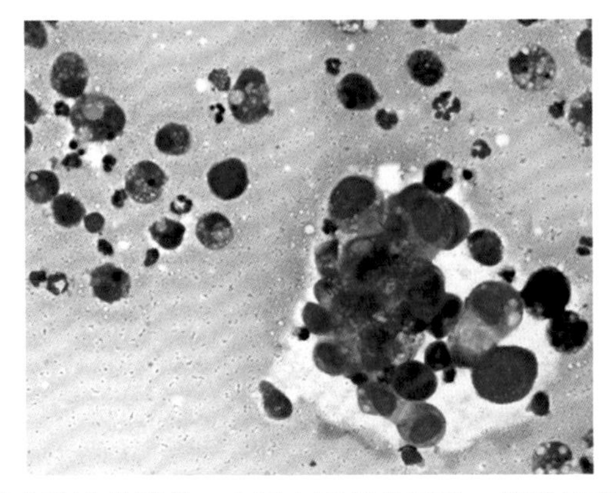

图 14.9　乳腺炎患犬乳腺分泌物。在图右下部分可见一簇明显表现出发育不良（如细胞明显大小不等，细胞核大小不等）的上皮细胞。来源：Reinhard Mischke，University of Veterinary Medicine Hannover。经许可使用。

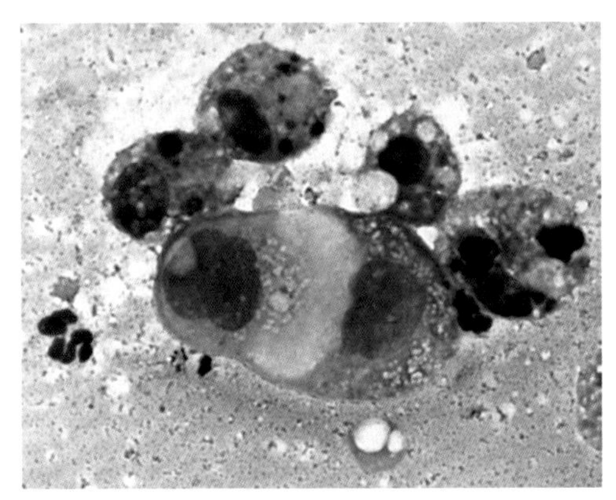

图 14.10　与图 14.9 同一病例。上皮细胞表现为明显的发育不良（如巨细胞核），上皮细胞周围有多个巨噬细胞和一个中性粒细胞。来源：Reinhard Mischke，University of Veterinary Medicine Hannover。经许可使用。

形态较为均一，细胞核较圆，核仁较小，细胞浆较少。可能存在轻度至中度的核大小不等，核质比差异可能显著，但是细胞核缺少恶性特征。反应性间质细胞成分表现为梭形基质细胞，含有卵圆形细胞核，核仁清晰，核质比增加。基质细胞通常嵌于粉红色的细胞基质中。

实质性良性病变（腺瘤、犬乳腺小叶增生）

对乳腺良性肿瘤例如腺瘤和乳头状瘤进行穿刺，表现与小叶增生类似，不能通过细胞学进行区分。穿刺液中通常含有成簇或成片、相对均一的上皮细胞，细胞核较小（图 14.11）。细胞可排列成栅栏状、乳头状、腺泡状和小梁状结构，这些可以为病变的组织病理学诊断提供一定的线索。可观察到富含色素细胞。由于猫的乳腺良性肿瘤发病率较低，所以细胞学诊断时，倾向于进一步评估细胞的恶性特征，尤其是对于未使用过孕酮的老年猫，在确诊良性病变时，需格外注意。对大多数乳腺肿瘤进行细针穿刺时，背景中可能观察到数量不等的红细胞、嗜碱性蛋白类物质、脂滴和泡沫细胞。

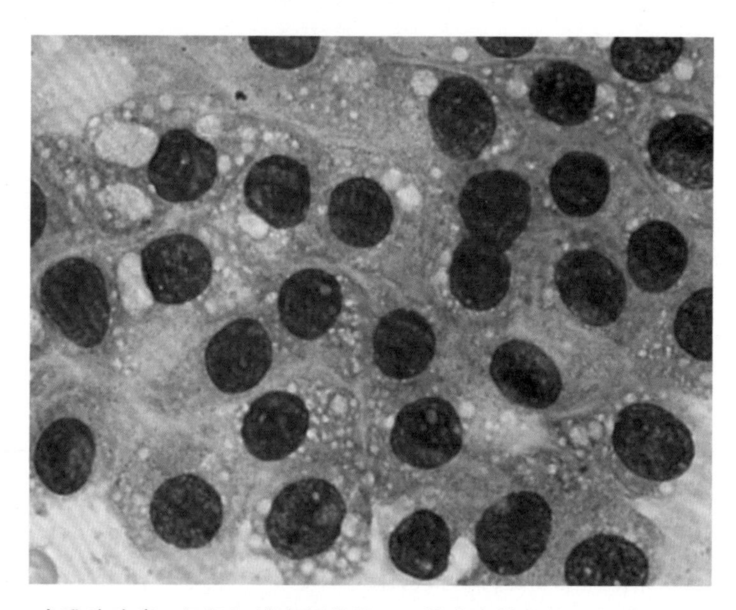

图 14.11　**犬乳腺腺瘤。组织细针穿刺获得了一片大小较为均一的腺上皮细胞。细胞核质比较低，细胞核大小均一，染色质均匀，核仁小且圆。**来源：Simon, D., Schoenrock, D., Nolte, I. et al.（2009）Cytologic examination of fine-needle aspirates from mammary gland tumors in the dog: diagnostic accuracy with comparison to histopathology and association with postoperative outcome. *Veterinary Clinical Pathology*, **38**, 521–528。经 John Wiley and Sons 许可使用。

乳腺良性混合瘤和复合型肿瘤

犬良性肿瘤通常包括上皮类肿瘤和基底类肿瘤（如复合型腺瘤、纤维腺瘤、良性混合瘤）。良性复合型腺瘤、乳头状瘤、纤维腺瘤、良性混合瘤细胞学检查中，可见片状或成簇的单一形态的上皮细胞，并伴随有单个或者成簇的梭形肌上皮细胞（复合型腺瘤）和纺锤形或者卵圆形的间质来源细胞（混合瘤；图 14.12）。肌上皮细胞可能表现为游离的卵圆形细胞核。间质成分可能由纤维、软骨或骨的元素构成（即可能存在成纤维细胞、成软骨细胞、成骨细胞和破骨细胞）。可观察到小片分布或者形成广泛弥散型背景的粉红色细胞外基质 [如胶原蛋白、软骨质（chrondroid ）或类骨质]。肌上皮细胞和间质细胞不容易成簇脱落，由于细胞量少，细胞学无法区分良性复合型瘤和良性混合瘤。

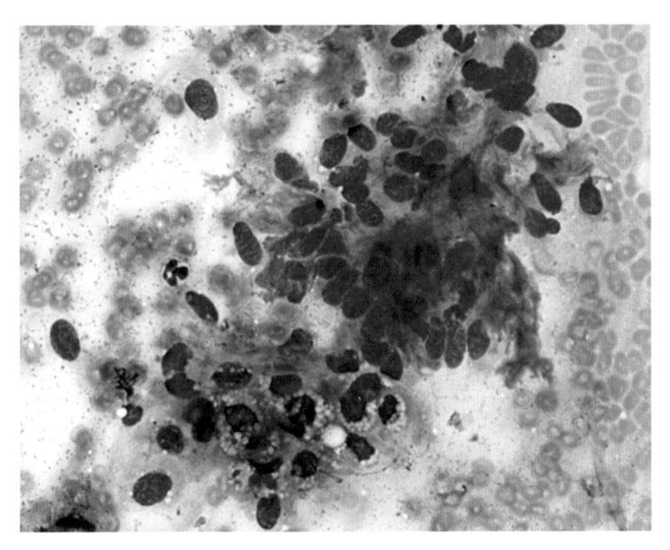

图 14. 12　**犬乳腺混合瘤穿刺。病变含有分泌上皮成分（图下部）和间质成分（纺锤形的细胞及胞外大量的粉红色基质）（图顶部）。**来源：Reinhard Mischke，University of Veterinary Medicine Hannover。经许可使用。

乳腺囊肿

乳腺囊肿是在中年或者老年动物中常发的一类良性病变。它们是由于乳腺发育不良形成的，其中扩张的导管形成大空腔。乳腺囊肿可单发也可多发（多囊病），也可能与良性或者恶性肿瘤相关。因此，穿刺部位需包括实质区域，以排除可能并发的乳腺肿瘤。棕黄色或者轻度血性穿刺液通常细胞含量较低，除非同时伴发炎性反应（图 14.13）。其中主要是空泡化泡沫细胞和含色素的巨噬细胞。如果伴发炎性反应或者感染，囊腔中可能出现大量的中性粒细胞（图 14.14）。有时可能观察到细胞膜破裂形成的胆固醇结晶（图 14.15），以及乳头状囊肿的囊壁上皮细胞，特别是在内衬乳头状赘生物的囊肿穿刺检查时。这些上皮细胞可能排列成致密片状或者成簇，核的大小和形状可能呈现轻度不等。

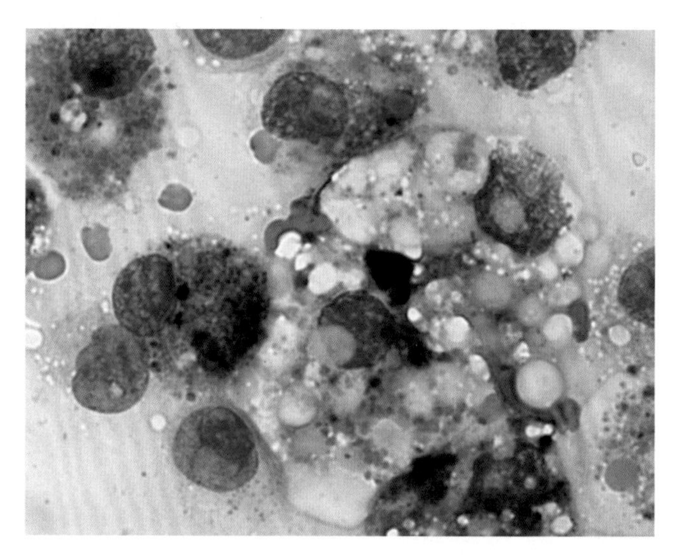

图 14.13 **乳腺囊肿穿刺（犬）。图中的巨噬细胞大多聚集在涂片的羽状缘，细胞含有脂质空泡和色素。来源** Reinhard Mischke，University of Veterinary Medicine Hannover。经许可使用。

恶性上皮性肿瘤

腺上皮起源的腺癌是最常见的乳腺恶性肿瘤，也是猫最常见的乳腺肿瘤。不常见的恶性乳腺肿瘤包括导管癌、未分化癌和鳞状细胞癌。恶性乳腺上皮肿瘤的诊断，主要根据细胞的一般形态特征，即上皮细胞的多形性，表现为明显的大小不等。细胞可能单个散在，可能成片排列，也可能呈大小不一的簇状。图中在具有代表性的一定数量的细胞中呈现 3 个以上恶性

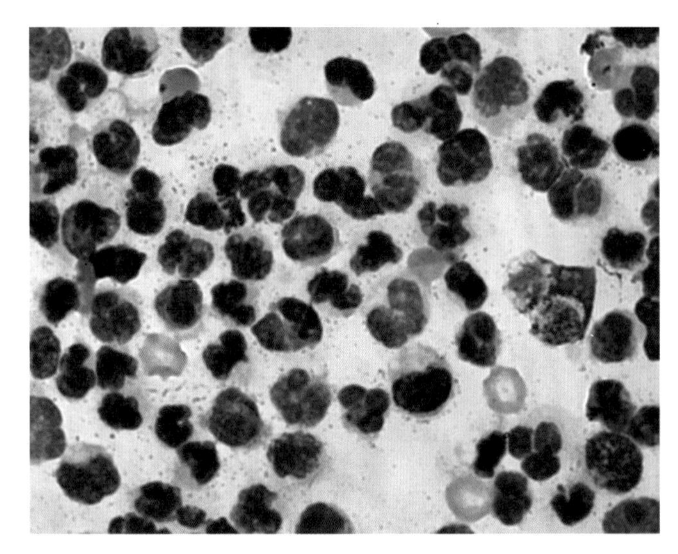

图 14.14 **乳腺囊肿穿刺（犬）。这是细菌感染引起的乳腺炎性反应。一些退行性中性粒细胞中可见细菌。**来源：Reinhard Mischke，University of Veterinary Medicine Hannover。经许可使用。

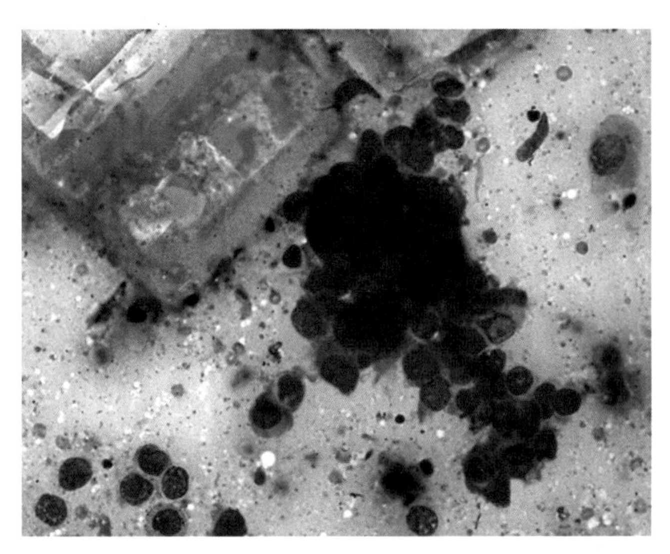

图 14.15 **猫乳腺癌囊性区触片。注意图中胆固醇结晶（左上部）。这些看起来较大，长方形的透明晶体，通常大小不等，棱角分明。**来源：Reinhard Mischke，University of Veterinary Medicine Hannover。经许可使用。

细胞特征（图 14.16 和图 14.17）。然而需要注意的是，不同的组织学类型往往有类似的细胞学特征。腺癌的特征是细胞倾向于排列成腺泡状，尤其是在触片样本中（图 14.18）。

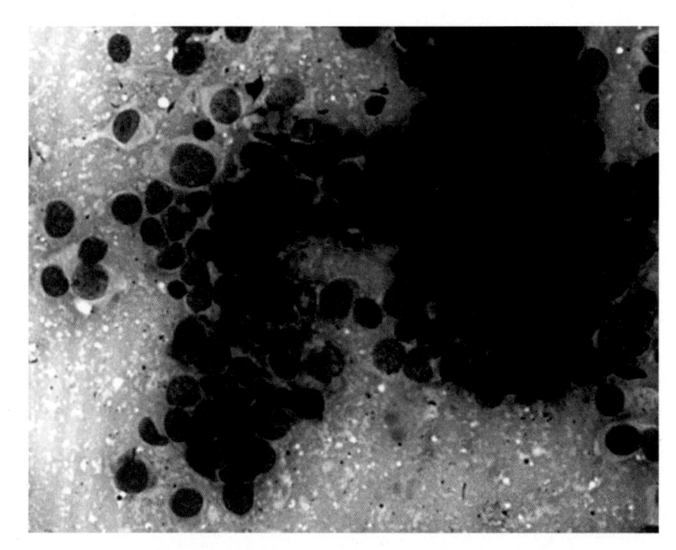

图 14.16 **乳腺癌（猫）。触片显示出一大簇具有极度多形性的上皮细胞。**来源：Reinhard Mischke，University of Veterinary Medicine Hannover。经许可使用。

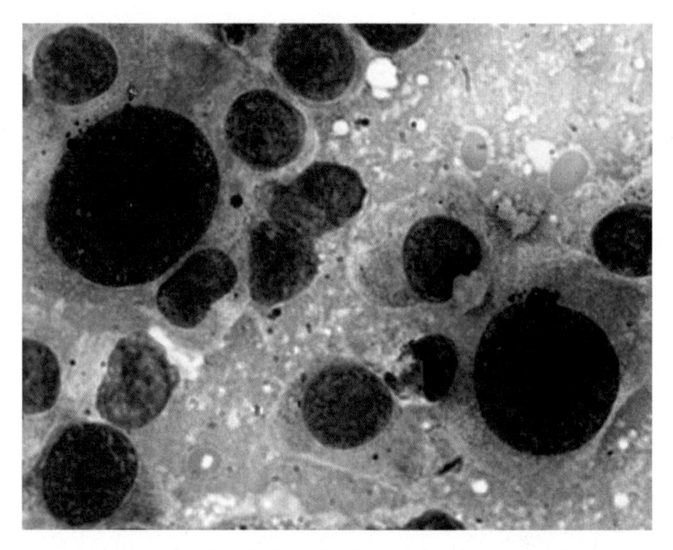

图 14.17 **与图 14.16 同一病例。注意细胞的多形性，细胞核具有多个恶性特征：细胞核大小不等、巨细胞核、核仁大而明显。**来源：Reinhard Mischke，University of Veterinary Medicine Hannover。经许可使用。

上皮细胞通常为圆形或者多边形，边界清晰。细胞核圆形至卵圆形，偏向一侧，细胞浆中等量、嗜碱性，其中可能存在空泡。胞浆可能较为清亮，也可能含有嗜碱性分泌物。有的细胞中可能含有一个较大的空泡，将细胞核挤向一边（这类细胞称为“印戒”细胞）。

细胞核恶性特征通常十分明显，包括中度至显著的核大小不等、巨细胞核、高核质比、核塑形、双核和多核、多个核仁、巨核仁和核仁不均匀（图 14.18）。检查是否有局部淋巴结转移和远端转移，有助于证实肿瘤的生物学行为（图 14.19）。

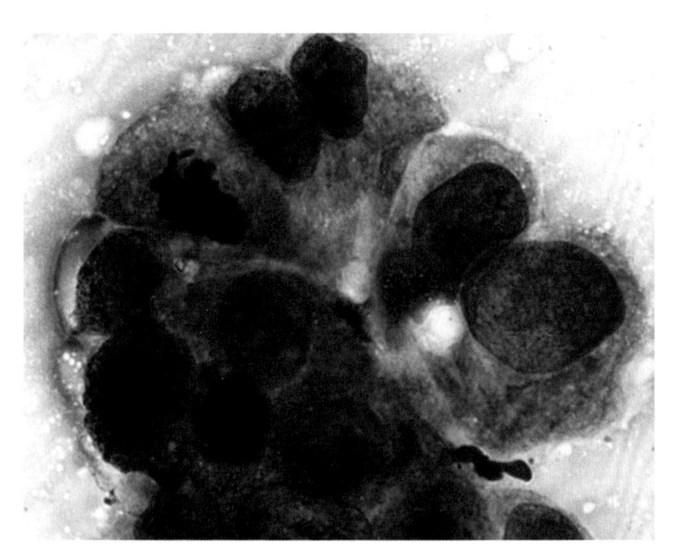

图 14.18 **犬乳腺腺癌细胞排列成腺泡结构。在左上角处可见一个有丝分裂象。**来源：Reinhard Mischke，University of Veterinary Medicine Hannover。经许可使用。

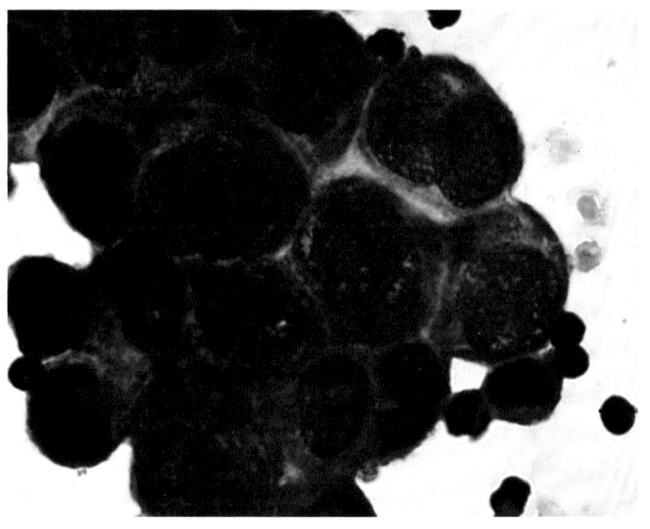

图 14.19 **犬腹股沟淋巴结穿刺。未分化乳腺癌淋巴结转移。**来源：Reinhard Mischke，University of Veterinary Medicine Hannover。经许可使用。

导管癌与腺癌的细胞学特性相似，但是不会排列成腺泡样结构，没有分泌功能，胞浆也不会空泡化。但是细胞可能排列成乳头状结构或者小梁结构。

未分化癌预后不良。肿瘤细胞可能呈单片状或者呈小簇分布。细胞形态差异较大，核质比高，细胞核大小不一。细胞核和核仁形态异常，多核现象、异常有丝分裂象较为常见。与腺癌相比，深染的细胞浆中通常不含有胞浆内空泡（图 14.19）。

炎性癌（“炎性乳腺癌”）是一种具有侵袭性的乳腺癌，显著特点是存在大量的非退行性中性粒细胞、少量巨噬细胞，以及大量多形态肿瘤上皮细胞，肿瘤细胞通常表现出多个恶性特征（图 14.20）。尽管细胞量较大，但是有必要在多个部位进行穿刺，以确保获得足够表现出确切恶性特征的细胞。病史、病例信息以及检查是否有转移都有助于确诊该病。

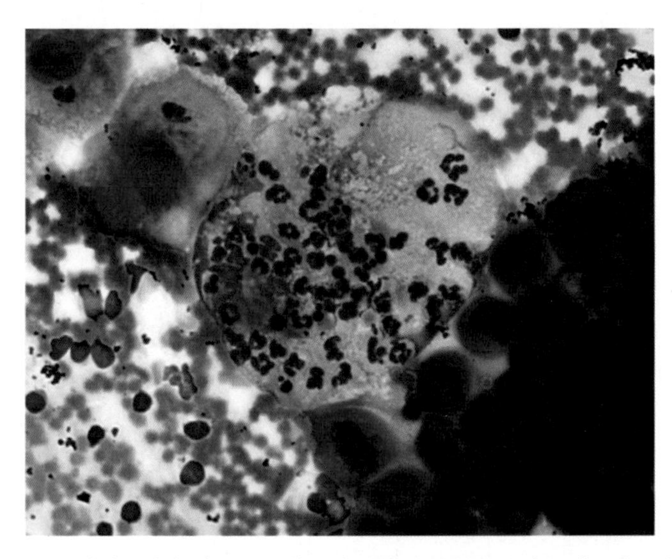

图 14.20 炎性乳腺癌。穿刺液显示一簇具有高度多形性的上皮细胞和大量的非退行性中性粒细胞。

鳞状细胞癌的形态学特征，与其他器官发生的鳞状细胞癌的特征类似（图 4.13），通常发生于真皮表面并且可能会形成溃疡。

乳腺肉瘤

乳腺的原发性间质肿瘤（骨肉瘤、纤维肉瘤和脂肪肉瘤）比较少见。这些肿瘤的细胞学形态特征与其他部位的该类肿瘤类似（图 2.19、图 4.17 和图 4.20）。

恶性混合性乳腺肿瘤

犬发生恶性混合性乳腺肿瘤的概率较低。细胞样本中含有上皮细胞，以及梭形的间质细胞，并且至少其中一种细胞或两种细胞（乳腺肉瘤）的细胞核或者核仁呈现恶性特征。鉴于细胞在组织间分布的差异，可能会导致某一区域某种细胞占主导，所以很有必要进行多点细针穿刺取样。

15 病原体细胞学

Harold Tvedten

Faculty of Veterinary Medicine and Animal Sciences, Department of Clinical Sciences, Swedish University of Agricultural Sciences, Uppsala, Sweden

引言

本章主要介绍感染性疾病的细胞学诊断，列举了不同种类病原微生物相关的典型病例。传染性病原体类型主要包括常见菌（common bacteria）、高等菌（higher bacteria）、酵母菌、真菌菌丝、原生动物、寄生虫以及病毒。本书中关于传染媒介的介绍十分有限。读者可以通过专业书籍、文献或者网站获取更加详细的有关不同传染病诊断、生物学特性、致病机理、治疗方法等方面的信息。

本章节所用图片取材于作者的临床病例，以及自 1975 年到 2010 年的美国临床病理学会年度病例报告会（the American Society of Clinical Pathology Annual Meeting Case Presentation Sessions）上的病例。

样品的采集、涂片的制备以及染色方法在细胞学诊断中十分重要，关于这些方面的知识可参见第 1 章及第 2 章（见“推荐阅读”）。罗曼诺夫斯基类染色法包括瑞氏、姬姆萨、“快速”染色等类似经典的蓝红染色方法，利用上述染色方法，病原体以及炎性细胞着色良好，可以很好地呈现细胞及病原体的细微结构。

我们可以根据病原体的大小及形状（表 15.1）来判断病原体的种类。在所制备的涂片中经常会观察到红细胞和白细胞，我们可以根据这些细胞的大小来估计病原体的大小（图 15.1）。

细菌感染

临床常见的细菌感染包括葡萄球菌、链球菌、变形杆菌和大肠杆菌引起的感染。我们可以通过细胞学检查确定病变部位是否存在细菌，并对细菌进行分类。原发性细菌感染一般只能发现一种单一形态的细菌，比如排

表 15.1 不同病原体的大小、形态及出现部位

病原体	大小	形态	出现部位
葡萄球菌	0.4～0.8 μm	球形	中性粒细胞内或者背景中
链球菌	0.5～1.2 μm	链状球菌	中性粒细胞内或者背景中
杆菌（bacilli in general）	（0.5～1）μm×（1～4）μm	杆状	中性粒细胞内或者背景中
大肠杆菌	（1～1.5）μm×（2～6）μm	杆状	中性粒细胞内或者背景中
巴尔通体	0.5 μm×1 μm	杆状，可能轻度弯曲	通过形态难以识别
支气管败血性博代氏杆菌	0.3 μm×（0.5～2）μm	杆状	附着于细胞纤毛
螺杆菌属	2～15 μm	粗螺旋（螺旋形）	胃隐窝和背景中
螺旋原虫	0.4 μm×（3～500）μm	细螺旋	口、粪、尿（钩端螺旋体）
西蒙斯氏菌	8～12 μm	卵圆形，由 12～20 个杆状细菌细胞形成扁平丝状体	上皮细胞表面
支原体属	0.3～1 μm	多形态“球状体”（无细胞壁）	上皮细胞表面
放线菌属	0.8 μm×（5～20）μm	细丝状，分枝的杆状	脓汁或者渗出物中成簇出现
曲霉菌属	5～7 μm 宽	宽度一致的有隔菌丝	使用 4× 镜寻找菌群
皮炎芽生菌	5～20 μm	圆形、宽基的出芽酵母（budding yeast）	分泌物或者皮屑中
荚膜组织胞浆菌	1～4 μm	圆形到椭圆形的出芽酵母	巨噬细胞或中性粒细胞内
隐球菌	8～40 μm	酵母样真菌，具有不同厚度且清晰的荚膜	没有荚膜的酵母细胞 4～8 μm
粗球孢子菌	10～100 μm	厚壁，黑色内孢囊（spherules）	分泌物中
粗球孢子菌	2～5 μm	内生孢子	位于内孢囊中

续表 15.1

病原体	大小	形态	出现部位
申克氏孢子丝菌	2～7 μm	多形性、雪茄形	肺、巨噬细胞内或者背景中
卡氏肺囊虫	5～10 μm	圆形囊状结构，含有4~6个囊内小体	肺，背景中单个散在
卡氏肺囊虫	2～7 μm	多形性滋养体	肺、巨噬细胞内或者背景中
厚皮马拉色菌	3～5 μm	卵圆形的酵母菌，单极出芽	上皮细胞上
白色念珠菌	2～10 μm	圆形至椭圆形，可能有假菌丝	上皮细胞上
刚第弓形虫	1～4 μm	新月“香蕉”形	巨噬细胞内或背景中
犬新孢子虫	1～5 μm	新月“香蕉”形	巨噬细胞内或中性粒细胞内
奥氏奥斯勒丝虫（*O. osleri*）	232～266 μm	幼虫呈卷曲状	BAL液中游离存在；使用4× 镜观察
类丝虫（*Filaroides hirthi*）	240～290 μm	形态与奥氏奥斯勒丝虫类似	BAL液中游离存在；使用4× 镜观察
狐环体线虫	4～16 mm	雄性有交配器	BAL液中游离存在；肉眼观察
犬心丝虫	290～330 μm	血液中有微丝蚴	全血背景中观察
猫肺并殖吸虫	100 μm × 50 μm	黄色卵圆形卵（1个卵盖）	肺（犬、猫），背景中游离存在，使用4× 镜观察
伪猫对体吸虫	（25～35）μm×（12～15）μm	有卵盖的吸虫卵	肝脏、胰腺、粪便（犬、猫）
气优鞘线虫（*Eucoleus aerophilus*）	70 μm×35 μm	两端有卵盖的卵（毛细线虫）	BAL、痰液、粪便；使用4× 镜观察
猫圆线虫	80 μm×70 μm	褐色的椭圆形的卵	BAL液（猫），背景中游离存在；用4× 镜观察
红细胞	5～7 μm	圆形	背景中
中性粒细胞	11～17 μm	圆形	背景中
肉眼观察	> 0.1 mm	1 mm =0.001 m; 1 μm =10^{-6}m	

注：BAL，支气管肺泡灌洗。生物体的属种全称见正文。

列成链状的小球菌（图 15.2A）。而继发性感染通常会呈现多种细菌混合感染，比如不同大小的杆菌和球菌（图 15.2B）。看似常在菌群的细菌若存在于上皮

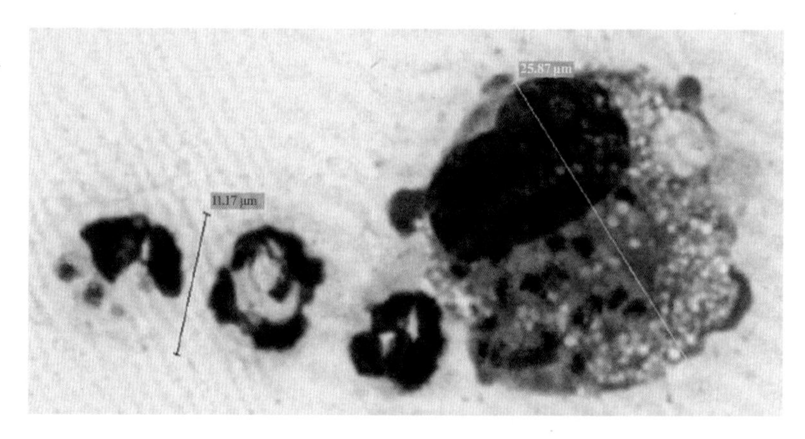

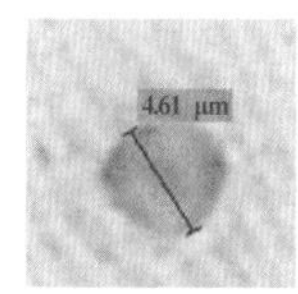

图 15.1　细胞大小。可以根据涂片中红细胞和中性粒细胞的大小来确定病原体及其他细胞的大小。由于涂片的厚度会影响细胞的体积，所以该方法只能用于估计细胞体积，但是却很实用。在比较薄的区域细胞平铺，伸展良好，所以直径较大。红细胞大约 4~7 μm，中性粒细胞大约 11~17 μm。图中中性粒细胞的直径在该范围的下限，大概是因为它们位于涂片比较厚的区域。图中红细胞为 4.6 μm，中性粒细胞约 11.2 μm，巨噬细胞约 26 μm（巨噬细胞吞噬的病原体为刚第弓形虫）。与中性粒细胞相比，红细胞大小受涂片厚度的影响较小，因此建议使用红细胞体积来估计病原体的大小。瑞氏染色，1 000×。

细胞表面，并且未引起炎性反应则可认为是常在菌。口腔的常在菌包括杆菌、螺旋菌以及西蒙斯氏菌，葡萄球菌是皮肤的常在菌，酵母菌是皮肤的常在真菌。

涂片中观察到的细菌的数量、形态以及类型，对于判读细菌培养的结果是十分重要的。混合菌群的出现，通常提示继发感染，细菌培养的结果同样应该是多种形态的菌落。我们无法仅通过形态和大小来确定细菌的具体种类，但是如果发现数目可观的单一形态的细菌，并且通常在中性粒细胞中，可以诊断为感染。造成细胞学诊断结果与培养不一致的原因通常包括：感染菌为厌氧菌，无法在常规培养基上生长；最近该动物使用过抗生素或者其他抑制细菌生长的制剂；样本被细菌污染。同时我们也要考虑人为误差和方法的敏感性（与细胞学检查相比，即使样品中有少量细菌，细菌培养也能够检测出）。

在日常的细胞学样本检查中通常不建议使用革兰氏染色。革兰氏阴性细菌通常呈现红色，蛋白和中性粒细胞也呈现红色，所以细菌在蛋白和细胞的红色背景下很难被观察到。并且细菌的数目可能较少，只能偶然观察到。受涂片厚度的影响，革兰氏染液着色程度变化非常大，一致性也比较低。革兰氏染色应该使用于在细菌学实验室中利用常规血琼脂平板培养的菌落，将细菌制成薄厚一致的涂片，进行革兰氏染色。

一些细菌形态独特，仅通过细胞学涂片即可识别。这些细菌包括链球菌属、放线菌属、梭状芽孢杆菌、分枝杆菌属和西蒙斯氏菌属（见图 15.2A 至 K）。梭状芽孢杆菌通常为大杆菌，并且在细菌内部有一个清晰且圆的芽孢（图 15.2C）。西蒙斯氏菌聚集在一起构成一个大的特定形状的丝状体（图 15.2D）。丝状体较大，为椭圆形、扁平结构。12～20 个长杆状的细菌细胞，在长轴方向上紧紧相连，组成了丝状体。

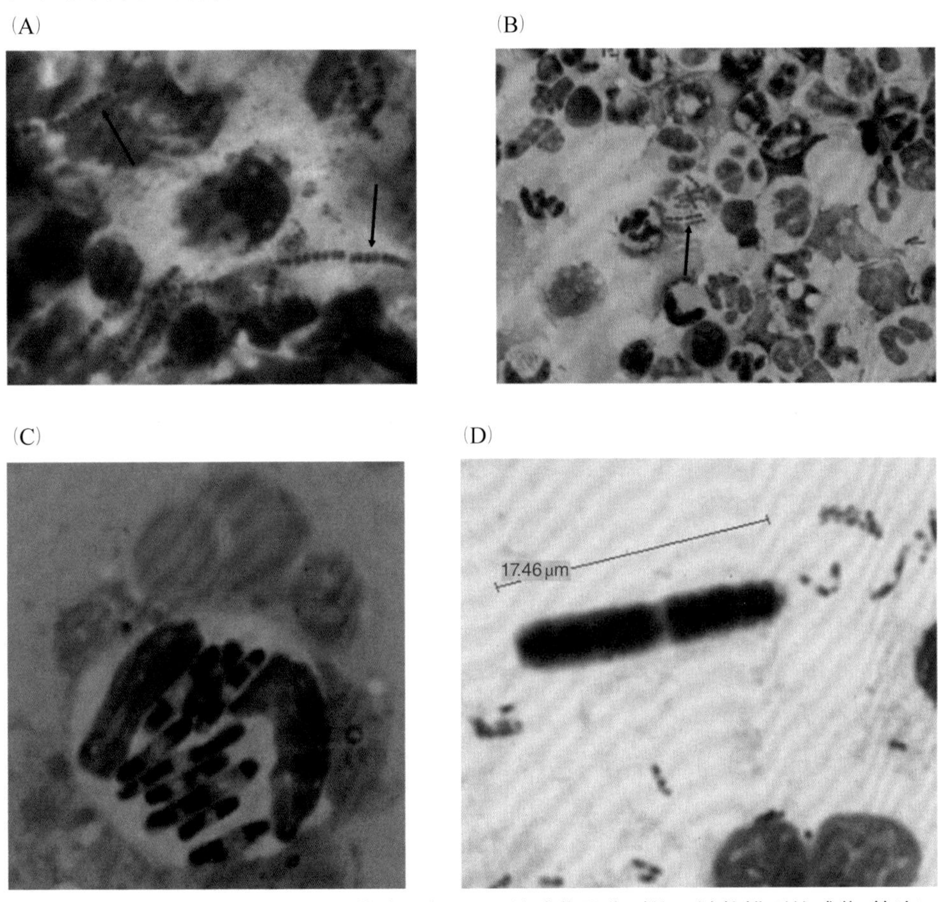

图 15.2 一些细菌呈现可识别的特殊形态。（A）链球菌是典型的呈链状排列的球菌（箭头）。（B）多种细菌出现提示继发感染，中性粒细胞中可见链球菌组成的短链（箭头），图中还可见游离的以及存在于中性粒细胞中的不同大小的杆菌，无法通过形态对杆菌进行分类。（C）犬肝脏穿刺，中性粒细胞吞噬梭形杆菌，此菌为梭状芽孢杆菌，为大的产芽孢细菌，图中杆菌中清晰圆形的区域即为芽孢。此菌大约 7～12 μm 长，2～3 μm 宽。（D）西蒙斯氏菌是一种大型细菌，15～20 个杆状细菌细胞在长轴方向上紧紧相连，组成了独特的多细胞结构的丝状体。图中这两个丝状体位于上皮细胞上，总长度达到 17.46 μm，样本来源于犬口腔。

(E)

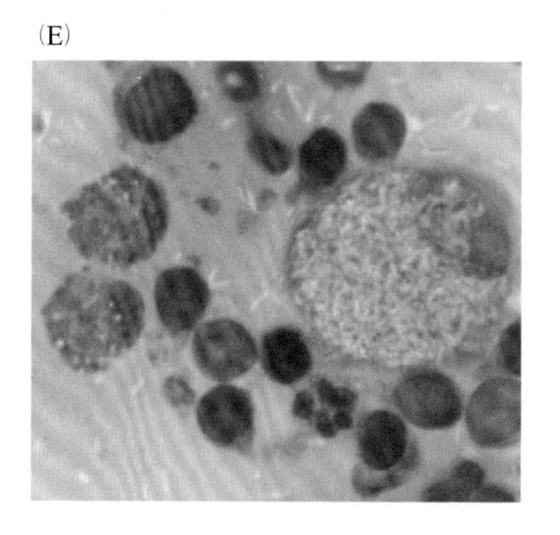

(F)

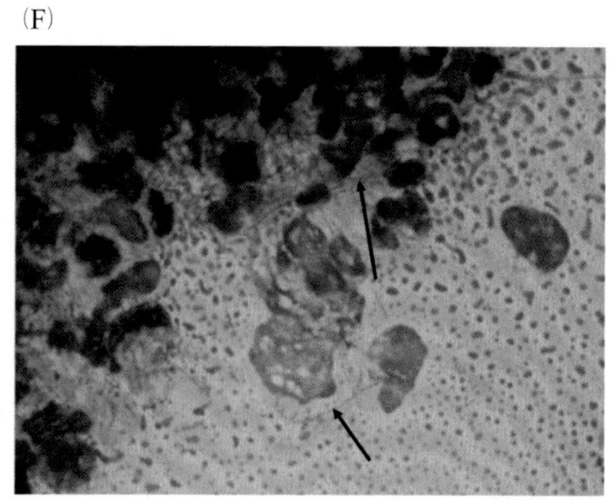

(G)

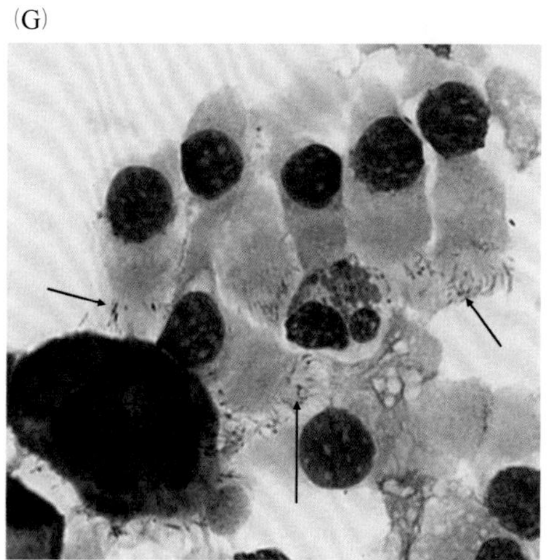

(H)

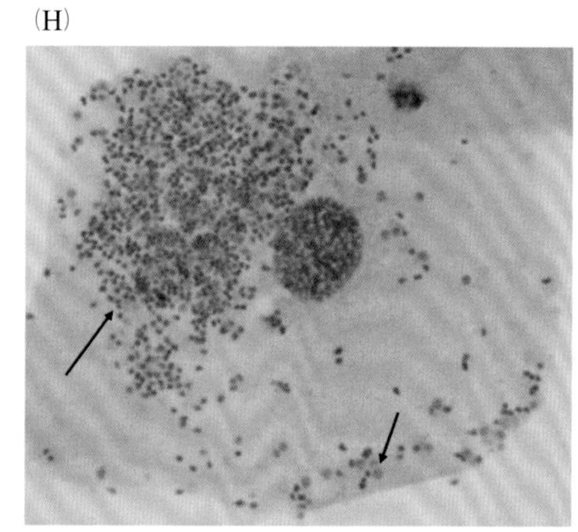

续图 15.2

(E) 分枝杆菌是杆状的细菌，其特点是无法着色（负染）。注意观察在巨噬细胞中和在蛋白背景下白色的杆状细菌。分枝杆菌表面有脂质层，能够阻止染料渗透。分枝杆菌为细胞内微生物，可在巨噬细胞内大量增殖。注意图中可见明显的嗜酸性粒细胞性反应。(F) 放线菌是高等菌，较细，且呈分枝状。细丝状细菌（箭头）需同分枝状真菌菌丝区分开，真菌菌丝两侧有明显的细胞壁。放线菌更细，菌丝染色不均匀，称为“串珠”。涂片中中性粒细胞呈现显著的退行性变化。(G) 一些细菌附着在细胞的表面，例如支气管败血性博代氏杆菌附着于呼吸道纤毛柱状上皮的表面，此菌为短细蓝色杆菌（箭头）[犬气管肺泡灌洗液（BAL）]。(H) 支原体缺少细胞壁，呈现多形性，球形结构可能会内陷形成“环状”形态。支原体附着于细胞表面，如结膜上皮细胞。

（I）

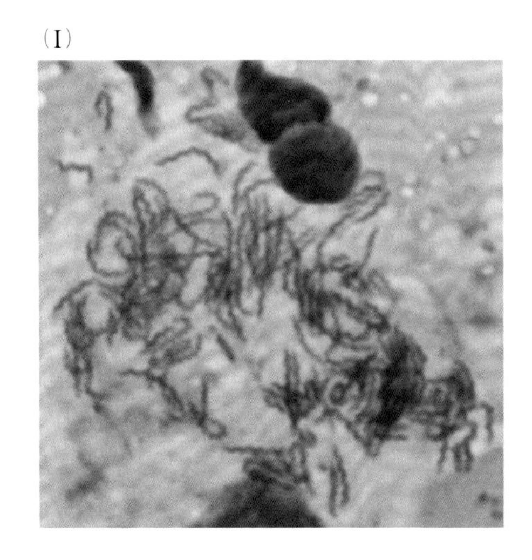

（J）

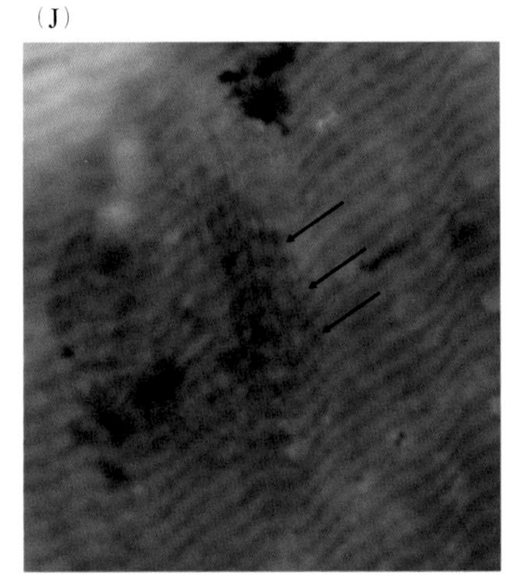

（K）

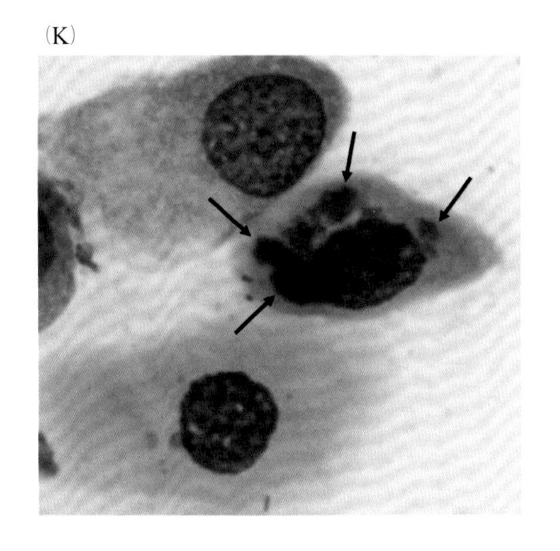

续图 15.2

（I）螺杆菌呈螺旋状，7～10 μm 长，通常见于犬胃部取得的样品中。（J）泰泽氏病是由毛样芽孢梭菌引起的疾病。该菌是长丝状菌。图中坏死的马肝细胞中可见几个平行排列的病原体（箭头）。（K）猫眼拭子获取的样本中，猫衣原体位于中间的上皮细胞，即几个网状体（箭头），内含几个始体（0.5～1.5 μm 圆点状）。支原体倾向于出现在上皮细胞边缘，与之相比，衣原体更倾向于出现在细胞核周围。

分枝杆菌具有不易着色的特性，所以在深色背景下表现为无色的杆状结构（负染）（图 15.2E）。

多形性细菌包括放线菌（图 15.2F）。放线菌为分枝丝状菌，但是该菌也有类白喉棒状杆菌的形式，这种形式的放线菌呈直的或者弯曲的短杆状，末端膨大呈棒状。因此单纯的放线菌感染的细胞学检查中会呈现出类似丝状菌、短杆菌或者球杆菌混合感染的形式。

当在中性粒细胞中发现细菌时，基本可以确定细菌是引起动物发病的主要原因（图 15.2B 和 C）。相对于富含颗粒的背景和吞噬颗粒的巨噬细胞，胞浆透明的中性粒细胞中更容易发现细菌。中性粒细胞中存在细菌，提示中性粒细胞游走到细菌周围并吞噬了细菌，这种情况下发现的细菌基本可以排除是外来污染的细菌。细菌通常是被中性粒细胞所吞噬而不是巨噬细胞。一些胞内寄生菌例如分枝杆菌，可以在巨噬细胞内存活甚至增殖（图 15.2E）。

一些细菌例如支气管败血性博代氏杆菌（图 15.2G）和支原体（图 15.2H）可在上皮表面出现。螺杆菌通常存在于胃黏膜分泌的黏液中和胃隐窝处（图 15.2I）。泰泽氏病是由毛样芽孢梭菌引起的疾病，仅在马的肝细胞中有发现（图 15.2J）。猫衣原体感染引起的结膜炎，通常可以通过细胞学检查进行确诊（图 15.2K）。

真菌感染

细胞学检查发现的最普遍的真菌性疾病，通常发生在耳朵或者趾间等皮肤表面，这些部位比较温暖潮湿，酵母菌如马拉色菌会过度增殖（图 15.3A）。白色念珠菌也可以在皮肤表面（如皮肤褶皱处）或者口腔内生长。酵母菌如马拉色菌和白色念珠菌具有典型的椭圆形出芽的结构和细胞壁（图 15.3A 和 B）。白色念珠菌还具有独特的假菌丝结构（图 15.3B）。引起皮肤感染的真菌包括小孢子菌属和毛癣菌属的真菌。这些真菌产生菌丝，菌丝又形成分节孢子（arthrospores）（图 15.3C）。同细菌一样，若要确定真菌的具体种类，需进行培养。皮肤癣菌试验培养基可以用来确定感染的真菌的类型。

引起全身性感染的真菌包括酵母菌属的真菌，并且不同地域之间发病率存在显著的差异。全身性的真菌病主要包括芽生菌病、组织胞浆菌病、隐球菌病（图 15.3D 至 F）。这些疾病是由出芽酵母所引起的，可以通过酵母菌的大小，芽基的大小，以及其他形态特征确定酵母菌的种类。例如新型隐球菌有一个清晰的荚膜，组织胞浆菌通常位于吞噬细胞内。申克氏孢子丝菌通常发现于巨噬细胞内，并且具有多形性（图 15.3G）。圆形或球形病原体包括无绿藻、鼻孢子虫、球孢子菌。无绿藻是一种水藻，类似真菌（图 15.3H）。

曲霉菌属真菌，通常引起呼吸道感染。当观察到菌丝隔膜宽度比较均一时，此种真菌就极有可能是曲霉菌（图 15.3I）。同时需要注意，一些土生真菌（腐生菌）或者非典型真菌也可以成为条件性致病菌，这些真菌的感染通常继发于足的刺伤。这些真菌被分为色素性和非色素性真菌(pigmented and non-pigmented fungi)，其菌丝及孢子的形态差异很大，即使同一种真菌的形态也可能会有差异。肺囊虫目前归类于酵母型真菌，在腊肠犬和骑士查理王小猎犬的肺部发现过该种真菌(图 15.3J)。链格孢菌经常会出现在细胞学检查的样本中，但通常认为是污染导致的(图 15.3K)。

(A)

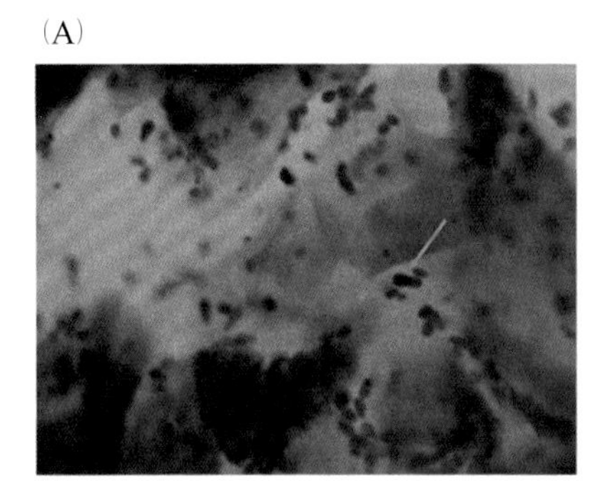

(B)

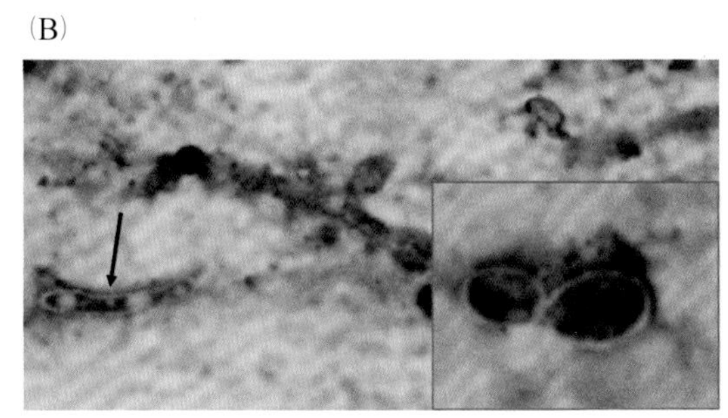

(C)

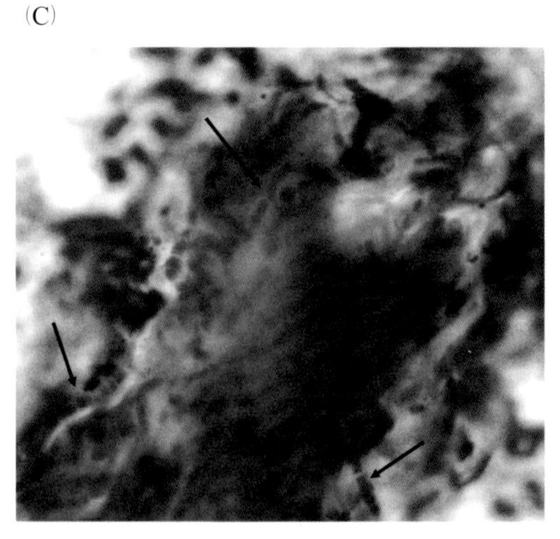

图 15.3 真菌。(A)慢性中耳炎患犬耳内的厚皮马拉色菌。马拉色菌是小的椭圆形的出芽酵母。猫感染的马拉色菌可能要小一些，甚至被误认为是大的金黄色葡萄球菌。图中呈现了大量的典型的马拉色菌(箭头)，附着于鳞状上皮上，无中性粒细胞渗出。(B)白色念珠菌可形成假菌丝(箭头)或看起来像出芽酵母(插图)。样本来自一只角膜炎患犬的角膜刮取物。(C)犬皮肤癣菌感染。在一些皮屑上有许多有隔菌丝。菌丝发育为矩形的分节孢子链(箭头)。样本未进行培养，不过极有可能是须毛癣菌或者犬小孢子菌。

(D) (E)

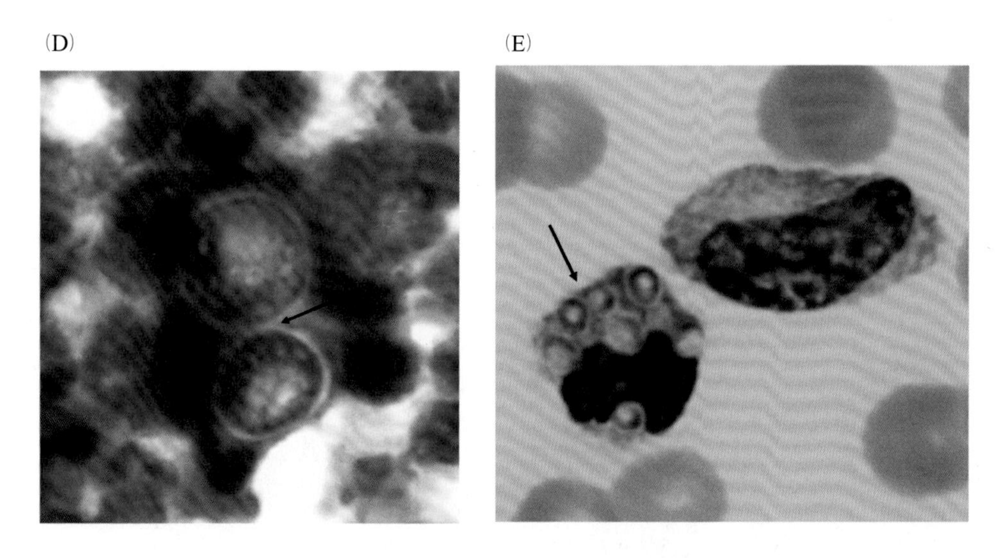

(F)

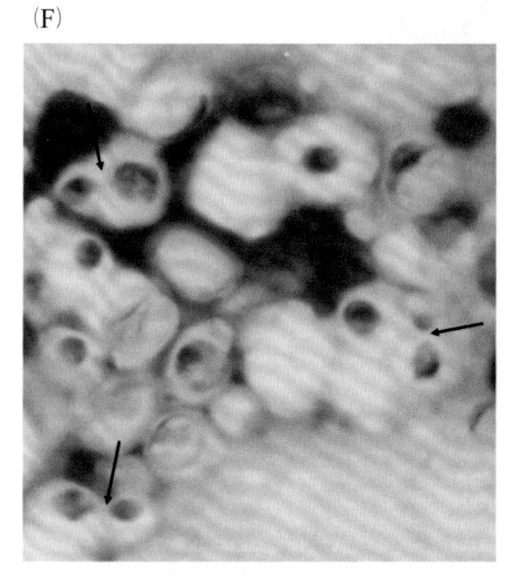

续图 15. 3

(D) 犬肺部穿刺。芽生菌（皮炎芽生菌）病，是一种全身性真菌感染，注意图中较薄的细胞壁和较宽的芽基（箭头）。背景中的中性粒细胞模糊不清，但是比两个酵母菌子细胞要小。中性粒细胞的直径大约 15 μm。(E) 荚膜组织胞浆菌是引起全身性感染的小型酵母菌。犬血液涂片中一个出芽酵母和其他有明显细胞壁的酵母菌被中性粒细胞吞噬。酵母菌的直径为 1~4 μm。(F) 猫咽喉部脓肿穿刺。隐球菌病（新型隐球菌）是一种全身性真菌感染。注意图中至少有三个出芽的窄基酵母菌。隐球菌周围有中等厚、清晰的荚膜。

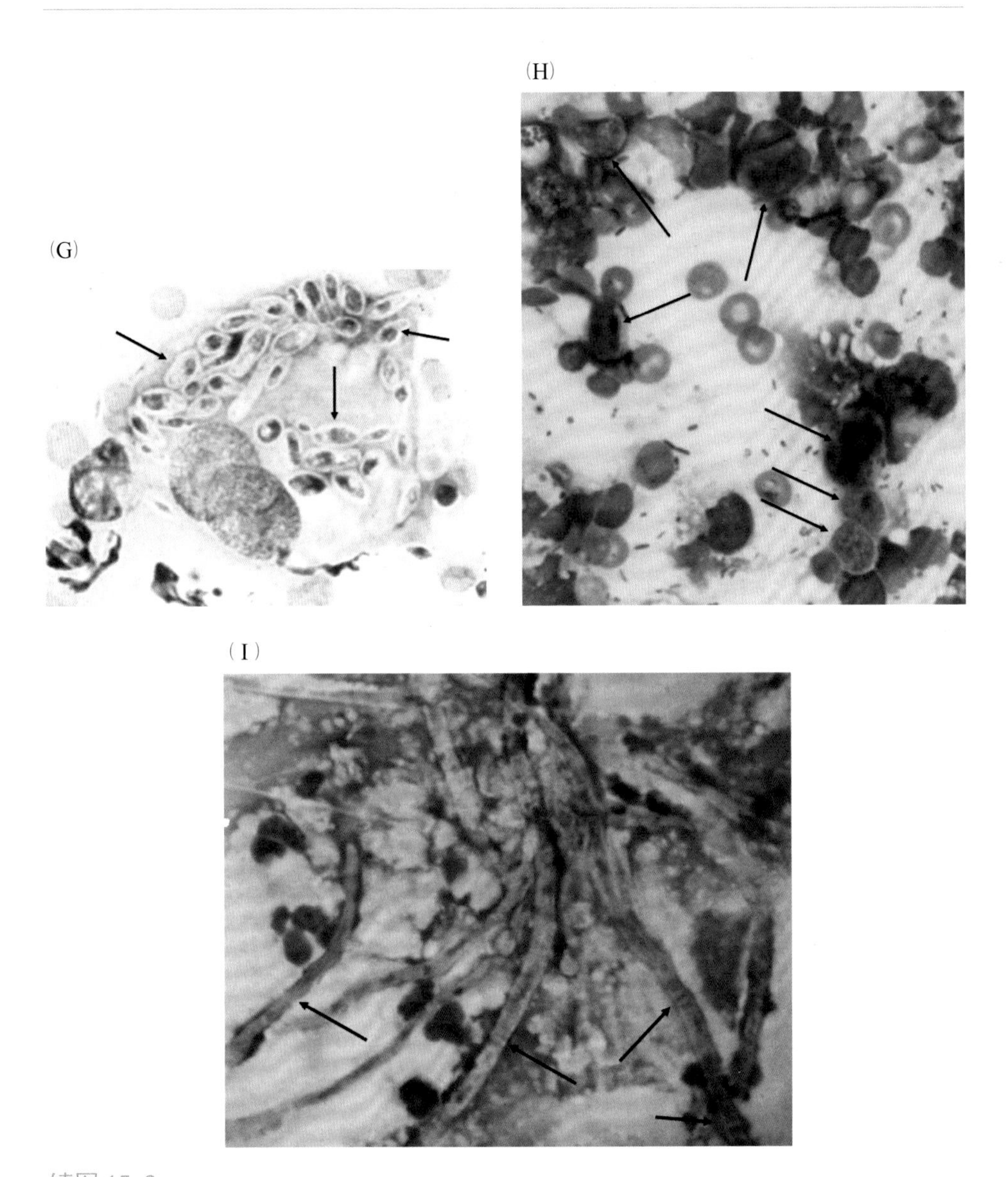

续图 15.3

(G) 申克氏孢子丝菌是一种多形酵母菌，具有独特的雪茄形。在巨噬细胞的胞浆中可见小的出芽酵母。此样品取自一只猫的手术感染部位的脓液。(H) 无绿藻是具有细胞壁的球形生物，类似酵母菌，但是属于藻类。样品来源于犬直肠病灶，可见六个无绿藻，它们的体积大概是红细胞的 1.5~2 倍，内部呈现颗粒状。(I) 曲霉菌是常见的感染性丝状菌。通常引起呼吸道感染。曲霉菌有隔菌丝的厚度较为均一。新生的生长较为活跃的菌丝末端部分较厚，末端圆形并且着色良好。背景中可见大量细菌。

(J)

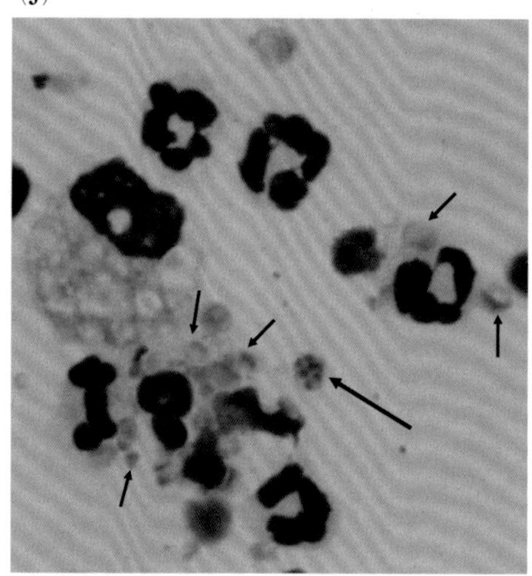

(K)

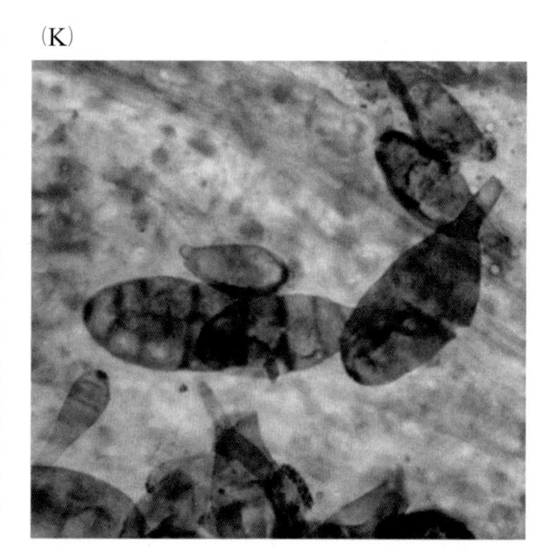

续图 15. 3

(J) 支气管肺泡灌洗液涂片中可见卡氏肺囊虫的游离滋养体(2~7 μm，短箭头)和包囊(长箭头)，包囊内可见 4~8 个囊内小体。(K) 链格孢菌具有浓密的金黄色的菌丝，独特的棒状的大型分生孢子(macroconidia)。图中可见数个大型分生孢子。链格孢菌是细胞学样品中的常见污染菌。

原虫感染

在细胞学检查过程中，原虫通常单个存在，卵圆形或者月牙形，具有细胞核以及较薄的细胞壁。生活史中的其他阶段的虫体不是很常见。很多原虫在细胞学形态上比较类似，例如犬新孢子虫和刚第弓形虫(图 15.4A 和 B)，所以最后确诊需要借助 PCR 或者血清学等方法。动物生活的地理位置也可以作为病原诊断的依据。例如，利什曼原虫具有比较典型的棒状结构动基体(图 15.4C)，利什曼原虫感染犬在西班牙和以色列比较常见。克氏锥虫(图 15.4D)在形态学上与利什曼原虫比较类似，但主要流行于墨西哥和得克萨斯的犬群中。细胞学检查时，通常可以在巨噬细胞中发现原虫，但是巨噬细胞破碎后释放的游离虫体能够更好地呈现出形态学细节。

寄生虫感染

当动物出现特定的临床症状、影像学征象或者被证实存在嗜酸性粒细胞性炎症反应 [如通过支气管肺泡灌洗(BAL)] 时，可以考虑寄生虫感染。如果怀疑寄生虫感染，则很有必要利用 4× 和 10× 物镜对所有玻片进行观察，寻找虫卵或者幼虫(图 15.5A 和 B)。如果从动物身上获得的样本为液体样本，应该先用肉眼观察是否有寄生虫成虫，例如狐环体线虫(图 15.5C)。

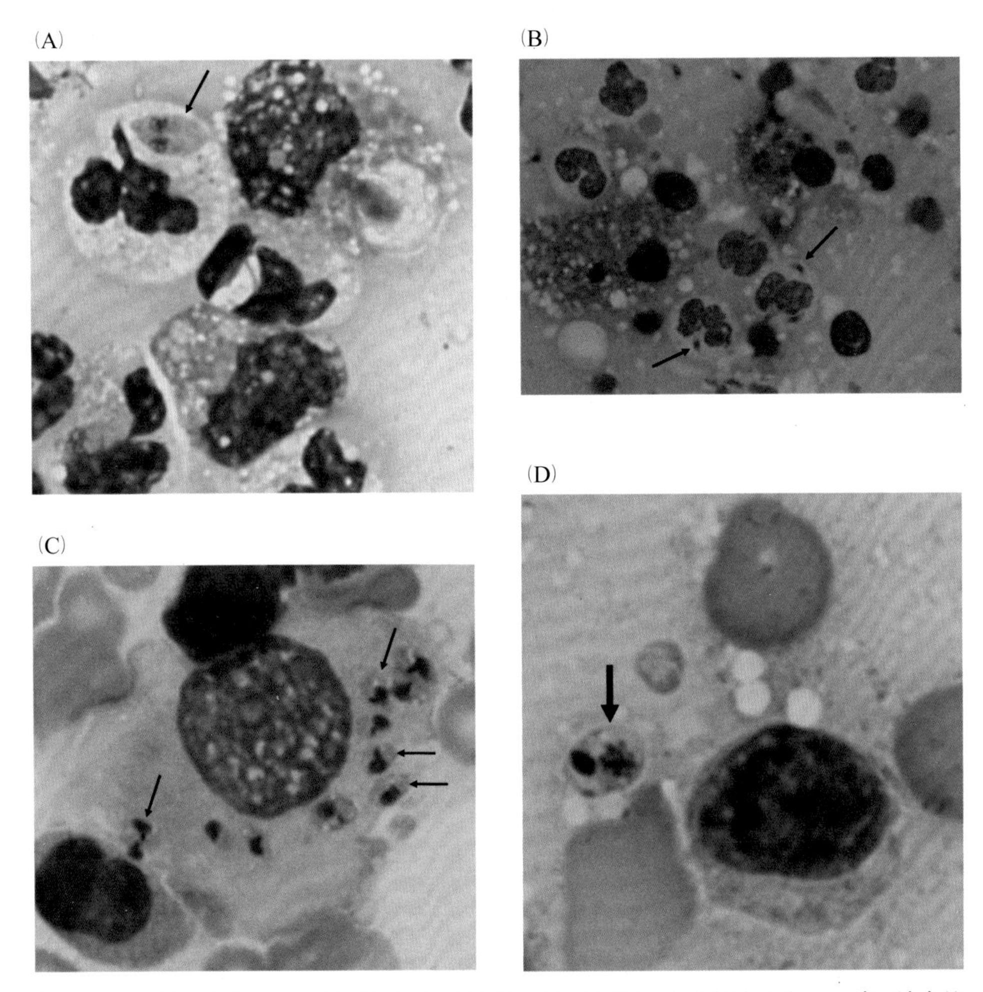

图 15.4 原虫感染。(A) 犬肺部细针穿刺获得的吞噬细胞中含有新孢子虫，一种两端尖的椭圆形的“香蕉状”原虫。图中左上部中性粒细胞中含有两个原虫。无法通过形态学区分新孢子虫和刚第弓形虫。(B) 猫的腹水中发现刚第弓形虫，图中可见中性粒细胞吞噬的虫体，虫体表现为两端尖的卵圆形，中间结构为核，同时也可见游离的虫体。(C) 利什曼原虫病流行于欧洲南部的地中海盆地周围，是该地区引起淋巴结肿大的常见病因。图中骨髓中巨噬细胞内包含十个虫体，虫体具有薄的细胞膜、圆形细胞核和棒状动基体。(D) 克氏锥虫是一种原虫，也含有一个细胞核和棒状动基体。外观与利什曼原虫相似，但是克氏锥虫形态上更圆、更大，动基体也更圆。

寄生虫个体较大、数量较少，如果只通过高倍镜(45× 或者 100× 物镜)观察染色涂片，则很容易发生漏检。通常在涂片中很难观察到完整的寄生虫虫体，但是可以观察到线虫类寄生虫的碎片，吸虫、绦虫的卵囊或者螨虫等。较多的成簇的细胞会干扰镜下对成虫碎片或者未成熟寄生虫的观察

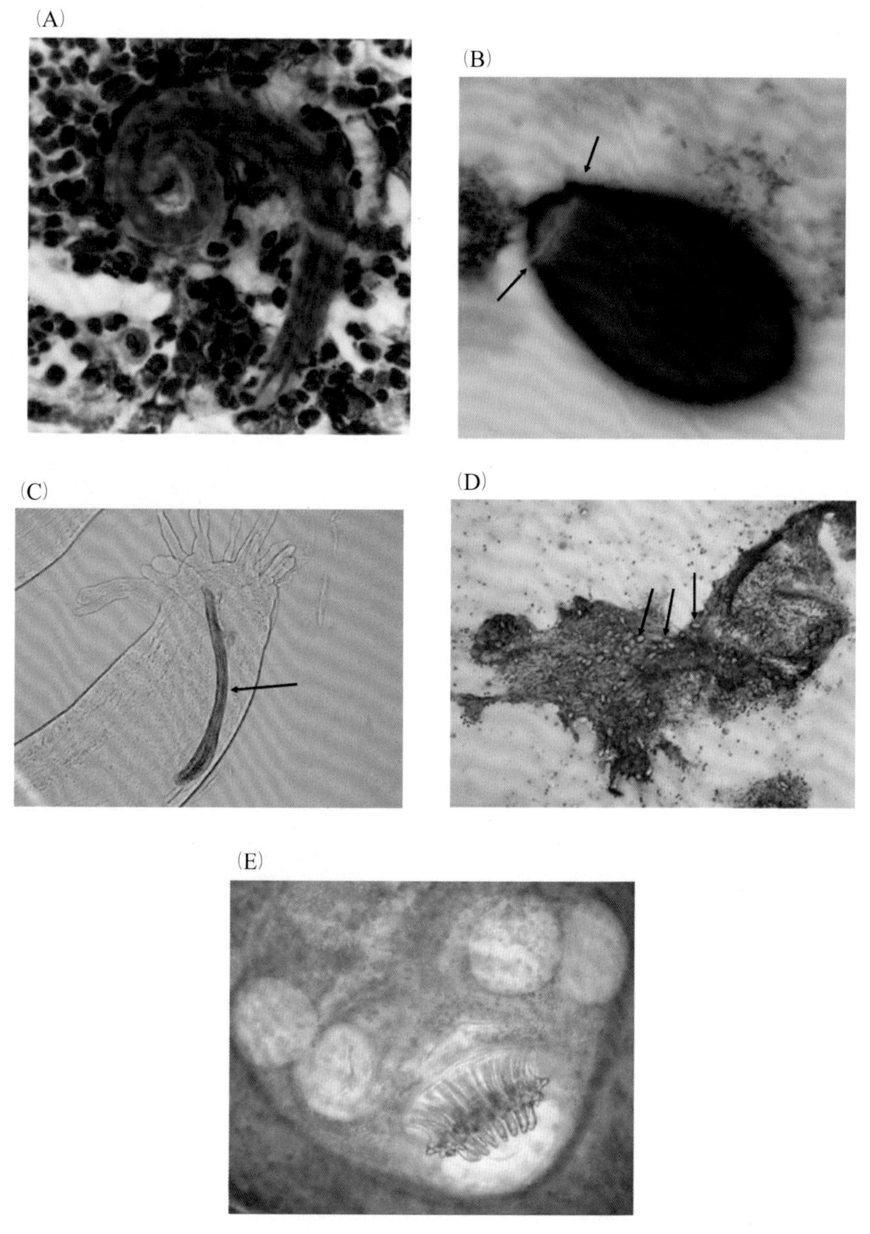

图 15.5 寄生虫感染。(A) 气管炎患犬 BAL 中发现寄生虫幼虫，可能是奥氏奥斯勒丝虫，虫体 232~266 μm 长（大概有 2 个嗜酸性粒细胞那么宽，30 个嗜酸性粒细胞那么长），通常观察到的虫体呈卷曲状，但是图中的是伸展开的，并且可以观察到虫体的内部结构。注意观察虫体周围有大量的嗜酸性粒细胞。(B) 猫肝脏细针穿刺获得样本，有盖（箭头）的结构为伪猫对体吸虫的吸虫型卵，卵大小：(25~35) μm×(12~15) μm。(C) 狐环体线虫（*Crenosoma vulpis*）（未染色），来源于犬 BAL。图片显示了一个雄性成虫的生殖器官。金黄色结构是交配器（睾丸引带）。雄性成虫 3.5~8 mm 长，约 0.3 mm 宽。雌性成虫 12~16 mm 长，0.3~0.5 mm 宽。(D) 绦虫碎片。犬腹腔液中成片的细胞和许多石灰小体（白色矿化体），提示为绦虫。(E) 犬心包积液中的囊尾蚴。这是带绦虫的头节，可见小钩。这个寄生虫最终确定为肥头绦虫（*Taenia crassiceps*）。

(图 15.5D)。虫卵、卵囊和幼虫个体较小，可以在涂片中完整地观察到。需要依据成虫体内的器官、宿主种类以及寄生虫的大小、形状进行诊断。有时可以在体腔液中观察到囊尾蚴(图 15.5E)。利用解剖显微镜，通过间接照明和低倍镜观察，十分有助于对寄生虫的初步分类(如线虫、吸虫、螨虫)。需要注意的是，我们也可以从显微镜上取下 10× 目镜，当作放大镜使用；将镜头倒置过来，近距离观察寄生虫的结构(就像珠宝匠观察一枚钻石)。

病毒感染

对于疫苗免疫良好的地区，利用细胞学进行犬猫病毒感染诊断是十分少见的。病毒血症时期，在犬白细胞或者红细胞内可能会发现犬瘟热包涵体。图 15.6 展示了由于染色方法不同，导致细胞内包涵体表现形式有所不同。

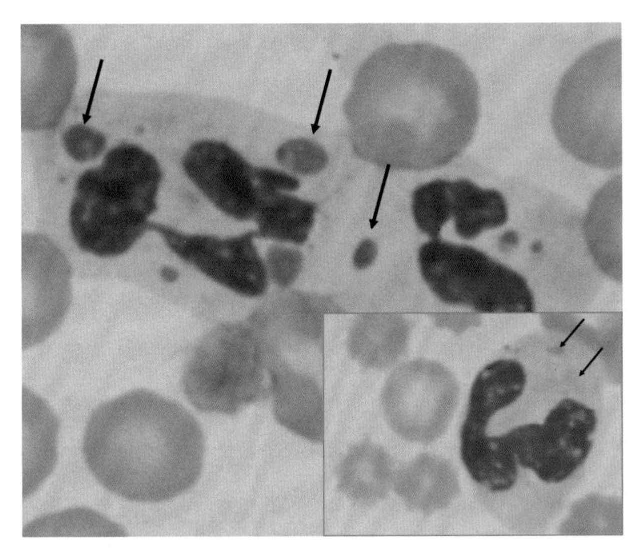

图 15.6 病毒感染。犬瘟热包涵体在犬中性粒细胞中呈现淡红色，在红细胞中有可能是灰色。图为迪夫快速(Diff–Quik)染色。插图：同一只犬的中性粒细胞中的包涵体在用瑞氏染色时，着色不良。

推荐读物

概述

Baker, R. and Lumsden, J.H.（2000）*Color Atlas of Cytology of the Dog and Cat*, Mosby Inc., St. Louis, MO.

Cowell, R.L., Tyler, R.D., Meinkoth, J.H. et al.（2008）*Diagnostic Cytology of the Dog and Cat*, 3rd edn, Mosby Inc., St. Louis, MO.

Raskin R.E. and Meyer D.J.（2010）*Canine and Feline Cytology*, 2nd edn, Saunders Elsevier Inc., St. Louis, MO.

Sink, C.A. and Weinstein, N.W.（2012）*Practical Urinalysis*, Wiley-Blackwell, Ames, IA.

Villiers, E. and Blackwood, L.（2005）*Manual of Small Animal Clinical Pathology*, 2nd edn, British Small Animal Veterinary Association, Cheltenham.

样品采集技术和判读原则

Dunn, J. and Villiers, E.（1998a）General principles of cytological interpretation. *In Practice*,**20**（8）, 429–437.

Dunn, J. and Villiers E.（1998b）Cytological and biochemical assessment of pleural and peritoneal effusions. *In Practice*, **20**（9）, 501–505.

Villiers, E. and Dunn, J.（1998）Collection and preparation of smears for cytological examination. *In Practice*, **20**（7）, 370–377.

呼吸道细胞学

Dunn, J.（2010）Cytological examination of the lower respiratory tract in dogs and cats. *In Practice*, **32**（4）, 150–155.

胃肠道细胞学

Bjorneby, J.M. and Kari, S.（2002）Cytology of the pancreas. *Veterinary Clinics of North America: Small Animal Practice*, **32**（6）, 1293–1312.

Weiss, D.J. and Moritz, A.（2002）Liver cytology. *Veterinary Clinics of North America: Small Animal Practice*, **32**（6）, 1267–1291.

内分泌细胞学

Bailey, D.B. and Page, R.L.（2007）Tumors of the endocrine system, in *Withrow & MacEwen' s Small Animal Clinical Oncology*, 4th edn（eds S.J. Withrow and D.M. Vail）, Saunders Elsevier, St. Louis, MO, pp. 583–609.

Capen, C.C.（2002）Tumors of the endocrine glands, in *Tumors of Domestic Animals,* 4th edn（ed. D.J. Meuten）, Iowa State Press, Ames, IA, pp. 607–696.

Kisseberth, W.C.（2007）Neoplasia of the heart, in *Withrow & MacEwen' s Small Animal Clinical Oncology*, 4th edn（eds S.J. Withrow and D.M. Vail）Saunders Elsevier, St. Louis,MO, pp. 809–814.

Maddux, J.M. and Shull, R.M.（1989）Subcutaneous glandular tissue: mammary, salivary, thyroid and parathyroid, in *Diagnostic Cytology of the Dog and Cat*（eds R.L. Cowell and R.D. Tyler）, American Veterinary Publications, Goleta, CA, pp. 83–92.

淋巴系统细胞学

Atwater, S.W., Powers, B.E., Park, R.D. et al.（1994）Thymoma in dogs: 23 cases（1980–1991）. *American Veterinary Medical Association*, **205**, 1007–1013.

Bernard, A., Boumsell, L., Bayle, C. et al.（1978）Hand-mirror cells in T-cell lymphoma. *Lancet*, 2（8093）, 785–786.

Christopher, M.M.（2003）Cytology of the spleen. *Veterinary Clinics of North America: Small Animal Practice*, **33,** 135–152.

Cowell, R.L., Dorsey, K.E. and Meinkoth, J.H.（2003）Lymph node cytology. *Veterinary Clinics of North America: Small Animal Practice*, **33**, 47–67.

Day, M.J.（1997）Review of thymic pathology in 30 cats and 36 dogs. *Journal of Small Animal Practice*, **38**, 393–403.

van Heerde, P.（1984）Malignant lymphomas and histiocytic tumours: cytology and other diagnostic methods. Thesis, Uitg Rodophi, Amsterdam.

Lennert, K. and Mohri, N.（1978）Histopathology and diagnosis of non-Hodgkin' s lymphomas,in *Malignant Lymphomas Other than Hodgkin' s Disease*, Springer-Verlag, New York, pp. 111–469.

Mills, J.N.（1989）Lymph node cytology. *Veterinary Clinics of North America: Small Animal Practice,* **19**, 697–717.

Teske, E. and van Heerde, P.（1996）Diagnostic value and reproducibility of fine-needle aspiration cytology in canine malignant lymphoma. *Veterinary Quarterly*, **18,** 112–115.

Teske, E., Wisman, P., Moore, P.F. et al.（1994）Histological classification and immunophenotyping of canine non-Hodgkin' s lymphomas. Unexpected high frequency of T-cell Lymphomas with B-cell morphology. *Experimental Hematology*, **22**, 1179–1187.

Thrall, M.A.（1987）Cytology of lymphoid tissue. *Compendium on Continuing Education for the Practising Veterinarian*, **9**, 104–111.

Zinkl, J.G. and Keeton, K.S.（1979）Lymph node cytology – Ⅰ. *California Veterinarian*, **33**（1）, 9–11.

Zinkl, J.G. and Keeton, K.S.（1979）Lymph node cytology – Ⅱ. *California Veterinarian*, **33**（4）, 20–23.

Zinkl, J.G. and Keeton, K.S.（1981）Lymph node cytology – Ⅲ, Neoplasia. *California Veterinarian*, **35**（5）, 20–23.

脑脊液

Vernau, W., Vernau, K.A. and Bailey, C.S.（2008）Cerebrospinal fluid, in *Biochemistry of Domestic Animals*, 6th edn（eds J.J. Kaneko, J.W. Harvey and M.L. Bruss）, Elsevier Inc, Ames, IA.

生殖道细胞学

Dahlbom, M., Mäkinen, A. and Suominen, J.（1997）Testicular fine needle aspiration cytology as a diagnostic tool in dog infertility. *Journal of Small Animal Practice*, **38**,506–512.

Hiemstra, M., Schaefers-Okkens, A.C., Teske, E. et al.（2001）The reliability of vaginal cytology in determining the optimal mating time in the bitch. *Tijdschr Diergeneeskd*, **126**,685–689.

Kraft, M., Brown, H.M. and LeRoy, B.E.（2008）Cytology of the canine prostate. *Irish Veterinary Journal*, **61**, 320–324.

Moxon, R., Copley, D. and England, G.C.W.（2010）Quality assurance of canine vaginal cytology: a preliminary study. *Theriogenology*, **74**, 479–485.

Powe, R., Canfield, P.J. and Martin, P.A.（2004）Evaluation of the cytologic diagnosis of canine prostatic disorders. *Veterinary Clinical Pathology*, **33**, 150–154.

Santos, M., Marcos, R. and Caniatti, M.（2010）Cytologic study of normal canine testis. *Theriogenology*, **73**, 208–214.

索引

注意：斜体的页码参见图；粗体参见表。